清洁生产与循环经济

金适 主编

气象出版社

内容简介

本书是一本较全面描述工、农业清洁生产与循环经济理论与实践的教材。书中论述了清洁生产的理论基础,实施清洁生产的方法与途径,以及清洁生产的评价与审核等方面内容。还介绍了工业和农业领域的清洁生产技术,循环经济的理论发展、支撑体系和生态工业、生态农业、区域生态建设等循环经济的实践模式。本教材借鉴国内外清洁生产与循环经济发展的实践模式,提供了一些在实际工作中有参考价值的清洁生产与循环经济案例。

图书在版编目(CIP)数据

清洁生产与循环经济/金适主编;毛小云,徐玉新等编.
北京:气象出版社,2007.1(2010.4重印)
ISBN 978-7-5029-4247-2

Ⅰ.清… Ⅱ.①金…②徐…③毛… Ⅲ.①无污染工艺-研究②自然资源-资源利用-研究 Ⅳ.X383②F062.1

中国版本图书馆 CIP 数据核字(2006)第 157811 号

清洁生产与循环经济
金适　主编

出版发行:	气象出版社		
地　　址:	北京市海淀区中关村南大街46号	邮政编码:	100081
总 编 室:	010-68407112	发 行 部:	010-68409198
网　　址:	http://www.cmp.cma.gov.cn	E-mail:	qxcbs@263.net
责任编辑:	王元庆　王桂梅	终　　审:	纪乃晋
封面设计:	张建永	责任技编:	刘祥玉
责任校对:	张　益		
印　　刷:	北京昌平环球印刷厂		
开　　本:	787mm×960mm　1/16	印　　张:	19
字　　数:	362 千字		
版　　次:	2007 年 2 月第 1 版	印　　次:	2010 年 4 月第 2 次印刷
印　　数:	2501—5500	定　　价:	30.00 元

本书如存在文字不清、漏印以及缺页、倒页、脱页等,请与本社发行部联系调换

《清洁生产与循环经济》编委会名单

主　编：金　适

副主编：（按姓氏笔画排序）

　　　　毛小云　　徐玉新

编　委：（按姓氏笔画排序）

　　　　马红梅　邓大鹏　付伟章

　　　　乔玉辉　曲向荣　朱建雯

　　　　张　娇　李立忠　杜立宇

　　　　冼　萍　胡　泓　赵　晖

前　言

回首人类社会的发展史,自工业革命以来的二百多年里,在人类社会经济飞速发展、物质财富不断增长的同时,也让人们感受到了环境污染、生态破坏和资源匮乏的威胁。我国的生态脆弱性更是远在世界平均水平之上,人口趋向高峰,耕地、水资源、能源、矿产资源的不足,以及大气、水、土壤污染、化学品污染和全球气候变化加剧等不可持续因素造成的压力还在不断增加,严重阻碍了社会、经济的发展和人们生活质量的提高。

在可持续发展战略思想的指导下,1989年联合国环境规划署工业与环境规划中心提出清洁生产的概念,并开始在全球推行清洁生产政策,经过几十年不断的创新、丰富与发展,获得了很大进展。实践证明,清洁生产和循环经济已成为协调经济发展和环境资源之间矛盾的重要手段,推行清洁生产和循环经济是克服我国可持续发展"瓶颈"的唯一选择。

我国推行清洁生产已经有十多年的历史,从国外吸取和自身积累了许多宝贵的经验和教训,不论在解决体制、机制和立法问题方面,还是在构建方法学方面,都可为进一步推行清洁生产和循环经济奠定基础。同时,加大清洁生产和循环经济的教育力度,广泛宣传可持续发展的重要意义、清洁生产和循环经济的理论体系和实践方法,也是实现我国环境与经济协调发展的重要途径。

综观目前已出版的清洁生产与循环经济类专著和教材,内容多侧重于通过讲述工业生产领域的清洁生产模式、生态工业园区建设来介绍清洁生产与循环经济的理论和发展。而随着我国现代农业生产集约化程度的不断提高,农业面源污染大有超过工业点源污染之势,"有机农业"、"生态农业"、"绿色食品"等浪潮的兴起,表明人们已日益认识到农业生产所引起的生态环境问题的严重性。《清洁生产与循环经济》这一教材选题目的就是编写一部较全面描述工、农业清洁生产与循环经济理论及实践的教材,以配合我国的社会、经济可持续发展需求和高等院校的学科发展及教材建设。为了增加该教材内容的广泛性及实用性,保证教材的质量,气象出版社组织了中国农业大学、华南农业大学、山东农业大学、广西大学、中南民族大学、新疆农业大学、沈阳农业大学等高校主讲《清洁生产与循环经济》或相关课程的教师共同编写《清洁生产与循环经济》教材,编委当中,既有经验丰富的教授、副教授,也有意气风发的青年教师,大家齐心协力,克服各自的困难,在很短的时间内完成了书稿,全书力求"简明、实用",主要包括以下内容:

(1)介绍并论述了清洁生产的产生与发展及清洁生产的理论基础,围绕着实施清洁生产的方法与途径,介绍了清洁生产的评价与审核、清洁的能源、清洁的产品、工业和农业领域的清洁生产工艺技术等内容。

(2)教材论述了循环经济的理论发展、支撑体系和生态工业、生态农业及区域生态建设等循环经济的实践模式。

(3)教材借鉴国内外清洁生产与循环经济发展的实践模式,提供了一些在实际工作中有参考价值的清洁生产与循环经济实例。

全书共分十二章。其中,第一章由金适编写;第二章由冼萍编写;第三章由李立忠、赵晖编写;第四章由胡泓编写;第五章由朱建雯编写;第六章由毛小云编写;第七章由马红梅、付伟章编写;第八章由徐玉新编写;第九章由曲向荣编写;第十章由乔玉辉编写;第十一章由邓大鹏编写;第十二章由杜立宇编写。全书由金适、徐玉新、毛小云进行统稿。

我们感谢气象出版社对教材选题的支持和鼓励。本书在编写过程中参考了许多学者的研究结果,具体见参考文献,有些引用的内容未能说明出处,在此向有关作者表示歉意,并致以深深的谢意。

清洁生产与循环经济是一个较新的研究领域,而且还在不断发展研究之中,所涵盖内容非常丰富和广泛,由于编者水平所限,书中存在不足和疏漏之处在所难免。敬请有关专家和使用本教材的师生、读者给予批评、指正。

金适
于中国农业大学
2006 年 12 月

目 录

前言
第一章　绪　论 ··· 1
　　第一节　清洁生产的产生及其概念 ··· 1
　　第二节　清洁生产的意义及其发展 ··· 5
　　第三节　清洁生产与循环经济 ··· 10
　　思考题 ·· 13
第二章　清洁生产的理论基础 ·· 14
　　第一节　清洁生产基本理论 ·· 14
　　第二节　清洁生产与末端治理 ··· 24
　　第三节　清洁生产的其他相关理论 ··· 26
　　第四节　清洁生产与ISO14000环境管理系列标准 ································· 33
　　思考题 ·· 39
第三章　清洁生产的评价与审核 ··· 40
　　第一节　清洁生产的评价内容与评价体系 ··· 40
　　第二节　清洁生产的评价方法与应用 ··· 46
　　第三节　城市清洁生产评价 ·· 54
　　第四节　环境影响评价报告书中清洁生产分析 ······································· 60
　　第五节　清洁生产审核 ··· 64
　　思考题 ·· 71
第四章　清洁的能源 ··· 72
　　第一节　能源及其消费 ··· 72
　　第二节　提高能效、节约能源 ··· 78
　　第三节　可再生能源和新能源的开发和利用 ·· 90
　　思考题 ·· 97
第五章　清洁的产品 ··· 98
　　第一节　绿色产品的概念 ·· 98
　　第二节　产品的生态设计 ·· 100
　　第三节　产品的环境标志 ·· 105
　　第四节　绿色食品和有机食品 ··· 116
　　思考题 ·· 124
第六章　清洁生产的实施途径 ·· 125
　　第一节　清洁生产推行和实施的原则 ··· 125
　　第二节　清洁生产实施的主要方法与途径 ··· 127
　　第三节　清洁生产实施的政策法规保障 ·· 135

第四节　企业实施清洁生产的障碍及对策分析 …………………… 146
　　思考题 …………………………………………………………………… 150
第七章　清洁生产工艺 ……………………………………………………… 151
　　第一节　环境污染控制的模式 …………………………………………… 151
　　第二节　农业清洁生产技术 ……………………………………………… 154
　　第三节　工业清洁生产技术 ……………………………………………… 161
　　思考题 …………………………………………………………………… 172
第八章　循环经济 …………………………………………………………… 173
　　第一节　循环经济的起源 ………………………………………………… 173
　　第二节　循环经济的基本原则 …………………………………………… 176
　　第三节　循环经济与绿色 GDP …………………………………………… 179
　　第四节　循环经济的实施与发展 ………………………………………… 185
　　思考题 …………………………………………………………………… 200
第九章　生态工业 …………………………………………………………… 201
　　第一节　生态工业及其设计与分析 ……………………………………… 201
　　第二节　生态工业园区 …………………………………………………… 204
　　第三节　国内外生态工业园区发展状况 ………………………………… 206
　　第四节　生态工业园区规划与设计 ……………………………………… 213
　　思考题 …………………………………………………………………… 224
第十章　生态农业 …………………………………………………………… 225
　　第一节　生态农业的概念与内涵 ………………………………………… 225
　　第二节　生态农业的基本原理 …………………………………………… 231
　　第三节　典型生态农业工程技术模式 …………………………………… 234
　　第四节　现代生态农业与生态农业产业化 ……………………………… 239
　　思考题 …………………………………………………………………… 249
第十一章　区域生态建设 …………………………………………………… 250
　　第一节　区域生态建设与区域发展 ……………………………………… 250
　　第二节　生态省建设 ……………………………………………………… 254
　　第三节　生态市建设 ……………………………………………………… 257
　　第四节　生态县建设 ……………………………………………………… 260
　　第五节　生态社区和生态住宅建设 ……………………………………… 263
　　思考题 …………………………………………………………………… 272
第十二章　循环经济的实践模式 …………………………………………… 274
　　第一节　生态工业共生模式 ……………………………………………… 274
　　第二节　生态农业的模式 ………………………………………………… 278

参考文献 ……………………………………………………………………… 291

第一章 绪 论

第一节 清洁生产的产生及其概念

一、清洁生产的产生

清洁生产(Cleaner Production)是在环境和资源危机的背景下,国际社会在总结了各国工业污染控制经验的基础上提出的一个全新的污染预防的环境战略。它的产生过程,就是人类寻求一条实现经济、社会、环境、资源协调发展的可持续发展道路的过程。

本章讨论的清洁生产产生背景及其演进,起因自 18 世纪工业革命以来,随着社会生产力的迅速发展,人类在创造巨大物质财富的同时,也在付出巨大的资源和环境代价。到 20 世纪中期,世界人口迅速增长和工业经济的迅猛发展,资源消耗速度加快,废弃物排放明显增加;再加上认识上的误区,致使环境问题日益严重,公害事件屡屡发生;以至于全球性的气候变暖、臭氧层被破坏及有毒化学品的泛滥和积累等已严重威胁到人类的生存环境以及社会经济发展的秩序;经济增长与资源环境之间的矛盾日渐凸显。

自 20 世纪 60 年代开始,工业对环境的危害已引起社会的关注,70 年代西方一些国家的企业开始采取应对措施,对策是将污染物转移到海洋或大气中,认为大自然能吸纳这些污染。但是,人们很快意识到,大自然在一定时间内对污染的吸收承受能力是有限的,因而又根据环境的承载能力计算一次性污染排放的限量和标准,采用将污染物稀释后排放的对策。实践证明,这种方法也不可能有效减少环境污染。这时,工业化国家开始通过各种方式和手段对生产过程末端的废弃物进行处理,这就是所谓的"末端治理"。末端治理的着眼点是侧重于污染物产生后的治理,客观上却造成了生产过程与环境治理分离脱节;末端治理可以减少工业废弃物向环境的排放量,但很少能影响到核心工艺的变更;末端治理作为传统生产过程的延长,不仅需要投入大量的设备费用,维护开支和最终处理费用,而且本身还要消耗大量资源、能源,特别是很多情况下,这种处理方式还会使污染在空间和时间上发生转移而产生二次污染。所以很难从根本上消除污染。

面对环境污染日趋严重、资源日趋短缺的局面,工业化国家在对其污染治理过程进行反思的基础上,逐步认识到要从根本上解决工业污染问题,必须以"预防为主",将污染物消除在生产过程之中,实行工业生产全过程控制。20 世纪 70 年代中期以来,不少发达国家的政府和各大企业集团公司都纷纷研究开发和采用清洁工艺(少废无废)技术,开辟污染预防的新途径。

1976 年,欧共体在巴黎举行的"无废工艺和无废生产国际研讨会"上,首次提出了清洁生产的概念,其核心是消除产生污染物的根源,达到污染物最小量化及资源和能源利用的最大量化。这种旨在实现经济、社会和生态环境协调发展的新的环境保护策略,迅速得到了国际社会各界的积极倡导。

1989 年 5 月,在总结了各国清洁生产相关活动之后,联合国环境规划署工业与环境规划中心(UNEPIE/PAC)正式制定了《清洁生产计划》,提出了国际普遍认可的包括产品设计、工艺革新、原辅材料选择、过程管理和信息获得等一系列内容和方法的清洁生产总体框架。之后,世界各国也相继出台了各项有关法规、政策和法律制度。

1992 年,在联合国环境与发展大会上,呼吁各国调整生产和消费结构,广泛应用环境无害技术和清洁生产方式,节约资源和能源,减少废物排放,实施可持续发展战略。清洁生产正式写入《21 世纪议程》,并成为通过预防来实现工业可持续发展的专用术语。从此,在全球范围内掀起了清洁生产活动的高潮。经过几十年不断的创新、丰富与发展,清洁生产现已成为国际环境保护的主流思想,有力地推动了全世界的可持续发展进程。

二、清洁生产的概念

1989 年,联合国环境规划署工业与环境规划中心提出了"清洁生产"的定义,并在 1990 年英国堪特布里召开的第一次国际清洁生产高级研讨会上正式推出:"清洁生产是指对工艺和产品不断运用综合性的预防战略,以减少其对人体与环境的风险。"

1996 年 UNEP 对该定义作了进一步的完善:

"清洁生产是一种新的创造性的思想,该思想将整体预防的环境战略持续地应用于生产过程、产品和服务中,以增加生态效率和减少人类与环境的风险。

——对于生产过程,要求节约原材料和能源,淘汰有毒原材料,降低所有废弃物的数量和毒性;

——对于产品,要求减少从原材料提炼到产品最终处置的整个生命周期的不利影响;

——对于服务,要求将环境因素纳入设计和所提供的服务中。"

UNEP 的定义将清洁生产上升为一种战略,该战略的特点为持续性、预防性和整体性。

1994年,《中国21世纪议程》将清洁生产定义为:"清洁生产是指既可满足人们的需要,又可合理使用自然资源和能源,并保护环境的生产方法和措施,其实质是一种物料和能源消费最小的人类活动的规划和管理,将废物减量化、资源化和无害化,或消灭于生产过程之中。"由此可见,清洁生产的概念不仅含有技术上的可行性,还包括经济上的可盈利性,体现了经济效益、环境效益和社会效益的统一。

2003年,《中华人民共和国清洁生产促进法》关于清洁生产的定义是:"清洁生产是指不断采取改进设计、使用清洁的能源和原料、采用先进的工艺技术与设备、改善管理、综合利用等措施,从源头削减污染,提高资源利用效率,减少或者避免生产、服务和产品使用过程中污染物的产生和排放,以减轻或者消除对人类健康和环境的危害。"

以上诸定义虽然表述方式不同,但内涵是一致的。从清洁生产的定义可以看出,实施清洁生产体现了四个方面的原则:

(1) 减量化原则,即资源消耗最少、污染物产生和排放最小。

(2) 资源化原则,即"三废"最大限度地转化为产品。

(3) 再利用原则,即对生产和流通中产生的废弃物,作为再生资源充分回收利用。

(4) 无害化原则,尽最大可能减少有害原料的使用以及有害物质的产生和排放。

值得注意的是,清洁生产只是一个相对的概念,所谓清洁的工艺,清洁的产品,以至清洁的能源都是和现有的工艺、产品、能源比较而言的,因此清洁生产是一个持续进步、创新的过程,而不是一个用某一特定标准衡量的目标。推行清洁生产,本身是一个不断完善的过程,随着社会、经济的发展和科学技术的进步,需要适时地提出新的目标,争取达到更高的水平。清洁生产不包括末端治理技术,如空气污染控制、废水处理、焚烧或者填埋。清洁生产的理念适用于第一、第二和第三产业的各类组织和企业。

三、清洁生产的主要内容

清洁生产包括三方面的内容:

(1) 清洁的能源。它包括常规能源的清洁利用,如城市煤气化供气等;对沼气等再生能源的利用;新能源的开发以及各种节能技术的开发利用。

(2) 清洁的生产过程。尽量少用和不用有毒有害的原料;采用无毒、无害的中间产品;选用少废、无废工艺和高效设备;尽量减少或消除生产过程中的各种危险性因素,如高温、高压、低温、低压、易燃、易爆、强噪声、强振动等;采用可靠、简单的生产操作和控制方法;对物料进行内部循环利用;完善生产管理,不断提高科学管理水平。

(3)清洁的产品。产品设计应考虑节约原材料和能源,少用昂贵和稀缺的原料;利用二次资源作原料。产品在使用过程中以及使用后不含危害人体健康和破坏生态环境的因素;产品的包装合理;产品使用后易于回收、重复使用和再生;使用寿命和使用功能合理。

清洁生产内容包含两个"全过程"控制:

(1)产品的生命周期全过程控制。从原材料加工、提炼到产品产出、产品使用直到报废处置的各个环节采取必要的措施,实现产品整个生命周期资源和能源消耗的最小化。

(2)生产的全过程控制。从产品开发、规划、设计、建设、生产到运营管理的全过程,采取措施、提高效率,防止生态破坏和污染的产生。

清洁生产的内容既体现于宏观层次上的总体污染预防战略之中,又体现于微观层次上的企业预防污染措施之中。在宏观上,清洁生产的提出和实施使污染预防的思想直接体现在行业的发展规划、工业布局、产业结构调整、工艺技术以及管理模式的完善等方面。如我国许多行业、部门提出严格限制和禁止能源消耗高、资源浪费大、污染严重的产业和产品发展,对污染重、质量低、消耗高的企业实行关、停、并、转等,都体现了清洁生产战略对宏观调控的重要影响。在微观上,清洁生产通过具体的手段措施达到工业全过程污染预防。如应用生命周期评价、清洁生产审核、环境管理体系、产品环境标志、产品生态设计、环境会计等各种工具,这些工具都要求在实施时必须深入生产、营销、财务和环保等各个环节。

针对企业而言,推行清洁生产主要进行清洁生产审核,对企业正在进行或计划进行的工业生产进行预防污染分析和评估。这是一套系统的、科学的、操作性很强的程序。从原材料和能源、工艺技术、设备、过程控制、管理、员工、产品、废物这八条途径,通过全过程定量评估,运用投入—产出的经济学原理,找出不合理排污点位,确定削减排污方案,从而获得企业环境绩效的不断改进,企业经济效益的不断提高。

推行农业清洁生产,是指把污染预防的综合环境保护策略,持续应用于农业生产过程、产品设计和服务中,通过生产和使用对环境温和(environmentally benign)的绿色农用品(如绿色肥料、绿色农药、绿色地膜等),改善农业生产技术,提供无污染、无公害农产品,实现农业废弃物减量化、资源化、无害化,促进生态平衡,保证人类健康,实现持续发展的新型农业生产。

第二节　清洁生产的意义及其发展

一、清洁生产的意义

清洁生产是在回顾和总结工业化实践的基础上,提出的关于产品和生产过程预防污染的一种全新战略。它综合考虑了生产和消费过程的环境风险(资源和环境容量)、成本和经济效益,是社会经济发展和环境保护对策演变到一定阶段的必然结果。

清洁生产的意义主要在于:

(1)清洁生产是实现可持续发展的必然选择和重要保障。清洁生产强调从源头抓起,着眼于全过程控制。不仅尽可能地提高资源能源利用率和原材料转化率,减少对资源的消耗和浪费,从而保障资源的永续利用,而且通过清洁生产,把污染消除在生产过程中,可以尽可能地减少污染物的产生量和排放量,大大减少对人类的危害和对环境的污染,改善环境质量。实现了经济效益和环境效益的统一,体现了可持续发展的要求。

(2)清洁生产是工业文明的重要过程和标志。清洁生产强调提高企业的管理水平,提高包括管理人员、工程技术人员、操作工人在内的所有员工在经济观念、环境意识、参与管理意识、技术水平、职业道德等方面的素质。同时,清洁生产还可有效改善操作工人的劳动环境和操作条件,减轻生产过程对员工健康的影响,为企业树立良好的社会形象,促使公众对其产品的支持,提高企业的市场竞争力。

(3)清洁生产是防治工业污染的最佳模式。清洁生产借助于各种相关理论和技术,在产品的整个生命周期的各个环节采取"预防"措施,通过将生产技术、生产过程、经营管理及产品消费等方面与物流、能量、信息等要素有机结合起来,并优化运行方式,从而实现最小的环境影响,最少的资源、能源使用,最佳的管理模式以及最优化的经济增长水平。

(4)开展清洁生产是促进环境保护产业发展的重要举措。在当前环境质量状况不断恶化,对环境改善的呼声日渐增高的情况下,环境保护产业是当前一个重要的发展趋势,是未来我国新的经济增长点。而开展清洁生产活动可以大大提高对环境保护产业的需求,促进环境保护产业的发展。

(5)清洁生产是现代农业生产方式对传统农业的升级改造,农业清洁生产是生态农业的重要基础,大力发展农业清洁生产对改善农村生态环境,促进农村循环经济发展,推进社会主义新农村建设有着重要意义。

二、国内外清洁生产的发展

（一）国外清洁生产的发展

清洁生产是国际社会在总结工业污染治理经验教训的基础上，经过20多年实践和发展逐渐趋于成熟，并为各国政府和企业所普遍认可的、实现可持续发展的一条基本途径。

1976年，欧共体提出了"清洁生产"的概念，1979年4月欧共体理事会正式宣布推行清洁生产政策，开始拨款支持建立清洁生产示范工程。20世纪80年代美国化工行业提出的污染预防审计也逐步在全球推广，逐步发展为清洁生产审计。1984和1987年又制定了欧共体促进开发"清洁生产"的两个法规，明确对清洁工艺生产示范工程在财政上给予支持。1984年有12项、1987年有24项得到财政资助。欧共体并建立了信息情报交流网络，由该网络让其成员国得到有关环保技术及市场情报信息。

欧洲许多国家已把清洁生产作为一项基本国策。最初开展清洁生产工作的国家是瑞典（1987年）；随后，荷兰、丹麦、德国、奥地利等国也相继开展清洁生产工作，在生产工艺过程中减少废物的思想得到广泛关注。一些国家开始要求企业进行废物登记和环境审计，工业污染管理开始出现从终端处理向废物减量的战略性转变。20世纪90年代初，许多环境管理工具（如废物减量机遇分析、环境审计、风险评估和安全审计等）被开发出来，并得到各国政府的推荐和企业的采用。

美国国会1990年10月通过了"污染预防法"，把污染预防作为美国的国家政策，取代了长期采用的末端处理的污染控制政策，要求工业企业通过设备与技术改造、工艺流程改进、产品重新设计、原材料替代以及促进生产各环节的内部管理来减少污染物的排放，并在组织、技术、宏观政策和资金方面做了具体的安排。

发达国家的这一系列工业污染防治策略得到了联合国环境规划署的极大重视。1992年在巴西里约热内卢召开的联合国环境与发展大会制定的《21世纪议程》，将清洁生产作为实现可持续发展的重要内容，号召各国工业界提高能效，开发更先进的清洁技术，更新、替代对环境有害的产品和原材料，实现环境和资源的保护与合理利用。加拿大、荷兰、法国、美国、丹麦、日本、德国、韩国、泰国等国家纷纷出台有关清洁生产的法规和行动计划，世界范围内出现了大批清洁生产国家技术支持中心、非官方倡议以及手册、书籍和期刊等，实施了一大批清洁生产示范项目。

1992年10月联合国环境规划署召开了巴黎清洁生产部长级会议和高级研讨会议，指出目前工业不但面临着环境的挑战，同时也正获得新的市场机遇。清洁生产是实现持续发展的关键因素，它既能避免排放废物带来的风险和处理、处置费用的增长，还会因提高资源利用率、降低产品成本而获得巨大的经济效益。会议还制定了在世界范围内推行清洁生产的计划与行动措施。

1994年联合国工业发展组织和联合国环境规划署联合发起了"全球范围创建发展中国家清洁生产中心计划"。在各国政府的大力支持下,联合国工发组织和联合国环境规划署启动的国家清洁生产中心项目在约30个发展中国家建立了国家清洁生产中心,这些中心与十几个发达国家的清洁生产组织共同构成了一个巨大的国际清洁生产的网络,建立了全球、区域、国家、地区多层次的组织与联络。

联合国环境规划署自1990年起,每两年召开一次清洁生产国际高级研讨会,1998年在汉城举行了第五届国际清洁生产高级研讨会,会上出台了《国际清洁生产宣言》。发表这个宣言的目的是加快将清洁生产采纳为全球工业可持续发展战略的进程。截至2002年3月底,包括我国已有300多个国家、地区或地方政府、公司以及工商业组织在《国际清洁生产宣言》上签名。联合国环境规划署的另一重要举措是促进清洁生产投资的机制与战略研究示范,促进各界向清洁生产投资。

联合国环境规划署在2000年的第六届清洁生产国际高级研讨会上对清洁生产发展状况作了这样的概括:"对于清洁生产,我们已经在很大程度上达成全球范围内的共识,但距离最终目标仍有很长的路,因此,必须做出更多的承诺。"

在2002年第七次清洁生产国际高级研讨会上,联合国环境规划署建议各国进一步加强政府的政策制定,使清洁生产成为主流,尤其是提高国家清洁生产中心在政策、技术、管理以及网络等方面的能力。此次会议上,联合国环境规划署和环境毒理学与化学学会(SETAC)共同发起了"生命周期行动",旨在全球推广生命周期的思想。会议还提出,清洁生产和可持续消费密不可分,建议改变生产模式与改变消费模式并举,进一步把可持续生产和消费模式融入商业运作和日常生活,乃至国际多边环境协议的执行中。联合国环境规划署和工业发展组织的一系列活动,有力地推动了在全世界范围内的清洁生产浪潮。同时也看到,在推行清洁生产的过程中,世界各国都面临着不同的困难和阻力,为了促进清洁生产的步伐,各国也从各自的实际出发,采取相应的措施和行动,许多发展中国家正在加快推动清洁生产的基础工作。一些发达国家探索着促进清洁生产的新模式,如德国于1996年颁布了《循环经济和废物管理法》;日本为适应其经济软着陆时期的发展需求,在2000年前后相继颁布了《促进建立循环社会基本法》、《提高资源有效利用法(修订)》等一系列法律,来建立循环性社会;美国、加拿大等国也建立了污染预防方面的法律法规,大力促进污染预防工作。我们相信,全球范围的清洁生产的新模式会得到更大程度上的发展。

(二)中国清洁生产的发展

我国从20世纪70年代开始环境保护工作,当时主要是通过末端治理方式解决环境问题;随着国际社会对解决环境问题的反思,80年代我国开始探索如何在生产过程中消除污染。

清洁生产引入中国十几年来,已在企业示范、人员培训、机构建设和政策研究等方面取得了明显的进展,是国际上公认的清洁生产搞得最好的发展中国家。

1992年,中国积极响应联合国环境与发展大会倡导的可持续发展的战略,将清洁生产正式列入《环境与发展十大对策》,要求新建、扩建、改建项目的技术起点要高,尽量采用能耗物耗低、污染物排放量少的清洁生产工艺。

1993年召开的第二次全国工业污染防治工作会议,明确提出工业污染防治必须从单纯的末端治理向生产全过程控制转变,积极推行清洁生产,走可持续发展之路,从而确立了清洁生产成为中国工业污染防治的思想基础和重要地位。拉开了中国开展清洁生产的序幕。

1994年,我国制定了《中国21世纪议程》,专门设立了"开展清洁生产和生产绿色产品"领域。把建立资源节约型工业生产体系和推行清洁生产列入了可持续发展战略与重大行动计划中。从此,我国把清洁生产作为优先实施的重点领域,以生态规律指导经济生产活动,环境污染治理开始由末端治理向源头治理转变。

1996年8月,国务院颁布《关于环境保护若干问题的决定》,明确规定所有大、中、小型新建、扩建、改建和技术改造项目要提高技术起点;采用能耗物耗小、污染物排放量少的清洁生产工艺。

1997年4月,国家环境保护总局发布了《关于推行清洁生产的若干意见》,要求地方环境保护主管部门将清洁生产纳入已有的环境管理政策中,以便更深入地促进清洁生产。

1998年11月,国务院令(第253号)《建设项目环境保护管理条例》明确规定:"工业建设项目应当采用能耗物耗小、污染物排放量少的清洁生产工艺。"中共中央十五届四中全会《关于国有企业改革若干问题的重大决定》明确指出,鼓励企业采用清洁生产工艺。

1999年5月,国家经贸委发布了《关于实施清洁生产示范试点的通知》。

1999年10月,中国国家环境保护总局的官员代表中国政府在《国际清洁生产宣言》上郑重签字,更表明了我国政府大力推动清洁生产的决心。

在联合国环境规划署、世界银行、亚洲银行的援助和许多外国专家的协助下,中国启动和实施了一系列推进清洁生产的项目,清洁生产从概念、理论到实践在中国广为传播。涉及的行业包括化学、轻工、建材、冶金、石化、电力、飞机制造、医药、采矿、电子、烟草、机械、纺织印染以及交通等。建立了20个行业或地方的清洁生产中心,近16 000人次参加了不同类型的清洁生产培训班。有5 000多家企业通过了ISO14000环境管理体系认证,1994—2003年,我国已颁布了包括纺织、汽车、建材、轻工等51个大类产品的环境标志标准,共有680多家企业的8 600多种产品通过认证,获得环境标志,形成了600亿元产值的环境标志产品群体。

在立法方面,已将推行清洁生产纳入有关的法律以及有关的部门规划中。我国在先后颁布和修订的《中华人民共和国大气污染防治法》、《中华人民共和国水污染防治法》、《中华人民共和国固体废物污染防治法》和《淮河流域水污染防治暂行条例》等法律法规中,将实施清洁生产作为重要内容,明确提出通过实施清洁生产防治工业污染。2002年6月,中国全国人大发布了《中华人民共和国清洁生产促进法》,并已于2003年1月正式实施,说明我国的清洁生产工作已走上法制化的轨道。

2003年4月18日,国家环境保护总局以国家环境保护行业标准的形式,正式颁布了石油炼制业、炼焦行业和制革行业的清洁生产标准,并于同年6月1日起开始实施。

2003年12月,为贯彻落实《中华人民共和国清洁生产促进法》,国务院办公厅转发了国家环境保护总局和国家发改委及其他9个部门共同制定的《关于加快推行清洁生产的意见》,提出:"推行清洁生产必须从国情出发,发挥市场在资源配置中的基础性作用,坚持以企业为主体、政府指导推动,强化政策引导和激励,逐步形成企业自觉实施清洁生产的机制。"

国家对企业实施清洁生产的鼓励政策也在逐步落实之中,如有关节能、节水、综合利用等方面税收减免政策;支持清洁生产的研究、示范、培训和重点技术改造项目;对符合《排污费征收使用管理条例》规定的清洁生产项目,在排污费使用上优先给予安排;企业开展清洁生产审核和培训等活动的费用允许列入经营成本或相关费用科目;中小企业发展基金应安排适当数额支持中小企业实施清洁生产;建立地方性清洁生产激励机制;引导和鼓励企业开发清洁生产技术和产品;在制定和实施国家重点投资计划及地方投资计划时,把节能、节水、综合利用,提高资源利用率,预防工业污染等清洁生产项目列为重点领域。

国家发展改革委员会和国家环境保护总局还共同发布《国家重点行业清洁生产技术导向目录》,目前已经发布的目录涉及冶金、石化、化工、轻工、纺织、机械、有色金属、石油和建材等重点行业。多年实践证明,清洁生产是实现经济与环境协调发展的有效手段。据统计,2004年与1998年相比,全国万元产值二氧化硫、烟尘和粉尘排放量,水泥行业分别下降49.8%、79.1%和68.8%;电力行业分别下降5.7%、32.3%和19.0%。万元产值废水和COD(化学需氧量)排放量,钢铁行业分别下降82.1%和78.3%;造纸行业分别下降59.4%和83.8%,这在很大程度上是企业实施清洁生产的结果。

在发展农业清洁生产方面,国家积极提倡采用先进生产技术,促进生态平衡,提供无污染、无公害农产品,截至2005年6月底,全国共有9 043个生产单位的14 088个产品获得全国统一标志的无公害农产品认证,全国共有3 044家企业的

7 219个产品获得绿色食品标志使用权,认证有机食品企业近千家。

应该看到,目前我国清洁生产在运行机制和具体实施过程中还存在一些问题。主要表现在三个方面:①企业参加清洁生产审核的热情不高;②清洁生产审核的成果持续性差;③清洁生产在我国没有规模化发展。

2005年12月3日,国务院下发了《关于落实科学发展观加强环境保护的决定》中明确提出"实行清洁生产并依法强制审核"的要求,把强制性清洁生产审核摆在了更加重要的位置。这对推动我国环境保护工作具有重要意义。迄今为止,全国通过清洁生产审核的5 000多家企业中,属于强制性清洁生产审核的就有500多家。但从实际进展情况来看,我国推动清洁生产审核的力度还不够大。应当把清洁生产审核作为引导、督促企业发展循环经济、实施清洁生产的切入点,作为实现经济与环境协调发展的有效手段来抓。

2006年7月国家环境保护总局继续批准并发布了8个行业清洁生产标准。这8个行业是:啤酒制造业、食用植物油工业(豆油和豆粕)、纺织业(棉印染)、甘蔗制糖业、电解铝业、氮肥制造业、钢铁行业和基本化学原料制造业(环氧乙烷/乙二醇)清洁生产标准已经成为重点企业清洁生产审核、环境影响评价、环境友好企业评估、生态工业园区示范建设等环境管理工作的重要依据。

清洁生产在中国蕴藏着很大的市场潜力。随着市场竞争的加剧、经济发展质量的提高,我国企业开展清洁生产的积极性会越来越高,这也必将拉动需求市场的发展,预计在今后几年中,清洁生产将会在中国形成一个快速生长期,为进一步促进中国经济的良性增长和可持续发展做出积极的贡献。

第三节 清洁生产与循环经济

一、清洁生产、循环经济与可持续发展

1987年,联合国世界环境与发展委员会发表了《我们共同的未来》的报告,提出了可持续发展(Sustainable Development)等概念。可持续发展的定义是:既符合当代人的需求,又不致损害后代人满足其需求能力的发展。显然,可持续发展鼓励经济增长,强调通过经济增长提高当代人福利水平,增强国家实力和社会财富。但可持续发展不仅要重视经济增长的数量,更要追求经济增长的质量。可持续发展的标志就是资源的永续利用和良好的生态环境。而实施清洁生产和循环经济(Circulating Economy)就是实现人类持续发展目标的两个主要手段。

20多年来,全球性的研究和实践充分证明,清洁生产是有效地利用资源、减少工业污染、保护环境的基本措施,它作为预防性的环境管理策略,已被世界各国公

认为是实现可持续发展的技术手段和有效工具,是实现可持续发展的一条基本途径。联合国环境规划署将清洁生产从四个层次上形象地概括为:技术改造的推动者、改善企业管理的催化剂、工业运行模式的革新者、连接工业化和可持续发展的桥梁。

循环经济则是一种实践可持续发展理念的新的经济发展模式,它从资源环境是支撑人类经济发展的物质基础这一根本认识出发,通过"资源—产品—废弃物—再生资源"的反馈式循环过程,使所有的物质和能量在这个永续的循环中得到持久合理的利用,实现用尽可能小的资源消耗和环境成本,获得尽可能大的经济效益和社会效益。

在清洁生产的实践中,众多专家提出了一系列的新理论,如工业生态学、绿色化学、清洁生产、生态工业、生态农业、生态城市等。循环经济可以说是上述种种新思路、新策略的汇总。循环经济综合了工业、农业、服务业和生活等各个领域,它包括了法律、管理、科技和教育等各个方面。其核心的思想是要大大提高对自然资源的利用率,大大减少排放的污染物量,同时获得更高的利润,使人民的生活质量能够得到持续的改善,使人类能够千秋万代地生存下去。

"十一五"规划中,将"建设资源节约型、环境友好型社会"作为我国的基本国策,被提到前所未有的高度。强调要"大力发展循环经济"。坚持开发节约并重、节约优先,按照减量化、再利用、资源化的原则,大力推进节能、节水、节地、节材,加强资源综合利用,完善再生资源回收利用体系,全面推行清洁生产,形成低投入、低消耗、低排放和高效率的节约型增长方式。

总之,以清洁生产作为企业层次上的技术基础,循环经济作为区域层次上协调资源利用、环境保护和经济发展的有效途径,它们的迅速推广和实施将使我国有能力面对可持续发展的进一步挑战,并且有利于保持我国在国际社会长期竞争中的地位。

二、清洁生产、生态工业、生态农业与循环经济

我国是世界上最大的发展中国家,人口众多,人均资源占有量少,有关专家曾指出,中国经济成长的 GDP 中,至少有 18% 是依靠资源和生态环境的"透支"获得的,如果不改变这种"高投入、高消耗、高排放、不协调、难循环、低效率"的粗放型增长方式,到 2020 年,中国的资源需求量将接近世界其他国家资源消费量的总和,这是难以想象、难以为继的。据初步估算,在未来 50 年内我国必须大力使资源利用率提高 8~10 倍,才有可能使环境不致继续恶化或者有所好转,我们只能抓住按循环经济思想来指导经济增长,才有可能在未来重点是资源之争的国际竞争中保持竞争力。

清洁生产可以说是企业层面发展循环经济的初级阶段,它只着眼于生产和服

务领域,而循环经济包括资源、生产、分配、交换、消费、再生资源等多个领域,是全过程控制污染和节约资源。可以说清洁生产是循环经济的基石,循环经济是清洁生产的拓展。在理念上,它们有共同的时代背景和理论基础;在实践中,它们有相通的实施途径,应密切结合。首先,两个概念的提出都是基于同样的时代要求,为了协调经济发展和环境资源之间的矛盾;其次,它们均以工业生态学(Industrial Ecology)作为理论基础;再次,它们有共同的目标和实现途径,它们都以不可再生资源的再循环为目标,在实施时,都包括资源减少和再循环;最终,清洁生产和循环经济的主要区别就是在实施的层次上,一个企业层次的清洁生产就是一个小循环的循环经济,在推行循环经济的过程中需要解决一系列技术问题,而清洁生产为此提供了一系列的技术基础。

在实现循环经济的技术路线中,生态经济是一个重要的概念。生态工业(Ecological Industry)就是按照生态经济原理和知识经济规律组织起来的基于生态系统承载能力、具有高效的经济过程及和谐的生态功能的网络型进化型工业。在传统工业体系中,各企业相互独立的生产流程,是造成污染严重和资源过多消耗的重要原因。生态工业的理论基础——工业生态学则模仿自然生态系统的模式,强调实现工业体系中物质的闭环循环过程,最重要的方式就是建立不同工业流程和不同行业间的横向共生;通过不同企业或工艺流程间的横向耦合及资源共享,一个企业的废物用作另一个企业的原材料和能量,建立工业生态系统的"食物链"和"食物网",达到变污染负效益为资源正效益的目的。

生态农业(Ecological Agriculture)也是按生态学、生态经济学原理,应用系统工程方法建立和发展起来的农业体系。它要求把粮食生产与多种经济作物生产相结合,把种植业与林、牧、副、渔业相结合,把大农业与第二和第三产业发展相结合,利用传统农业的精华和现代科学技术,通过人工设计生态工程,协调经济发展与环境之间、资源利用与保护之间的关系,形成生态和经济的良性循环,实现农业的可持续发展。

目前,我国在企业、企业群落、农村、城市和地区开展了不同范围的循环经济的探索与实践。对于企业来说,要实行清洁生产,就要做到废物最少化、资源化、无害化,生产环境友好的产品。对于企业相对集中的地区或开发区,开展了创建生态工业园区试点,国家已在广西贵港和广东南海市等地建立了10个生态工业示范区;对于广大农村,重点抓好两个关键,即农业发展模式的转换问题和农产品的质量安全问题,发展高效生态农业和有机农业,通过实施高产稳产基本农田建设、庭院生态经济开发、农业废弃物综合利用、农业面源污染控制等工程和推广适用的生态农业技术模式,建立无公害农产品生产基地,逐步实现农业结构合理化、技术生态化、过程清洁化、产品无害化的目标;对于城市和郊区,把城市和农村、工业和农业、生产与生活的物质流、能量流统筹规划,节约各种资源,建立节约型和循环型社会。目前,全国已在辽宁、福建等省和一些城市开展以循环经济为核心的生态省、生态市、生态县试点。经过多年的探索和实践,这些试点的企业、城市和地区已经取得很大进展,为当地经济、社会环境的长远发展奠定了基础,受到政府、企业和公众的欢迎。

可见,清洁生产是在基层单位之内将环境保护延伸到该组织有关的方方面面;生态工业是在企业群落的各个企业之间,即在更高的层次和更大的范围内提升和延伸了环境保护的理念与内涵;生态农业则是把农业可持续发展的战略目标与农户微观经营、农民脱贫致富结合起来,从而建立一个不同层次、不同专业和不同产业部门之间全面协作的综合环境保护管理体系。循环经济又从国民经济的高度和广度将环境保护引入经济运行机制。这几方面相辅相成,共同推动人类社会的可持续发展。

思考题

1. 清洁生产的产生背景是什么?
2. 清洁生产的核心思想和基本原则是什么?
3. 清洁生产的主要内容有哪些?
4. 国内外清洁生产的发展状况有哪些共性?
5. 简述清洁生产、生态工业、生态农业与循环经济之间的关系。
6. 简述清洁生产、循环经济与可持续发展之间的关系。

第二章　清洁生产的理论基础

第一节　清洁生产基本理论

一、环境资源的价值理论

（一）环境资源

环境资源（Environmental Resource）又称自然资源，是指自然环境中人类现在和将来可以直接获得或加以利用，可用于生产和生活的物质、能量和条件。广义地讲，自然环境中除了人以外的所有要素都可看作为自然资源，但通常只是把它局限于对人类有潜在用途的自然资源和自然条件，如土壤、水、大气、森林、草原、野生动植物等。

环境资源在经济发展中具有十分重要的地位。经济发展的速度和水平取决于环境资源开发利用的水平，而经济发展或资源开发的过程同时也会使自然系统发生变化，超越了自然系统的承受力，破坏了自然系统的生态平衡，便会反过来对经济发展造成不利影响。长期以来，环境资源一直被看作是"取之不尽、用之不竭"的自然物，被错误地认为是没有价值的，从而不加限制地随意取用，造成了环境资源的浪费和枯竭，严重威胁着生态系统的平衡，影响了人类本身的生活质量。因此，正确认识环境、环境资源及环境资源的价值，对人类的生存与可持续发展起着非常重要的作用。

（二）环境资源价值及其意义

人类对环境资源价值的认识是逐渐深化的。劳动价值论认为，没有劳动参与的东西没有价值，或者认为不能交易的东西没有价值。但事实上，在对环境资源开发、利用和保护的过程中时刻凝聚着人类的劳动，同时环境资源是人类生产和生活不可缺少的，对人类具有巨大的效用。20世纪60年代以来，经济学家将劳动价值论、效用价值论和存在价值论相结合，对环境资源价值进行了分析，由此确立的环境资源价值，相当于劳动价值论中的使用价值、效用价值论中的效用价值及存在价值论中的能满足人类精神文化和道德需求的非使用价值。

随着对环境资源价值认识的不断深入，经济手段已经被运用到环境管理中，产生了一系列如排污收费、水权交易、环境税等的政策手段，同时将环境价值纳入国民经济核算体系。环境资源的价值理论对环境资源保护与利用具有如下重大意义：

(1) 为环境资源的有偿使用提供了理论依据。环境资源的价值理论对环境资源的合理开发、利用和进行环境保护提供了政策依据，如征收排污费，实际上是对使用环境容量资源的使用者收费，即对环境容量资源实行有偿使用；征收资源税则体现了对环境资源的有偿使用，但现行的环境资源收费(税)水平过低，未能反映出环境资源的真正价值。

(2) 为合理制定环境资源的价格和健全环境资源市场奠定基础。价格是价值的货币表现，承认环境资源具有价值，就可以确定合理的市场价格，把环境资源纳入市场体系中，通过市场调节与计划调节相结合，达到对土地、矿产、水资源、森林、草原等环境资源的最佳分配和利用。对那些直接从环境系统取得自然物质和能量的农业、采矿、能源等部门生产出来的农产品、矿产品、能源等产品的价格应相应提高，以改变农产品、矿产品、能源等产业部门产品价格偏低的状况，以利于建立合理的产品比价。

(3) 有利于充分运用经济手段管理环境资源和进行环境保护工作。环境问题是由于对环境资源的不合理利用而造成的。承认环境资源有价值，便可以十分有效地运用经济手段来管理环境资源的开发、利用。如实行买卖排污许可证制度，实际上是给有价值的环境容量资源制定一个合适的市场价格，使之与其他商品一样，在各个排污者之间进行交换。

(三) 环境资源价值的构成

虽然自然状态下的环境资源是自然界赋予的天然产物，没有凝结人类的劳动，但是环境资源生态功能的产生和实现，环境资源的持续利用无不与人类的劳动有关。所以，环境资源价值的形成大体包括以下几个方面：

(1) 现代生产和生活消耗的自然资源和环境质量，必须通过人的劳动进行再生产来补偿环境资源的物质和能量损失。这种补偿物化的社会必要劳动形成了环境资源价值。

(2) 有效地保护和建设环境资源是可持续发展战略的重要组成部分，只有投入大量劳动，才能实现环境资源可持续使用。保护和建设环境资源化的社会必要劳动是形成环境资源价值的重要部分。

(3) 人类将环境中具有潜在使用价值的资源变成具有符合人类生存和经济发展需要的使用价值，必须付出一定量的劳动，如采掘，这种劳动形成生态价值。

依据劳动价值论，和商品价值的构成一样，环境资源价值的构成总量包括三部分：①补偿、保护和建设环境资源所需的生产资料价值；②补偿、保护和建设环境资源所需的劳动者必要劳动的价值；③补偿、保护和建设环境资源的劳动者剩余劳动创造的价值。因此,理论上环境资源价值量是由创造具有一定使用价值的环境资源的社会必要劳动时间决定的,它与创造的劳动量成正比,与创造的劳动生产率成反比。

(四)环境资源价值的分类

环境资源分类方法很多,按其使用价值可分为四类:

第一类为物质资源,这类资源以其实体为人类提供服务,它包括矿产资源、煤、石油、土地等。

第二类为环境容量资源,环境容量(Environmental Capacity)是指在一定环境质量目标下环境可容纳污染物质的最大量。环境容量也是一种资源,它以同化污染物为人类服务。

第三类为舒适性资源,主要指优美的自然景观。

第四类为维持性资源,这类资源的主要功能是维持生态平衡。

环境资源在未被开发利用时,不能用于交换,不具有商品性质。一旦开发成为资源产品,由于可以用来进行交换而成为商品。这种特殊性决定了环境资源产品作为特殊的商品,除了具有显而易见的经济价值外,环境资源的功能和用途决定了环境资源还具有生态价值和社会价值。因此,环境资源价值存在三种表现形式:①可直接作为商品在市场上进行交换的环境资源产品,体现为直接使用价值(经济价值),例如:森林提供的木材和各种林副产品及其合成品;②由于环境资源所具有的调节功能、载体功能和信息功能而形成潜在价值的资源,体现为间接使用价值,例如:森林所提供的防护、减灾、净化、涵养水源等生态价值;③能满足人类精神文化和道德要求的资源价值,体现为存在价值和文化价值(社会价值),例如:自然景观、珍稀物种、自然遗产等的价值及其提供休闲和娱乐服务的价值。自然资源的经济价值、生态价值和社会价值是统一的,不可分割的,取走任何一种价值的同时必然造成其他价值的流失和毁灭。

简言之,环境资源价值可划分为两部分:一部分是比较实的、有形的、物质性的"商品价值",即经济价值;另一部分是比较虚的、无形的、舒适性的"服务价值",即生态价值与社会价值。

(五)环境资源价值理论

环境资源价值理论是环境经济学的主要理论基础。主要研究环境资源价值观的科学内涵,运用环境资源价值观指导人们的实践活动,对环境资源进行计量,实行有偿使用,将自然资源开发的外部不经济性内化到开发活动中,通过市场和价格机制促使企业节约资源、保护环境。使经济活动的环境效应能以经济信息的形式反馈到国民经济计划和核算的体系中,保证经济决策既考虑直接的近期效果,又考虑间接的长远效果,科学地开发和保护环境资源。

从经济学角度来看,价值是商品经济的基本范畴之一,它是伴随着生产力水平逐步提高而出现的。商品经济价值分为使用价值和交换价值。环境资源在为人类社会生产生活提供服务的过程中,其价值也体现其中。传统的资源价值观念产生出资源无价的理论,不仅制约了基础原材料的发展,更导致了人类无节制地、过度地开发使用资源,使许多野生矿产资源和珍稀生物物种在砍伐中灭绝,造成巨大的浪费。为此,应对环境资源价值进行正确估算,以合理的经济手段对环境资源进行开发利用、保护和改善,改变传统资源价值的理念。确立环境资源价值理论的评估体系,以实现环境资源的最优配置。

环境资源价值理论包括哲学价值论、生态价值论、工程价值论、效用价值论、劳动价值论、资源环境价值论等。其中经典的是西方的效用价值论和马克思的劳动价值论。

1. 效用价值论

效用价值论是从物品满足人的欲望能力或人对物品效用的主观心理评价角度来解释价值及其形成过程的经济理论。所谓的效用是指物品满足人的需要的能力。效用价值论认为,一切物品的价值都来自它们的效用,物品的效用在于满足人类主观的欲望,无用之物没有价值。传统的资源价值观就是在效用价值论的影响下形成和发展的。

19世纪70年代,经济学家提出了边际效用价值论。边际效用是指消费新增一单位商品时所带来的新增的效用。主要观点为:①价值是以稀缺和效用为条件的;②价值取决于边际效用量,即满足消费者最小欲望那一单位的商品的效用;③边际效用递减规律和均衡原则。递减规律是指当某物品的消费量增加时,该物品的边际效用趋于递减;均衡原则是指不同物品的消费最终所获得的边际效用相等,即最后获得的总效用为最大。

边际效用价值论认为,价值是由"生产费用"和"边际效用"共同构成的,商品的供给价格等于它的生产要素的价格。供给的数量随着价格的升高而增加,随着价格的下降而减少。当供求均衡时,一个单位时间内所产生的商品量即为均衡产量,其销售价格为均衡价格,物品的价格就是价值,其价格的确定取决于物品"稀缺"的程度,价格就是为了限制消费。

运用边际效用分析方法研究环境资源的价值和价格,有利于资源流动按比例配置,使资源向边际效用最大的领域流动,使资源利用合理且有效率。有偿使用资源才是环境资源价值的真正体现。

2. 劳动价值论

传统经济学的价值观认为,没有劳动参与的东西没有价值,或者认为不能交易的东西没有价值。总之,传统经济学的价值观认为天然的自然资源和环境没有价值。在经济还不发达、环境资源矛盾不十分突出的年代,这种观点似乎正确。20

世纪后半叶，人类为了保持自然资源的消耗速率与经济增长的需求相均衡，投入了大量的人力、物力和财力。人类上入太空，下入深海，横穿南北两极，研制开发新材料、新能源等，许多环境资源早已凝结了人类劳动，它应该具有价值。例如：经过治理的河水和大气环境都有人类劳动的参与，为保护大熊猫的生存所赋予的科研人员工作、精密仪器设备、法律法规的制定等也都有人类劳动的参与。所以，环境资源的价值是物化在资源转变过程中人类所付出的社会必要劳动量。

环境资源无价，是传统经济学和劳动价值观的一个重要缺陷。马克思主义的劳动价值论不同于效用价值论，是指物化在商品中的社会必要劳动量决定商品价值的理论。马克思主义的劳动价值论在延伸和发展中，对环境资源的价值衡量奠定了基础，为科学地把握环境资源的价值导向提供了理论依据。但是，劳动价值论没有涉及资源的有偿使用问题。所以，对于环境资源的价值衡量，应以劳动价值论作为理论依据，以边际效用价值论作为价格取向，才能真正体现环境资源开发利用的实际效果。

二、环境容载力理论

(一) 环境容量

环境容量是指某一环境对污染物最大承受限度，在这一限度内，环境质量不致降低到有害于人类生活、生产和生存的水平，环境具有自我修复外界污染物所致损伤的能力。

从生态系统角度看，环境可分为大气环境、水环境、土地环境、社会经济环境。其环境容量可分为标准时空容量、污染物极限容量、人口极限容量、生态容量四个方面，见表2-1。

表2-1 环境容量的分解

环境容量	标准时空容量	污染物极限容量	人口极限容量	生态容量
大气环境	大气质量分级	大气环境容量	大气人口容量	大气资源生态容量
水环境	水环境质量分级	水环境容量	水环境人口容量	水资源生态容量
土地环境	土地质量分级	土地环境容量	土地人口容量	土地资源生态容量
社会经济环境	社会发展四个层次	社会污染源排放总量	经济人口容量	社会基础设施生态容量

标准时空容量是指以环境质量标准为基准的各类污染物质浓度在时间和空间上分类的水平限值。根据我国现行的环境质量标准，大气、水、噪声、土壤等环境质量均有规定的功能区分类、标准分级和浓度限值。

污染物极限容量主要包括大气环境、水环境、土地环境和社会环境污染极限容量。

人口极限容量包括水环境的人口容量、粮食人口容量、经济人口容量和区域可用土地人口容量。

生态容量是指能够持续地提供资源或消纳废物的、具有生物生产力的地域空间,是由环境容量所决定的生命活动空间。可用个人占有、城市或农村利用的资源量、生态污染物破坏控制指标来表示。

环境标准时空容量是目标容量,污染物极限容量和人口极限容量均为控制容量,生态容量(环境占用和资源消耗)是开发利用容量。一旦人口或污染物总量超过环境极限容量时,环境承载力受到影响,需由生态容量来调控,协调解决环境污染、人口增长、资源利用、生态建设之间的矛盾。

一般的环境系统都具有一定的自净能力。例如:一条流量较大的河流被排入一定数量的污染物,由于河中各种物理、化学和生物因素的作用,进入河中的污染物浓度可迅速降低,保持在环境标准以下。这就是环境(河流)的自净作用使污染物稀释或转化为非污染物的过程。环境的自净作用越强,环境容量就越大。一个特定环境的环境容量的大小,取决于环境本身的状况,例如:流量大的河流比流量小的河流环境容量大一些。污染物不同,环境对它的净化能力也不同。同样数量的重金属和有机污染物排入河道,重金属容易在河底积累,有机污染物可很快被分解,河流所能容纳的重金属和有机污染物的数量不同,这表明环境容量因物而异。

研究环境容量对控制环境污染大有用处。由于环境有一定自净能力,经过严格测算,可允许一部分污染物稍加处理后排入环境,让环境将这些污染物消化掉。排放污染物的时间、地点、方式要合适,排放的数量不得超过环境容量。因为环境容量总是有限的,如果超出它的限度,环境就会被污染。了解某一环境对各种污染物的环境容量很重要,根据环境容量可以制订出经济有效的污染控制方案,确定哪些污染物由环境净化,哪些必须先经处理以及处理到何种程度为宜。

(二)环境承载力

环境承载力(environmental bearing capacity)又称环境承受力或环境忍耐力,是指在某一时期,某种环境状态下,某一区域环境对人类社会活动和经济活动支持能力的限度。人类赖以生存和发展的环境是一个具有强大维持其稳态效应的巨大系统,它既为人类活动提供空间和载体,又为人类活动提供资源并容纳废弃物。对于人类活动来说,环境系统的价值体现在能对人类社会生存发展活动的需要提供支持。由于环境系统的组成物质在数量上、在一定的比例关系、在空间上具有一定的分布规律,所以它对人类活动的支持能力有一定的限度。当今存在的种种环境问题,大多是人类活动与环境承载力之间出现冲突的表现。当人类社会经济活动对环境的影响超过了环境所能支持的极限,也就是人类社会行为对环境的作用力超过了环境承载力。因此,人们用环境承载力作为衡量人类社会经济与环境协调程度的标尺。

环境承载力包括两个组成部分:基本环境承载力和环境动态承载力。前者可以通过拟订的环境质量标准减去环境本底值求得,后者指该环境单元的自净能力。环境承载力是环境质量的"质"的方面,反映了各个环境要素一定时期、一定的状态下对社会、经济发展的适宜程度,具体包括气候要素(气候生产指数、气候干旱指数等)、资源要素(资源丰富度、资源开发强度等)、地形要素(地形起伏度)等。环境承载力可分为基本承载力、污染物承载力、抗逆承载力、动态承载力四个方面,分别反映了大气环境、水环境、土地环境、社会经济环境的变化水平,见表2-2。

表 2-2　环境承载力分解

环境承载力	基本承载力	污染物承载力	抗逆承载力	动态承载力
大气环境	气候资源丰富度指数	大气污染指数	大气污染调控指数	大气环境质量动态变化指数
水环境	水资源丰富度指数	水污染指数	水污染调控指数	水环境质量动态变化指数
土地环境	土地资源丰富度指数	土地环境污染指数	土地污染调控指数	土地环境质量动态变化指数
社会经济环境	社会基础设施指数	污染物排放密度与强度指数	社会经济支持度	社会可持续发展测度

　　环境基本承载力是环境承载力的基本性质,可通过拟订的环境质量标准减去环境本底值求得或分别由大气、水、土地、社会经济环境指数来表示。环境污染物承载力主要从污染物角度考察污染物在一定的环境下对环境的侵占度及破坏度,从而反映环境系统对社会发展,特别是工业发展的承载力与支持度,一般选用大气污染指数、水污染指数、土地环境污染指数、污染物排放密度与强度指数作为环境污染物承载力指数因子。环境抗逆承载力主要是指环境本身自我调节和恢复能力,一般以气候变异指数、生态脆弱指数和生态调控指数来表示。环境动态承载力主要取决于环境基本承载力、环境污染物承载力和环境抗逆承载力的变化程度,其中起决定性变化的是环境污染物承载力。环境保护过程中,通过污染物的控制,提高环境基本承载力和环境抗逆承载力,保持环境承载力的稳定性;通过对主要环境污染物的预测,分析环境动态承载力变化趋势。

(三)环境容载力

　　环境容量强调的是区域环境系统对其自然灾害的削减能力和人文活动排污的容纳能力,侧重体现和反映了环境系统的自然属性;环境承载力则强调在区域环境系统正常结构和功能的前提下,环境系统所能承受的人类社会活动的能力,侧重体现和反映了环境系统的社会属性,环境系统的结构和功能是其承载力的根源。在区域的发展过程中,环境容量和环境承载力反映的是环境质量的两个方面,前者是以一定的环境质量标准为依据,反映的是环境质量的"量化"特征,即环境质量表现的基础;后者是以环境容量和质量标准为基础,反映的是环境质量的"质化"特征,即环境质量的优劣程度。

　　环境容载力(environmental capacity and quality)概念的提出主要是源于对环

境容量与环境承载力两个概念的有机结合,是环境质量的量化和质化的综合表述。从一定意义上讲,没有环境的容量和质量,就没有环境的承载力,环境的容载力就是环境容量和质量的承载力。环境容载力定义为自然环境系统在一定的环境容量和环境质量支持下对人类活动所提供的最大的容纳程度和最大的支撑阈值。简言之,环境容载力是指自然环境在一定纳污条件下所支撑的社会经济的最大发展能力。它可以看作是环境系统结构与社会经济活动的相适宜程度的一种表示。环境容载力类型包括环境容量和环境承载力两个方面。在区域生态环境建设规划中,依据环境容载力评价结果,预测环境容量变动和承载力变动趋势,其结果可以作为生态环境功能分区的主要依据。

区域的社会经济发展规模、能力和环境系统的功能是决定环境容载力大小的主要因素。环境容载力具有可调控性,表现为人类在掌握环境系统运动变化规律的基础上,根据自身的需求对环境系统进行有目的的改造,从而提高环境容载力。例如:城市通过保持适度的人口容量和适度的社会经济增长速度从而提高环境的容载力。具有复杂结构的城市环境系统所反映出的城市环境容载力是联系城市社会经济活动与生态环境的纽带和中介,反映区域社会经济活动与环境结构和功能的协调程度。环境容载力从结构上可分为总量和分量两部分,其中分量指大气、水、土壤、生物等环境要素的容量和水、土地、矿产资源要素的承载力;总量是指环境的整体容量和自然资源的整体承载力。环境整体容载力大于各个要素容载力的综合。表2-3为城市环境容载力内容及其相应计算指标。

三、废物与资源转化理论(物质平衡理论)

废物是指人们生产和消费活动中产生的不再被人们需要的物质,当废物的数量达到一定程度,超过了自然的净化能力,就会破坏生态环境,因而人们投入人力、物力和财力进行环境保护,如采取消烟除尘、污水净化以及填埋废渣等末端治理的方式,以期环境有所改善。然而,随着经济的发展,废物的数量越来越大,成分越来越复杂,为了治理污染需要付出的经济代价越来越高。因此,人们认识到由于自然系统吸纳废物的速率远低于废物的排放速率,使得大量的废物不断积累;而另一方面地球资源匮乏,越来越难以满足经济发展需要,对废物处理策略应变被动治理为提高资源的利用效率与废物再生利用水平,从而增加资源的循环利用率,减少废物的排放,降低物质在生产和消费活动中的排放速率,使之与自然系统吸纳废物的速率相一致。

物质平衡理论通过对整个环境—经济系统物质平衡关系的分析,揭示了环境污染的经济学本质。在生产过程中,物质按照平衡原理相互转换,生产过程中产生的废物越多,则原料(资源)消耗就越大,即废物是由原料转化而来的,清洁生产使废物最小化,等于原料(资源)得到了最大化利用。此外,生产中的废物具有多功能

表 2-3　城市环境容载力内容及其相应计算指标

项目	环境容载力	大气环境	水环境	土地环境	社会经济环境
环境容量	标准时空容量	大气质量分三级	水环境分五类	土地质量分等级	社会经济发展分四个层次
	污染物极限容量	大气污染物排放量	废水排放量	废物排放量	污染源企业排放量
	人口极限容量		水环境人口容量	土地人口容量	经济人口容量
	生态容量 生态占用量		人均占有和城市利用的水域、水量；污水时空排放强度；水生态破坏和控制	人均占有和城市利用的土地、固体废弃物排放强度；土地生态破坏和控制	社会经济密度人均占有的经济总量、污染物人均排放量；生态经济损失；环境质量达标的生态区
环境承载力	基本承载力	气候资源指数：平均降水、无霜期、≥10℃积温、年日照时数	水资源指数：水资源支持度、丰富度、紧缺度、利用强度	土地资源指数：土地资源支持度及适宜度、植被覆盖率、利用强度	社会经济消费指数：社会消费品总额、城市用电量、城市供水量、城市煤气销售量
	污染物承载力	大气污染指数：SO_2、NO_x、TSP、CO……	水污染指数：BOD、挥发分、DO、非离子氢、总砷……	排放密度指数：单位国土面积的废气、废水和固体废弃物排放量	排放强度指数：人均固体废弃物量、人均废水量、人均废气量
	抗逆承载力	气候变异指数：干燥度指数、受灾率	生态脆弱指数：水土流失率、草地退化率、地震灾害频率、地形起伏指数	生态调控指数：污染物调控指数、废水处理率、废气处理率、固体废弃物处理率。环境调控指数：环境质量退化控制率、森林覆盖率、自然保护率	社会经济调控指数：环保投资、环保投资占GDP比例、生态示范区比率、烟尘控制区比率、噪声达标区比率
	动态承载力	气候变化趋势	水环境变化趋势	土地变化趋势	社会经济发展趋势

特性，即某种生产过程中产生的废物，又可作为另一种生产的原料。资源与废物只是一个相对的概念。

物质平衡理论主要思想对废物减量研究有启发意义。首先，治理污染物只是改变了特定污染物的存在形式，并没有消除，也不可能消除污染物的物质实体。例如：某城市主要依靠填埋方式处理垃圾，虽然垃圾处理技术具有一定水平，但如果处理不当就可能污染水体和大气，破坏土地资源。这说明垃圾的无害化处理虽然能够减少垃圾对环境的危害，但是容易造成其他形式的污染，而不能最终解决环境问题。因此,对垃圾的减量化管理要优于对垃圾进行末端治理。为了减少污染物对自然环境的污染,最根本的方法是采取清洁生产工艺,提高物质和能量的利用效率,并提高污染物循环利用水平,以此减少自然资源的开采量和使用量,同时降低了污染物的排放量。

四、最优化理论

在实际生产过程中,一种产品的生产必定有一个产品质量最好、产率最高、能量消耗最少的最优生产条件。清洁生产实际上是如何满足生产特定条件下使物料消耗最少而使产品产出率最高的问题,这一问题的理论基础是数学上的最优化理论,即废物最小量化可表示为目标函数,求它各种约束条件下的最优解。

1. 目标函数

废物最小量这一目标函数是动态的、相对的。一个生产过程、一个生产环节、一种设备、一种产品,若不经过末端处理设施而能达到相应的废物排放标准、能耗标准、产品质量标准等,就可以认为目标函数值得以实现。由于国家和地区的废物排放标准和能耗标准不同,目标函数值也不同;而且即使在一个国家,随着技术进步和社会发展,这些标准会发生变化,目标函数值也会发生变化。因此,目前清洁生产废物最小化理论不是求解目标函数值,而是为满足目标函数值,确定必要的约束条件。

2. 约束条件

通过能量衡算与物料衡算,可以得出生产过程废物产生量、能源消耗、原材料消耗与目标函数的差距,进而确定约束条件。约束条件包括:原材料及能源、生产工艺、过程控制、设备、维护与管理、产品、废物、资金、员工等。

例如:城市水污染控制系统的最优化问题,就是利用数学规划方法,科学地组织污染物的排放或协调各个治理环境,以便用最小的费用达到所规定的水质目标,对于这类问题可分为三种:排污口最优化处理、最优化均匀处理和区域最优化处理。其中,排污口最优化处理是以各小区污水处理厂为基础,在水质条件的约束下,寻求满足水体水质要求的各污水处理厂最佳处理效率的组合;目标函数是污水处理的最低费用,约束条件则是相应的水质状态方程。最优化均匀处理是在污水处理效率固定的条件下,寻求区域的污水处理和管道输水的总费用最低时,污水处理厂的最佳位置和容量的组合;目标函数是污水处理和管道输水的最低总费用,约束条件则是各小区污水量的状态方程。区域最优化处理,要求考虑水体自净、污水处理和管道输水这三种因素而使系统的总费用最低。

第二节 清洁生产与末端治理

一、末端治理

末端治理(end treatment)是指污染物产生以后,在其直接或间接排到环境之前进行处理,以减轻环境危害的治理方式。

与直接排放相比,末端治理是一大进步,不仅有助于消除污染事件,也在一定程度上减缓了生产活动对环境的污染和破坏程度。但是,随着时间的推移,工业化进程的加速,末端治理的局限性日益增大。

首先,随着生产的发展,工业生产所排污染物的种类越来越多,国家规定的污染物(特别是有毒有害污染物)排放标准也越来越严格,从而对污染治理与控制的要求也越来越高。为达到更加严格的排放标准,企业不得不大大提高治理费用。即使如此,一些标准还难以达到。另一方面,"三废"处理与处置往往只有环境效益而无明显经济效益,因而给企业带来沉重的经济负担,进一步影响了企业治理污染的积极性和主动性。

其次,由于污染治理技术有限,治理污染很难达到彻底消除污染的目的。排放的"三废"在处理、处置过程中对环境还有一定的风险,而且有些污染物不能生物降解,治理不当还会造成二次污染;有的治理只是将污染物转移,如湿式除尘将废气变成废水排入水体,大量废水经处理变成含重金属的污泥及活性污泥等;废物的焚烧及废渣的填埋又污染了大气和水体,如此形成恶性循环。

再次,末端治理不仅需要投资,而且使一些可以回收的资源(包含未反应的原料)得不到有效的回收利用而流失,致使企业原材料消耗增高,产品成本增加,经济效益下降。末端治理与生产过程控制往往没有密切结合起来,资源和能源不能在生产过程中得到充分利用。任何生产过程中排出的污染物实际上都是物料,如农药、染料生产得率都比较低,这不仅对环境产生极大的威胁,同时也严重浪费了资源。如果改进生产工艺及控制,提高产品的得率,可以大大削减污染物的产生,不但增加了经济效益,也会减轻末端治理的负担。

所以,末端治理这种方式难以从根本上缓解环境压力。

二、全过程控制

清洁生产是世界各国在反省末端治理的种种不足后,提出的一种以污染的源头削减和全过程控制为主要特征的环保战略,是环境保护由被动向主动行动的一种转变。在企业层次,清洁生产的主要推行方法是清洁生产审核,即从企业原材料和能源、技术工艺、废弃物等方面分析污染产生的原因,制定和落实污染控制的措施。

全过程控制是在清洁生产早期的认识中，相对于工业污染末端治理的传统战略提出来的，它的关注集中在企业层次上，集中在产品的生产制作阶段。生产过程涉及的每一步骤都可以从削减废料、预防污染的角度找到合适的替代方案。

工业污染全过程控制的首要工作是对生产过程进行全面的、系统的和定期的审查。这项审查叫做"清洁生产审计"。通过审计找出物料的流失点和流失量，探究其产生原因，研讨解决方法，制订行动计划，分批贯彻实施，使污染得以逐步削减以至消除，达到清洁生产的目的。具体实施方法如下：

(1) 做好物料投入产出的准确计量和正确记录。物料的投入产出记录是生产管理和成本核算必不可少的依据，计量装置的齐备准确与否和生产记录的完整正确与否也是衡量一个工厂管理水平的重要标志。从投入产出记录中则可以获得资源的流失情况和产生环境污染的根源等重要信息，因此它也是控制全过程污染不可或缺的资料。

(2) 做好物料有效成分的检测分析工作。物料的组分并非百分之百的纯净，其中不能为生产所用或者不能进入产品的部分都将流失到废物中去，成为污染的来源。因此，物料的组分分析和某些物质的含量分析是计算物料流失量和污染产生量必不可少的资料。

(3) 做好物料衡算，探讨物料流失的原因。根据以上所得资料进行物料衡算。原料投入量减去产品和副产品产出量，等于物料流入三废中的数量。物料衡算可以以厂为核算单位，也可以以车间、产品或关键工序为单位。从物料衡算中的失衡情况找出失衡原因和生产管理上存在的问题。从物料衡算上求出原料利用率和流失率。根据物料的流失资料，对生产工艺、技术装备、操作控制和运行管理等各方面进行剖析，找出流失原因并研讨污染控制措施，制订计划，逐步实现，从而达到全过程控制的要求。

三、清洁生产与末端治理的比较

清洁生产是关于产品和产品生产过程的一种新的、持续的、创造性的思维，它是指对产品和生产过程持续运用整体预防的环境保护战略。

清洁生产是要引起全社会对于工业产品生产及使用全过程对环境影响的关注。使污染物产生量、流失量和治理量达到最小，资源充分利用，是一种积极、主动的态度。而末端治理仅仅把注意力集中在对生产过程中已经产生的污染物的处理上，具体对企业来说，只有环保部门来处理这一问题，所以总是处于一种被动的、消极的地位。

清洁生产与末端治理的比较见表 2-4。

表 2-4　清洁生产与末端治理的比较

比较项目	清洁生产系统	末端治理(不含综合利用)
思考方法	污染物消除在生产过程中	污染物产生后再处理
产生时代	20 世纪 80 年代末期	20 世纪 70～80 年代
控制过程	生产全过程控制,产品生命周期全过程控制	污染物达标排放控制
控制效果	比较稳定	产污量影响处理效果
产污量	明显减少	间接可减少
排污量	减少	减少
资源利用率	增加	无显著变化
资源耗用	减少	增加(治理污染消耗)
产品产量	增加	无显著变化
产品成本	降低	增加(治理污染费用)
经济效益	增加	减少(用于治理污染)
治理污染费用	减少	随着排放标准的严格,费用增加
污染转移	无	有可能
目标对象	全社会	企业及周围环境

推行清洁生产并不排斥"末端治理",在我国目前条件下,"末端治理"仍是环境保护的主要手段,必须强调并加大投资力度,加快环保设施建设。这是由于:①清洁生产是环境污染的解决途径之一,但代替不了污染治理措施;②工业生产无法完全避免污染的产生,并非所有污染物都能达到"零排放",因而需要处理和最终处置;③我国局部地区的大气污染、水污染已相当严重,问题的最终解决还要靠"末端治理";④用过的产品还必须进行最终处理、处置。因此,清洁生产和末端治理将长期并存,只有共同努力,实施生产全过程和治理污染过程的双控制,才能保证环境保护最终目标的实现。

第三节　清洁生产的其他相关理论

一、可持续发展理论

伴随着人们对社会发展目标以及全球性环境问题(臭氧层破坏、全球变暖和生物多样性消失等)认识的加深,可持续发展的思想在 20 世纪 80 年代逐步形成。可持续发展观强调的是经济、社会和环境的协调发展,其核心思想是经济发展应当建立在社会公正和环境、生态可持续的前提下,既满足当代人的需要,又不对后代人满足其需要的能力构成危害。

(一)可持续发展的基本内容

可持续发展的基本内容主要有三个方面:

(1)强调发展。发展是满足人类自身需求的基础和前提。人类要继续生存下去,就必须强调经济增长,但这种增长不是以牺牲环境来取得的增长,而是以保护环境为核心的可持续的经济增长,通过经济增长保证人类的生存与发展,并把消除贫困作为实现可持续发展的一个重要条件。

(2)强调协调。经济增长目标、社会发展目标与环境保护目标三者之间必须协调统一,即环境与经济协调发展。经济增长速度不能超过自然环境的承载能力,必须以自然资源与环境为基础,同环境承载能力相协调。要考虑环境和资源的价值,将环境价值计入生产成本和产品价格之中,建立资源环境核算体系,改变传统的生产方式和消费方式。

(3)强调公平。既要体现当代人在自然资源利用和物质财富分配上的公平,也要体现当代人和后代人之间的代际公平;不同国家、不同地区、不同人群之间也要力求公平。

(二)可持续发展的内涵

(1)可持续发展的公平性。公平性含义:①本代人的公平。可持续发展要给世界以公平的分配和公平的发展权,要把消除贫困作为可持续发展进程特别优先的问题来考虑。②代际间的公平。这一代不要为自己的发展与需求而损害人类世世代代公平利用自然资源的权利。③公平分配有限资源。目前的现实是,占全球人口26%的发达国家,消耗的能源、钢铁和纸张等均占全球的80%。

(2)可持续发展的持续性。可持续发展的内涵不仅包括需求,还包括了可持续发展的限制因素。可持续发展不应损害支持地球生命的自然系统,持续性原则的核心是人类的经济和社会发展不能超越资源与环境的承载能力。

(3)可持续发展的共同性。可持续发展作为全球发展的总目标,所体现的公平性和持续性原则是共同的。实现这一总目标,必须采取全球共同的联合行动。

(三)可持续发展的特征

目前,关于可持续发展的定义多种多样。经济学家侧重保持和提高人类的生活水平,生态学家侧重点则放在生态系统的承载能力方面。但基本共识是,可持续发展至少包含以下三个特征。

(1)生态持续性。不超越生态环境系统更新能力的发展,使人类的发展与地球承载能力保持平衡,使人类生存环境得以持续。

(2)经济持续性。在保护自然资源的质量及其所提供服务的前提下,使经济发展的利益增加到最大限度。

(3)社会可持续性。可持续发展要以改善和提高生活质量为目的,与社会进步相适应。是一种在保护自然资源基础上的可持续增长的经济观,人类与自然和谐相处的生态观,以及对当今后世公平分配的社会观。

生态可持续、经济可持续和社会可持续三个特征之间互相关联而不可侵害。

孤立追求经济持续必然导致经济崩溃;孤立追求生态持续不能遏制全球环境的衰退。生态持续是基础,经济持续是条件,社会持续是目的。人类共同追求的应该是自然—经济—社会复合系统的持续、稳定、健康发展。

二、生命周期评价

(一)生命周期评价的概念

生命周期评价(Life Cycle Assessment,LCA)是一种用于评估产品在其整个生命周期中(从原材料的获取、产品的生产直至产品使用后的处置)对环境影响的技术和方法。国际标准化组织对 LCA 的定义是,汇总和评估一个产品(或服务)体系在其整个生命周期间的所有投入及产出对环境造成的和潜在的影响的方法。国际环境毒物学和化学学会对 LCA 的定义是:通过对能源、原材料消耗及废物排放的鉴定及量化来评估一个产品、过程或活动对环境带来的负担的客观方法。

1997 年国际标准化组织正式出台了 ISO14040《环境管理—生命周期评价—原则与框架》,以国际标准形式提出对生命周期评价方法的基本原则与框架。生命周期评价方法已成为一种具有广泛应用的产品环境特征分析和决策支持工具。作为新的环境管理工具和预防性的环境保护手段,生命周期评价主要应用在通过确定和定量化研究能量和物质利用及废弃物的环境排放来评估一种产品、工序和生产活动造成的环境负载;评价能源材料利用和废弃物排放的影响以及评价环境改善的方法。

(二)生命周期评价的过程

生命周期评价的过程是,首先辨识和量化整个生命周期阶段中能量和物质的消耗以及环境释放,然后评价这些消耗和释放对环境的影响,最后辨识和评价减少这些影响的机会。生命周期评价注重研究系统在生态健康、人类健康和资源消耗领域内的环境影响。

生命周期评价的总目标是,比较一个产品在生产过程前后的变化或比较不同产品的设计,为此它应满足以下原则:①运用于产品的比较;②包括产品的整个周期;③考虑所有的环境因素;④环境因素尽可能定量化。

1976 年 6 月 1 日正式颁布的 ISO14040(生命周期评价——原则和框架)将一个完整的产品生命周期环境分析工作分为四个基本阶段:目标定义和范围界定、清单分析、影响评价和结果解释。

(1)目标和范围的确定。目标定义是要清楚地说明开展此项生命周期评价的目的和意图,以及研究结果的可能应用领域。研究范围的确定要足以保证研究的广度、深度与所要求的目标一致,涉及的项目有:系统的功能、功能单位、系统边界、数据分配程序、环境影响类型、数据要求、假定的条件、限制条件、原始数据质量要求、对结果的评议类型、研究所需的报告类型和形式等。生命周期评价是一个反复的过程,在数据和信息的收集过程中,可能修正预先确定的范围来满足研究的目标,在某些情况下,也可能修正研究目标本身。

(2)清单分析。清单分析是量化和评价所研究的产品、工艺或活动整个生命周期阶段资源和能量使用以及环境释放的过程。一种产品的生命周期评价将涉及其每个部件的所有生命阶段,包括从地球采集原材料和能源、把原材料加工成可使用的部件、中间产品的制造,将材料运输到每一个加工工序、所研究产品的制造、销售、使用和最终废弃物的处置(包括循环、回用、焚烧或填埋等)等过程。

(3)生命周期影响评价。国际标准化组织、美国"环境毒理学和化学学会"以及美国环保局都倾向于将影响评价定为一个"三步走"的模型,即分类、特征化和量化。①分类:分类是将清单中的输入和输出数据组合成相对一致的环境影响类型(影响类型通常包括资源耗竭、生态影响和人类健康三大类);②特征化:特征化主要是开发一种模型(如负荷模型、当量模型和固有的化学特性模型等),这种模型能将清单提供的数据及其他辅助数据转译成描述影响的叙述词;③量化:量化是确定不同环境影响类型的相对贡献大小或权重,以期得到总的环境影响水平。

(4)结果解释。结果解释即改进评价,是识别、评价并选择能减少研究系统整个生命周期内能源和物质消耗以及环境释放机会的过程。这些机会包括改变产品设计、原材料的使用、工艺流程、消费者使用方式及废物管理等。美国环境毒理学和化学学会建议将改进评价分成三个步骤来完成,即识别改进的可能性、方案选择和可行性评价。

(三)生命周期评价在清洁生产中的作用

1.生命周期评价的特点

(1)全过程评价。生命周期评价是与整个产品系统原材料的采集、加工、生产、包装、运输、消费和回用以及最终处置生命周期有关的环境负荷的分析过程。

(2)系统性与量化。生命周期评价以系统的思维方式去研究产品或行为在整个生命周期中每一环节中的所有资源消耗、废物产生及其环境的影响,定量评价这些能量和物质的使用以及排放废物对环境的影响,辨识和评价改善环境影响的机会。

(3)注重产品的环境影响。生命周期评价强调分析产品或行为在生命周期各阶段对环境的影响,包括能源利用、土地占用及排放污染物等,最后以总量形式反映产品或行为的环境影响程度。生命周期评价注重研究系统在生态健康、人类健康和资源消耗领域内的环境影响。

2.生命周期评价在清洁生产中的作用

生命周期评价是对产品、工艺过程或生产活动从原材料获取到加工、生产、运输、销售、使用、回收、养护、循环利用和最终处理处置等整个生命周期系统所产生的环境影响进行评价的过程,在促进清洁生产方面有着积极的作用。

在企业方面,生命周期评价主要用于产品的比较和改进,典型的案例有布质和易处理婴儿尿布的比较、塑料杯和纸杯的比较、聚苯乙烯和纸质包装盒的比较等。在政府方面,生命周期评价主要用于公共政策的制定,其中最为普遍的适用于环境标志或生态标准的确定,许多国家和国际组织都要求将生命周期评价作为制定标志标准的方法。

三、生态工业理论

(一)生态工业基本概念

工业发展是城市发展的主要动力源泉。在工业文明为城市发展带来勃勃生机的同时,大工业的污染,也使城市远离自然,环境质量不断下降,失去原有的生态平衡并引发了一系列的生态环境问题。受自然生态过程的启发,20世纪70年代,一些科学家提出了生态工业(Eco-Industry)的思想,指出发展生态工业是城市工业可持续发展的必然选择。生态工业理论在指导城市经济产业发展以及城市生态环境规划中起着重要作用。

根据联合国工业与发展组织的定义,生态工业是指"在不破坏基本生态进程的前提下,促进工业在长期内给社会和经济利益做出贡献的工业化模式"。生态工业的实质是以生态理论为指导,模拟自然生态系统各个组成部分(生产者、消费者、还原者)的功能,充分利用不同企业、产业、项目或工艺流程之间,资源、主副产品或废弃物的横向耦合、纵向闭合、上下衔接、协同共生的相互关系,使工业系统内各企业的投入产出之间像自然生态系统那样有机衔接,物质和能量在循环转化中得到充分利用,并且无污染、无废物排出。

(二)工业生态学理论

工业生态学(Industrial Ecology)是生态工业的理论基础。工业生态学通过"供给链网"分析(类似食物链网)和物料平衡核算等方法分析系统结构变化,进行功能模拟,分析产业流(输入流、产出流),研究工业生态系统的代谢机理和控制方法。

工业生态学的思想包含了"从摇篮到坟墓"的全过程管理系统观,即在产品的整个生命周期内不应对环境和生态系统造成危害,产品生命周期包括原材料采掘、原材料生产、产品制造、产品使用以及产品用后处理。系统分析是工业生态学的核心方法,在此基础上发展起来的工业代谢分析和生命周期评价是目前工业生态学中普遍使用的有效方法。工业生态学以生态学的理论观点考察工业代谢过程,亦即从取自环境到返回环境的物质转化全过程,研究工业活动和生态环境的相互关系,以研究调整、改进当前工业生态链结构的原则和方法,建立新的物质闭路循环,使工业生态系统与生物圈兼容并持久生存下去。

工业生态学把工业系统视为一类特定的生态系统,在该特定的工业生态系统内存在着物质的循环和能量的流动,每一种废弃物经过适当处理可以作为资源在系统中循环利用。自然生态系统中的共存关系在工业生态系统内一些企业间也有体现,各企业的存在目的主要不是为了消化另一企业的废弃物而减少进入环境的垃圾量,而是为了减少自己的经营成本。工业生态系统也遵循"适者生存"的法则,任何企业都有着自己的"生存期",社会环境的各种限制因素、企业的生存能力以及同社会环境的适应性等多方面因素的叠加作用,将决定企业自身乃至整个系统生存时间的长短。工业生态系统要维持稳定,企业则要寻找自己的原料被利用的可能性以及用其他厂家废料作为原料的可能性,并保证这种可能性变成现实且能持续运行。

生态工业利用生态经济系统的共生原理、长链利用原理、价值增值原理和生态经济系统的耐受性原理,使各工矿企业相互依存,形成共生的网状生态工业链,达到资源的集约利用和循环使用。开放性的系统,其中的人流、物流、价值流、信息流和能量流在该系统中合理流动和转换增值并与其所处的生态系统和自然结构相适应,符合耐受性原理。"原料—产品—废料—原料"的生产模式,通过工艺关系,尽量延伸资源的加工链,最大限度地开发利用资源,减少废弃物的排放。各种生态产品强调其技术经济指标有利于经济与环境的协调。

(三)生态工业理论内涵

生态工业是依据循环经济理念和工业生态学原理而设计的一种新型工业组织形式,其内部运行机制包括物质流、能量流、信息流和价值流。其中物质流和能量流是生态工业的核心,任何通过工业产业链的连接、系统的集成、共享设施服务和调控系统实现生态工业物质利用的减量化、再使用和再循环,实现能源的梯级高效利用,是构建生态工业体系的重点和基本出发点。生态工业的内涵包括:

(1)废物资源化。生态工业否定废物的概念,把废物当作资源看待,不断开发废物资源化技术,为实现工业社会物质的循环流动打下基础。

(2)封闭物质循环系统和尽量减少消耗性材料的使用。只有当物质在"资源—产品—废物—资源"这样一个封闭循环网络内运转,生态工业才进入了可持续发展阶段。一方面根据材料品质的差异以不同的方式再生循环利用;另一方面,开展清洁生产,从源头上减少不可再生资源和能源的使用。

(3)工业产品与经济活动的非物质化。工业产品与经济活动的非物质化是生态工业对产品的重新认识。传统生产以产品为媒介,追求利润的最大化为企业的目标。而生态工业要求企业的经营目标从产品或产值转移到对社会的服务功能上,使企业的重心由生产新产品转向已有产品的维护,既可以节约大量原材料,又可以增加经济效益。

(4)非碳能源。以碳氢化合物为主的矿物资源是整个工业社会最基本的物质，也是许多环境问题的源头，如温室效应、酸雨等。要实现物质无损耗、能源清洁且能自给的闭合循环过程，应减少使用化石能源、提高能源利用效率，开发利用非碳能源，如太阳能、风能和生物质能等。

(四)生态工业特征与目标

不同于末端治理和清洁生产，生态工业的基本思想是仿照自然界生态系统中物质流动的方式来规划工业生产、消费和废弃物处置系统。将经济利益和环境保护有机结合，不是采用末端治理的被动策略，也不仅局限在企业层次进行清洁生产，而是在企业群落或更大区域范围，从产品设计、生产工艺和使用消费的各个环节入手，从源头上消灭污染，并通过各生产过程之间的物料、能量、废弃物的集成达到物质、能量的有效利用。

生态工业建设的目标是将工业的经济效益和生态效益并重，有助于工业的可持续发展。尽量减少废弃物，将工业园区内一个工厂或企业产生的副产品用作另一个工厂的投入或原材料，通过废物交换、循环利用、清洁生产等手段，最终实现园区的污染"零"排放。

生态工业的基本特征是在两个或两个以上的企业实现物质和能量的链接关系，下游企业将上游企业排出的废弃物作为自身的原材料或上下游企业内实现能量、水资源的梯级利用等。

(五)生态工业园区

生态工业采用的环境管理是一种直接运用工业生态学的生态管理模式。用生态学理论和方法来研究工业生产，把经济视为一种类似于自然生态系统的封闭体系。在这个体系中，一个企业产生的"废物"或副产品作为另一个企业的"原料"。区域内的工业企业或公司形成一个相互依存、类似于自然生态食物链过程的工业生态系统。

生态工业园区(Eco-Industrial Parks, EIPs)是生态工业思想的具体体现，是继工业园区和高新技术园区之后，依据清洁生产要求、循环经济理念和工业生态学原理而设计建立的第三代工业园区。它通过物流或能流传递等方式把两个或两个以上生产体系或环节链接起来，形成资源共享、产品链延伸和副产品互换的产业共生网络。在这个共生网络中，一家工厂的产品或副产品成为另一家工厂的原料或能源，形成产品链和废物链，实现物质循环、能量多级利用和废物产生最小化。生态工业园要求合理规划原料和能量交换，使各个企业资源共享，一个企业的污染物成为另一个企业的资源，寻求物质使用的最小化和"零"污染排放，体现了人和环境自然和谐的思想。

第四节 清洁生产与ISO14000环境管理系列标准

一、ISO14000环境管理标准

ISO14000是国际标准化组织(ISO)从1993年开始制定的系列环境管理国际标准的总称，它同以往各国自定的环境排放标准和产品的技术标准等不同，是一个国际性标准，对全世界工业、商业、政府等所有组织改善环境管理行为具有统一标准的功能。它由环境管理体系(EMS)、环境行为评价(EPE)、生命周期评价(LCA)、环境管理(EM)、产品标准中的环境因素(EAPS)等7个部分组成。我国于1997年4月1日由国家技术监督局将已公布的五项国际标准 ISO14001、ISO14004、ISO14010、ISO14011 和 ISO14012 等同于国家标准 GB/T24001、GB/T24004、GB/T24010、GB/T24011 和 GBT24012 正式发布。这五个标准及其简介如下：

(1)ISO14001(GB/T24001—1996)环境管理体系——规范及使用指南规范。该标准规定了对环境管理体系的要求，描述了对一个组织的环境管理体系进行认证/注册和(或)自我声明可以进行客观审核的要求。

(2)ISO14004(GB/T24004—1996)环境管理体系——原理、体系和支撑技术通用指南。该标准对环境管理体系要素进行阐述，向组织提供了建立、改进或保持有效环境管理体系的建议，是指导企业建立和完善环境管理体系的工具和教科书。

(3)ISO14010(GB/T24010—1996)环境审核指南——通用原则。该标准规定了环境审核的通用原则，包括有关环境审核及相关的术语和定义。任何组织、审核员和委托方为验证与帮助改进环境绩效而进行的环境审核活动都应满足本指南推荐的做法。

(4)ISO14011(GB/T24011—1996)。该标准规定了策划和实施环境管理体系审核的程序，以判定是否符合环境管理体系的审核准则，包括环境管理体系审核的目的、作用和职责，审核的步聚及审核报告的编制等内容。

(5)ISO14012(GB/T24012—1996)环境管理审核指南——环境管理审核员的资格要求。该标准提出了对环境审核员和审核组长的资格要求，适用于内部和外部审核员，包括对他们的教育、工作经历、培训、素质和能力以及如何保持能力和道德规范都做了规定。

这一系列标准是以ISO14001为核心，针对组织的产品、服务活动逐渐展开，形成全面、完整的评价方法。它包括了环境管理体系、环境审核、环境标志、生命周期分析等国际环境管理领域内的许多焦点问题，旨在指导各类组织取得和表现正确的环境行为。标准强调污染预防、持续改进和系统化、程序化的管理。不仅适用

于企业,同时也可适用于事业单位、商行、政府机构、民间机构等任何类型的组织。可以说,这一系列标准向各国及组织的环境管理部门提供了一整套实现科学管理体系,体现了市场条件下环境管理的思想和方法。

二、ISO14000 环境管理标准的分类

(1)ISO14000 作为一个多标准组合系统,按标准性质分为三类:

①基础标准——术语标准。

②基本标准——环境管理体系、规范、原理、应用指南。

③支持技术类标准(工具),包括:环境审核、环境标志、环境行为评价和生命周期评价。

(2)若按标准的功能划分,可以分为两类:

①评价组织。它包括环境管理体系、环境行为评价和环境审核。

②评价产品。评价产品包括生命周期评价和环境标志。

(3)环境管理体系模式不是一个封闭的过程,而是一个周而复始、螺旋上升的循环过程,体系按照这一模式运行,在不断循环的过程中实现持续改进。体系的运行过程分五大部分:

①环境方针。表达了组织在环境管理上的总体原则和意向,是环境管理体系运行的主导,其他要素所进行的活动都是直接或间接地为实现环境方针服务的。它所解决的问题是,为什么要做,目的是什么?

②环境策划。环境策划是组织对其环境管理活动的规划工作,包括确定组织的活动、产品或服务中所包含的环境因素;确定组织所应遵守的法律、法规及其他要求;根据环境方针制定环境目标和指标,规定有关职能和层次的职责,以及实现目标和指标的方法和时间表。它所解决的问题是,要做什么?

③实施运行。这是将策划工作付诸实行并进而予以实现的过程,包括规定环境管理所需的组织结构和职责,相应的权限和资源;对员工进行有关环境的教育及培训,环境意识和有关能力的培养;建立环境管理中所需的内、外部信息交流机制,有效地进行信息交流;制定环境管理体系运行中所需制定的各种文件;对文件的管理,包括文件的标识、保管、修订、审批、撤销、保密等方面的活动;对组织运行中涉及环境因素,尤其是重要环境因素的运行活动的控制;确定组织活动可能发生的事故,制定应急措施,并在紧急情况发生时及时做出响应。它所解决的问题是,怎么做?

④检查和纠正措施。在实施环境管理体系的过程中,要经常对体系的运行情况和环境表现进行检查,以确定体系是否得到正确有效的实施。其环境方针、目标和指标的要求是否得到满足,如发现不符合,应考虑采取适当的纠正措施。它所解决的问题是,所做的对吗?

⑤管理评审。它是组织的最高管理者对环境管理体系的适宜性、充分性和有效性的评价,包括对体系的改进。它所解决的问题是,在做对的工作吗?

经过五个部分的运行,体系完成了一个循环过程,通过修正,又进入下一个更高层次的循环。整个体系并不是一系列功能模块的搭接,而是相互联系的一个整体,充分体现了全局观念、协作观念和动态适应观念。

三、ISO14000 标准的特点

ISO14000 环境管理系列标准,同以往的环境排放标准和产品技术标准有很大不同,具有如下特点:

(1)以市场驱动为前提。近年来,世界各国公众环境意识不断提高,对环境问题的关注也达到了史无前例的高度,"绿色消费"浪潮促使企业在选择产品开发方向时越来越多地考虑人们消费观念中的环境原则。因为环境污染中相当大的一部分是由于管理不善造成的,而强调管理,正是解决环境问题的重要手段和措施,因此促进了企业开始全面改进环境管理工作。ISO14000 系列标准一方面满足了各类组织提高环境管理水平的需要;另一方面为公众提供一种衡量组织活动、产品、服务中所含有的环境信息的工具。

(2)强调污染预防。ISO14000 系列标准体现了国际环境保护领域由"末端治理"到"污染预防"的发展趋势。环境管理体系强调对组织的产品、活动、服务中具有或可能具有潜在影响环境的因素加以管理,建立严格的操作控制程序,保证企业环境目标的实现。生命周期分析和环境表现(行为)评价将环境方面的考虑纳入产品的最初设计阶段和企业活动的策划过程,为决策提供支持,预防环境污染的发生。这种预防措施更彻底有效、更能对产品发挥影响力,从而带动相关产品和行业的改进、提高。

(3)可操作性强。ISO14000 系列标准体现了可持续发展战略思想,将先进的环境管理经验加以提炼浓缩,转化为标准化、可操作的管理工具和手段。例如:已颁布实行的环境管理体系标准,不仅提供了对体系的全面要求,还提供了建立体系的步骤、方法和指南。标准中没有绝对量和具体的技术要求,使得各类组织能够根据自身情况适度运用。

(4)标准的广泛适用性。ISO14000 系列标准应用领域广泛,涵盖了企业的各个管理层次,生命周期评价方法可以用于产品及包装的设计开发、绿色产品的优选;环境表现(行为)评价可以用于企业决策,以选择有利于环境和市场风险更小的方案;环境标志则起到了改善企业公共关系,树立企业环境形象,促进市场开发的作用;而环境管理体系标准则进入企业的深层管理,直接作用于现场操作与控制,明确员工的职责与分工,全面提高其环境意识。因此,ISO14000 系列标准实际上构成了整个企业的环境管理构架。该体系适用于任何类型、规模以及各种地理、文

化和社会条件下的组织。各类组织都可以按照标准所要求的内容建立并实施环境管理体系,也可向认证机构申请认证。

(5)强调自愿性原则。ISO14000系列标准的应用基于自愿原则。国际标准只能转化为各国国家标准,而不等同于各国法律法规,不可能要求组织强制实施,因而也不会增加或改变一个组织的法律责任。组织可根据自己的经济、技术等条件选择采用。

四、实施ISO14000标准的意义

对一个组织而言,实施ISO14000标准就是将环境管理工作按照标准的要求系统化、程序化和文件化,并纳入整体管理体系的过程,是一个使环境目标与其他目标(如经营目标)相协调一致的过程。对于企业来说,广泛开展ISO14000认证工作对自身发展的意义如下:

(1)实施ISO14000系列标准有利于实现经济增长方式从粗放型向集约型的转变。该标准要求企业从产品开发、设计、制造、流通(包装、运输)、使用、报废处理到再利用的全过程的环境管理与控制,使产品从"摇篮到坟墓"的全流程都符合环境保护的要求,以最小的投入取得最大的环境效益和经济效益。

(2)实施ISO14000系列标准有利于加强政府对企业环境管理的指导,提高企业的环境管理水平。实施ISO14000,首先要求企业对遵守国家法律、法规、标准及其他相关要求做出承诺,并实行对污染预防的持续改进。ISO14000环境管理体系是一个非常科学的管理体系,体系的建立和推行,能使企业的环境管理得到明显的改善,产生环境绩效。同时,企业环境管理的组织与控制能力都将有很大的提高。另外,ISO14000标准所规定的要求符合现代管理的组织理论、管理过程理论和管理效率理论,体系实施后,职能分配制度、培训制度、信息沟通制度、应变能力、检查评价及监督制度等都将有明显的改进。所以,ISO14000标准的认证不仅对企业的环境管理,还对其他管理也有明显的促进作用。

(3)实施ISO14000系列标准有利于提高企业形象和市场份额,获得竞争优势,促进贸易发展。企业建立ISO14000环境管理体系,能带来环境绩效的改变,在公众的心目中形成良好的形象,使企业及产品的感知和认同度提高,同时企业形象和品牌形象也会有很大的提高。随着全球环境意识的日益高涨,"绿色产品"、"绿色产业"优先占领市场,从而获得较高的竞争力,提高了企业形象,取得了显著的经济效益。企业获得了ISO14000的认证,就如同获得了一张打入国际市场的"绿色通行证",从而避开发达国家设置的"绿色贸易壁垒"。

(4)实施ISO14000系列标准有利于节能降耗、提高资源利用率、减少污染物的产生与排放量。ISO14000标准要求企业对污染预防和环境行为的持续改进做出承诺,并对重大的环境因素制定出具体可行的环境目标和指标,通过环境管理方

案加以实施。按照ISO14000的要求,企业可以按照自身的情况,逐步实现能源消耗的减少和废弃物的再生利用,这样既减少了资源消耗、减轻了污染,又降低了生产经营成本。

(5)实施ISO14000系列标准有利于减少环境风险和各项环境费用(投资、运行费、赔罚款、排污费等)的支出,从而达到企业的环境效益与经济效益的协调发展,为实现可持续发展战略创造了条件。ISO14000标准要求企业做出遵守环境法律、法规的承诺,同时要求企业判定出其活动中会对环境产生重大影响的因素并对其实行运行控制措施,减轻企业活动对环境的压力。因此,通过推广实施ISO14000,可使企业提高自主守法意识,变被动守法为主动守法,促进我国环境法律法规和管理制度的执行。

(6)实施ISO14000系列标准还有利于改善企业与社会的公共关系。例如:由于减少了噪声、粉尘等污染,势必减少了对周围社区的环境影响,从而改善了社区公共关系。

总之,建立环境管理体系强调以污染预防为主,强调与法律、法规和标准的符合性,强调满足相关方的需求,强调全过程控制,有针对性地改善组织的环境行为,以期达到对环境的持续改进,切实做到经济发展与环境保护同步进行,走可持续发展的道路。

五、ISO14000与清洁生产的关系

清洁生产是指以节约能源、降低原材料消耗、减少污染物的排放量为目标,以科学管理、技术进步为手段,目的是提高污染防治效果,降低污染防治费用,消除或减少工业生产对人类健康和环境的影响。实现清洁生产,不是单纯从技术、经济角度出发来改进生产活动,而是从生态经济的角度出发,根据合理利用资源,保护生态环境的原则,考察工业产品从研究、设计、生产到消费的全过程,以期协调社会和自然的相互关系。

ISO14000系列标准包括环境管理体系(EMS)、环境审计(EA)、生命周期评价(LCA)和环境标志(EL)等,与其他环境质量标准、排放标准完全不同,它是自愿性的管理标准,为各类组织提供了一整套标准化的环境管理方法。ISO14000环境管理体系旨在指导并规范企业(及其他所有组织)建立先进的体系,引导企业建立自我约束机制和科学管理的行为标准。它适用于任何规模与组织,也可以与其他管理要求相结合,帮助企业实现环境目标与经济目标。

清洁生产与ISO14000环境管理体系都体现了经济—环境协调可持续发展的思想,但它们之间仍有很大的差别。

(1)侧重点不同。清洁生产着眼于生产本身,以改进生产、减少污染产出为直接目标。而ISO14000标准侧重于管理,强调标准化的、集国内外环境管理经验于

一体的、先进的环境管理体系模式。

(2) 实施目标不同。清洁生产是直接采用技术改造,辅以加强管理。对污染物控制目标和环境质量标准都有具体数值要求。而 ISO14000 标准是以国家法律法规为依据,采用优良的管理体系,促进技术改造。ISO14000 要求组织制定并量化其改善环境的目标和指标,在本次目标和指标完成后,制定下一次目标和指标,以保持持续改进。

(3) 审核方法不同。清洁生产中以流程分析、物料和能量平衡等方法为主,确定最大污染源和最佳改进方法,环境管理体系中还侧重于检查企业自我管理状况,审核对象有企业文件、现场状况及记录等具体内容。

(4) 产生的作用不同。清洁生产向技术人员和管理人员提供了一种新的环保思想,使企业环保工作重点转移到生产中来。ISO14000 标准为管理层提供一种先进的管理模式,将环境管理纳入其他管理之中,让所有的员工意识到环境问题,并明确自己的职责。

(5) 推行和监督不同。对于清洁生产,国家《清洁生产促进法》已于 2003 年 1 月 1 日起实施,与之相配套的政策、规章、技术规范和标准等陆续出台,目前已初步形成体系。其推行和实施有法定的部门,并逐渐形成经济手段、行政手段和法律手段并举的局面。ISO14000 环境管理体系的推行动力主要来自两方面:①企业为提高整体的管理水平,并适应国际绿色消费浪潮和打破绿色贸易壁垒,使产品或服务适合国际绿色潮流的要求,原动力仍是企业生存和发展;②政府的鼓励措施。其推行以自愿为原则,实施效果的监督由第三方(认证机构)负责。

由此可知,清洁生产没有标准,只是概念性环保策略。ISO14000 是系统管理标准,有严格的认证制度。清洁生产与 ISO14000 二者并不矛盾,其污染防治目标——在生产源头、过程与末端的减废及废物回收、再生,最终减少对环境的影响是一致的。具体地说,ISO14000 提供了系统化、结构化的管理架构,但制度本身并不必然地导致环境问题的解决。采用清洁生产是有效预防工业污染的最佳途径,通过经济有效的先进科技进行清洁生产,实现生产过程的污染物排放最少,能源、资源消耗最少的目的,所以清洁生产工作是实施 ISO14000 的必然要求,而 ISO14000 确保清洁生产的具体措施得以落实。清洁生产虽然强调管理,但技术含量较高;环境管理体系强调污染预防技术的采用,但管理色彩较高;二者共同体现了治理污染以预防为主的思想,二者相辅相成,互相促进。ISO14000 标准为清洁生产提供了机制、组织保证;清洁生产为 ISO14000 提供了技术支持。为使二者更好结合,物质平衡理论主要思想对废物减量研究有启发意义,政府和有关部门要做一些推动企业积极进行清洁生产的工作,包括制定鼓励企业开展清洁生产的政策导向、技术导向、编制工业清洁生产指南,提供先进技术与管理信息,加强培训、宣传、教育等,同时要参照 ISO14000 标准,建立起符合我国国情的标准体系,使之与清洁生产有机结合起来。

思考题

1. 什么是环境资源?认识环境资源价值有什么意义?
2. 什么是环境资源价值的构成?环境资源价值按使用价值分为哪几类?
3. 什么叫环境容量?研究环境容量对控制环境污染有何意义?
4. 解释环境承载力及环境容载力。
5. 为什么物质平衡理论主要思想对废物减量研究有启发意义?
6. 末端治理有什么局限性?如何实施工业污染全过程控制?
7. 可持续发展的定义及可持续发展战略的基本内容是什么?
8. 什么是生命周期评价?生命周期评价在清洁生产中有什么作用?
9. 简述生态工业与传统工业发展模式的区别。
10. 什么是 ISO14000 环境管理标准?为什么说环境管理体系模式是一个螺旋上升的循环过程?

第三章　清洁生产的评价与审核

清洁生产的评价与审核是一种全新的污染防治战略。根据清洁生产原理，企业为达到清洁生产的目的，可提出多个清洁生产技术方案，在决策前，须对各个方案进行科学、客观的评价，筛选出既有明显经济效益，又有显著环境效益的可行性方案，这个过程称为清洁生产评价。清洁生产评价是通过对企业的生产从原材料的选取、生产过程到产品服务的全过程进行综合评价，判断出企业清洁生产总体水平以及主要环节的清洁生产水平，并针对清洁生产水平较低的环节提出相应的清洁生产对策和措施。清洁生产审核是对企业现在的和计划进行的工业生产实行预防污染的分析和评估。其目的有两个：①判定企业中不符合清洁生产的地方和做法；②提出方案解决这些问题，从而实现清洁生产。通过清洁生产审核，对企业生产全过程的重点（或优先）环节产生的污染进行定量检测，找出高物耗、高能耗、高污染的原因，然后有的放矢地提出对策、制订方案，减少和防止污染物的产生。

第一节　清洁生产的评价内容与评价体系

一、清洁生产评价内容

从科学性、工程性、可操作性等多方面考虑，清洁生产评价内容大致包括以下方面。

（一）清洁原材料评价

(1) 评价原材料的毒性及有害性。

(2) 评价原材料在包装、储运、进料和处理过程中是否安全可靠，有无潜在的浪费、暴露、挥发、流失等风险污染问题。

(3) 对大众化原料，进一步分析原料纯度、成分与减污的关系。

(4) 对毒害性大、潜在污染严重的原材料提出更清洁的替代方案或清洁生产措施。

（二）清洁工艺评价

(1) 指明拟选生产工艺与国家产业发展有关政策的关系。

(2) 指明拟选生产工艺的特殊性，如是否简捷、连续、稳定、高效，设备是否易于配套,自动化管理程度高低等。

(3)筛选可比工艺方案,通过对物耗、能耗、水耗、收率、产污比等指标的分析,评价拟定工艺的先进性和合理性。

(4)通过评价,对工艺中尚存的问题提出改进意见,对主要评价单元(如车间、工段、工序)的生产过程进行剖析,采用化学方程式的流程图评价包括废物在内的物流状况和特征,找出清洁生产机会,以及进行闭路循环或回收利用技术措施的可行性,提出资源综合利用措施或途径及废物在生产过程中减量化的方案。

(三)设备配置评价

(1)评价主要生产设备的来源、质量和匹配性能、密闭性能、自动化管理性能。

(2)分析拟定配置方案的弹性和对原料转化的关系。

(3)从节能、节水、环保等角度,评价设备的空间布置合理性。

(四)清洁产品评价

通过对产品性能、形态和稳定性的分析,评价产品在包装、运输、储藏以及使用过程中是否安全可靠,评述产品在其生命周期中潜在的污染行为。

(五)二次污染和积累污染评价

(1)分析废物在处理处置过程中的形态变化和二次污染影响问题。

(2)明确废物的最终转化形态和毒害性。

(3)分析废物的最终处置方式对环境的积累污染影响。

(六)清洁生产管理评价

(1)对生产操作规范化、设备维护、物料和水量计量办法进行评述。

(2)对原料和产品泄漏、溢出、次品处理、设备检修等造成的无组织排放提出监控措施。

(3)对建立企业岗位环保责任制和审核制度提出要求。

(七)推行清洁生产效益和效果评价

(1)通过对比分析,说明清洁生产在节水、节能、降耗、减污、增效方面可能产生的效益和效果,特别分析清洁生产对预防污染、减轻末端治理压力的可能贡献。

(2)通过类比分析,提出拟建工程清洁生产应达到的基本目标。

二、清洁生产评价指标体系

企业为了增加市场竞争力,降低环境责任风险,达到清洁生产的目的提出清洁生产技术方案。清洁生产技术方案涉及企业技术和管理的多个方面,在对其进行评价时,所采用的评价方法应能处理多层次、多属性的问题,并要保证评价过程的客观性、科学性,尽量减少或避免主观因素对评价结果的影响;要保证其清洁生产技术方案能体现出技术的先进性和经济效益与环境效益的统一性。

清洁生产的评价至今还处于不断的探讨和完善过程中,并没有公认的、法定的方法。清洁生产评价的标准是若干项综合的原则。这些原则带有鲜明的政策指导性,同时也是若干个定量指标。国家环境保护总局从2001年开始,在全国范围内组织编制各行业清洁生产审核技术指南和各行业清洁生产技术要求,为开展清洁生产做好方法和评价的技术准备。

(一)清洁生产评价的基本原则

(1)系统整合原则:评价必须具备系统的观念,必须强调生产全过程的整合及目标的统一。系统分析是正确评价生产和管理结构是否合理、设施的功能是否有效、污染控制目标和措施是否协调的基础。

(2)生产过程废物最小化原则:生产过程中的每一个相对集中的具有物质和能量转化功能的生产单元,都可以看作一个清洁生产的评价对象。每个单元以产出废物最小化为原则,对生产过程中的操作行为、工艺先进性、设备有效性、技术合理性进行评价,提出清洁生产方案。

(3)强化对污染物"源头和中间控制"的原则:评价过程中通过分析,调整原材料利用方式或寻求废物可分离、可回收的技术方案。力争从源头或生产过程中间减少污染物的产出,以减少末端治理难度。

(4)相对性阶段性原则:由于受生产规模、工程复杂性、科技水平、经济基础、生产者素质等各种因素的制约,清洁生产具有相对意义。清洁生产评价中树立的目标和参照的标准应把握一定的适用范围和条件;评价中提出的清洁生产措施应本着因地制宜、适时、适度、低费高效的原则推荐实施。对不确定方面或暂时不宜实行的方案应按照目标化管理的要求,提出分阶段实施的持续清洁生产对策和建议。

(二)清洁生产指标的选取原则

(1)从产品生命周期全过程考虑:生命周期分析方法是清洁生产指标选取的一个最重要原则,评价指标应包括原材料、生产过程和产品的各个主要环节,尤其对生产过程,既要考虑对资源的使用,又要考虑污染物的产生,全面反映产品生命周期对环境的影响。

(2)体现污染预防思想:清洁生产指标的范围不需要覆盖所有的环境、社会、经济的各个方面,而应主要反映出建设项目实施过程中所使用的资源量及产生的废物量,包括使用能源、水或其他资源的情况。通过对这些指标的评价,应能够反映出建设项目通过节约和更有效的资源利用来达到保护自然资源的目的。

(3)量化原则:清洁生产指标是反映建设项目实施后对环境的影响,在设计时要充分考虑可操作性。指标数据要易获取,具有较好的可定量性,其计算和测量方法简便;指标数据还应相互独立,不应存在相互包含和交叉的关系及大同小异的现象,以便评价结果更加客观和直观,实现理论科学性和现实可行性的合理统一。

(4)满足政策法规要求并符合行业发展趋势:清洁生产指标应符合产业政策和行业发展趋势的要求,并应根据行业特点,考虑各种产品和生产过程来选取指标。

(三)清洁生产评价指标

我国的清洁生产指标体系是在原有的环境质量和污染削减指标体系基础上建立的。根据清洁生产的含义,它横向可分为技术经济、环境领域和管理领域指标;根据清洁生产过程控制的要求,它纵向可划分为源头控制、生产过程控制和产品控制指标。清洁生产评价指标体系应把握好三个环节的要求:①生产过程中要求节约能源和原材料,淘汰有害的原材料,减少和降低所有废物的数量和毒性;②产品:要求降低产品全生命周期(包括从原材料开采到寿命终结和处置)对环境的有害影响;③服务:要求将预防战略结合到环境设计和所提供的服务中。因此,清洁生产分析和评价主要应从工艺路线选择、节能降耗、减少污染物产生和排放等方面进行评述,同时还要兼顾环境经济效益的评价。依据生命周期分析的原则,清洁生产评价指标具体可分为六大类:生产工艺与装备要求、资源能源利用指标、产品指标、污染物产生指标、废物回收利用指标和环境管理要求。六类指标既有定性指标也有定量指标,资源能源利用指标和污染物产生指标在清洁生产审核中是非常重要的两类指标,因此,必须有定量指标,而其余四类指标属于定性指标或半定量指标。

1. 生产工艺与装备要求

选用清洁生产工艺、淘汰落后有毒有害的原、辅材料和落后的设备,是推行清洁生产的前提,因此在清洁生产评价中,首先要对工艺技术的来源和技术特点进行分析,说明其在同类技术中所占的地位以及选用设备的先进性。对于一般性建设项目的环境评价工作,生产工艺与装备的选取直接影响到该项目投入生产后,资源、能源的利用效率和废弃物的产生。该项目可从装置规模、工艺技术、设备等方面体现出来,分析其在节能、减污、降耗等方面达到的清洁生产水平。

2. 资源、能源利用指标

从清洁生产的角度看,资源、能源利用指标的高低也反映一个建设项目的生产过程在宏观上对生态系统的影响程度,因为在同等条件下,资源、能源消耗量越高,则对环境的影响也越大。清洁生产评价资源、能源利用指标包括物耗指标、能耗指标和新水用量指标三类。

(1)新水用量指标:

$$单位产品新水用量 = \frac{年新水总用量}{产品产量} \tag{3-1}$$

$$单位产品循环用水量 = \frac{年循环水量}{产品产量} \tag{3-2}$$

$$工业用水重复利用率 = \frac{C}{Q+C} \times 100\% \tag{3-3}$$

式中 C 为重复利用水量;Q 为取用新水量。

$$间接冷却水循环率 = \frac{C_冷}{Q_冷 + C_冷} \times 100\% \quad (3-4)$$

式中 $C_冷$ 为间接冷却水循环量;$Q_冷$ 为间接冷却水系统取水量(补充新水量)。

$$工艺水回用率 = \frac{C_X}{Q_X + C_X} \times 100\% \quad (3-5)$$

式中 C_X 为工艺水回用量;Q_X 为工艺水取水量。

$$万元产值取水量 = \frac{Q}{P} \quad (3-6)$$

式中 P 为年产值。

(2)单位产品的能耗:指生产单位产品消耗的电、煤、石油、天然气和蒸汽等能源的量。为方便比较,通常用单位产品综合能耗指标。

(3)单位产品的物耗:生产单位产品消耗的主要原料和辅料的量,即原、辅材料消耗定额,也可以用产品收率、转化率等公益指标反映物耗水平。

(4)原、辅材料的选取:是资源、能源利用指标的重要内容之一,它反映了在资源选取的过程中和构成其产品的材料报废后对环境和人类的影响。因而可以从毒性、生态影响、可再生性、能源强度以及可回收利用这五方面建立定性分析指标。

3. 产品指标

对产品的要求是清洁生产的一项重要内容,因为产品的清洁性、销售、使用过程以及报废后的处理处置均会对环境产生影响。有些影响是长期的,甚至是难以恢复的。此外,对产品的寿命优化问题也应加以考虑,因为这也影响到产品的利用效率。

(1)产品的销售:产品从工厂运送到销售商和用户过程中对环境造成的影响程度。

(2)产品的使用:产品在使用期内使用的消耗品及其他产品可能对环境造成的影响程度。

(3)产品的寿命优化:寿命优化就是要使产品的技术寿命(指产品的功能保持良好的时间)、美学优化(指产品对用户具有吸引力的时间)和初设寿命处于优化状态。大多数情况下产品的寿命是越长越好,因为可以减少对生产该种产品的物料的需求,但有时并不尽然,例如:某一高能耗产品的寿命越长则总能耗越大,随着技术进步有可能产生同样功能的低能耗产品,而这种节能产品产生的环境效益有时会超过节省物料的环境效益,在这种情况下,产品的寿命越长对环境的危害就越大。

(4)产品的报废:产品报废后对环境的影响程度。

4. 污染物产生指标

污染物产生指标和资源、能源利用指标一样,也是反映生产工艺和管理水平高低的指标。通常分废水、废气和固体废弃物指标三类。

(1)废水产生指标:包括单位产品的废水产生量和单位产品废水中主要污染物产生量指标。

$$单位产品废水排放量 = \frac{年排入环境废水总量}{产品产量} \qquad (3-7)$$

$$单位产品 COD 排放量 = \frac{全年 COD 排放量}{产品产量}$$

$$污水回用率 = \frac{C_{污}}{C_{污} + C_{直污}} \times 100\%$$

式中 $C_{污}$ 为污水回用量;$C_{直污}$ 为直接排入环境的污水量。

(2)废气产生指标:包括单位产品的废气产生量和单位产品废气产生量中主要污染物的含量指标。

$$单位产品废气产量 = \frac{全年废气产生总量}{产品产量}$$

$$单位产品 SO_2 排放量 = \frac{全年 SO_2 排放量}{产品产量} \qquad (3-8)$$

(3)固体废弃物产生指标:包括单位产品的固体废弃物产生量指标和单位产品固体废弃物综合利用率指标。

5. 废物回收利用指标

废物回收利用是清洁生产的重要组成部分,在现阶段,生产过程不可能完全避免产生废水、废料、废渣、废气(废汽)和废热,然而这些"废物"只是相对的概念,在某一条件下是造成环境污染的废物,在另一条件下就可能转化为宝贵的资源。对于生产企业应尽可能的回收和利用废物,而且应该是高等级的利用,逐级降级使用,然后再考虑末端治理。

6. 环境管理要求

环境管理从以下几个方面提出要求:环境法律法规、废物处理处置、生产过程环境管理、相关方面环境管理等。

(1)环境法律、法规标准:要求生产企业符合国家和地方有关环境法律、法规,污染物排放达到国家和地方排放标准及总量控制要求。

(2)废物处理处置:要求对建设项目的一般废物进行妥善处理处置;对危险废物进行无害化处理,这一要求与环境评价工作内容一致。

(3)生产过程环境管理:对建设项目投产后可能在生产过程中产生废物的环节提出要求,例如:要求企业建立原材料质检制度和制定原材料消耗定额,对能耗、水耗及产品合格率有考核,各种人流、物料包括人的活动区域、物品堆存区域、危险品等有明显标识,对跑、冒、滴、漏现象能够控制等。

(4) 相关方环境管理：为了环境保护的目的，对建设项目施工期间和投产使用后，对于相关方(如原料供应方、生产协作方、相关服务方等)的行为提出环境要求。

指标体系的选取涉及企业的方方面面，影响因素比较多，各项指标值在整个指标体系中所占的比重一定程度上反映该指标在产品生产、销售、使用的全生命周期中对环境影响的重要性。所以，在对清洁生产进行评价时，要保证评价过程的客观性、科学性和可操作性。从清洁生产的战略思想和内涵看，指标体系的设定应把握好原材料、生产过程、产品及环境四个环节的要求。

清洁生产评价体系各大类指标中包含若干分指标，共由 15 个单项指标构成。具体见表 3-1。

表 3-1　清洁生产判断评价指标体系

指标	序号	单项指标名称	单位	含义与计算
资源指标	1	物耗系数	$t/t(m^3)$	主要原、辅料年用量之和$(t)/M$
	2	能耗系数	$kJ/t(m^3)$	能源年消耗量$(kJ)/M$
	3	清洁水耗系数	$t/t(m^3)$	清洁水年用量$(t)/M$
	4	物料损耗系数	$t/t(m^3)$	物料年损耗量$(t)/M$
	5	资源有毒有害系数	$t/t(m^3)$	有毒害原材料和能源年用量之和$(t)/M$
污染物产生指标	6	废水排放系数	$t/t(m^3)$	废水年排放量$(t)/M$
	7	废气排放系数	$t/t(m^3)$	废气年排放量$(t)/M$
	8	固体废物排放系数	$t/t(m^3)$	固体废弃物年排放量$(t)/M$
	9	产污增长系数		"三废"中污染物年产生总量/年产值增长率
环境经济效益	10	产污有毒系数	$t/t(m^3)$	年产生三废中有毒害污染物的量$(t)/M$
	11	环保投资偿还期	年	初始环保投资额(元)/B-C
	12	环保成本	元/$t(m^3)$	年环境代价(元)/M
	13	环境系数	元/元	年环境代价(元)/年产值(元)
产品清洁	14	清洁产品系数	t/t	产品有害成分的量(t)/产品总量$[t(m^3)]$
	15	产品使用年限	年	产品功能保持良好的时间
备注	M 为年生产规模(单位为 t 或 m^3)；B 为环保投资年总效益；C 为年环保运转费用。表中各值均为正常操作条件下的取值			

第二节　清洁生产的评价方法与应用

一、清洁生产评价方法

对环境影响评价项目进行清洁生产分析，必须针对清洁生产指标确定出既能反映主体情况，又简便易行的评价方法。考虑到清洁生产指标涉及面较广、完全量化难度大等特点，针对不同的评价指标，确定不同的评价等级，对于易量化的指标评价等级可分细一些，不易量化的指标评价等级则分粗一些，最后通过权重法将所有指标综合起来，从而判定建设项目的清洁生产程度。

(一)评价等级

依据清洁生产理论和行业特点,将清洁生产评价分为定性评价和定量评价两大类。原材料指标和产品指标量化难度大,属于定性评价,可分为三个等级;资源指标、污染物产生指标和环境经济效益指标易于量化,属于定量评价,可分为五个等级。

1. 定性评价等级

(1)高:表示所使用的原材料和产品对环境的有害影响比较小。
(2)中:表示所使用的原材料和产品对环境的有害影响中等。
(3)低:表示所使用的原材料和产品对环境的有害影响比较大。

2. 定量评价等级

(1)清洁:有关指标达到本行业国际先进水平。
(2)较清洁:有关指标达到本行业国内先进水平。
(3)一般:有关指标达到本行业国内平均水平。
(4)较差:有关指标达到本行业国内中下水平。
(5)很差:有关指标达到本行业国内较差水平。

为了方便统计和计算,定性和定量评价的等级分值范围均定为 0~1。对定性评价三个等级,按照基本等量、就近取整的原则来划分各等级的分值范围,具体见表 3-2;对定量指标依据同样原则来划分各等级的分值范围,具体见 3-3。

表 3-2 原材料指标和产品指标(定性指标)的等级评分标准

等级	分值范围	低	中	高
等级分值	[0,1.00]	[0,0.30]	[0.30,0.70]	[0.70,1.00]

表 3-3 资源指标、污染物产生指标和环境经济效益指标(定量指标)的等级评分标准

等级	分值范围	很差	较差	一般	较清洁	清洁
等级分值	[0,1.00]	[0,0.20]	[0.20,0.40]	[0.40,0.60]	[0.60,0.80]	[0.80,1.00]

(二)评价方法

目前,国内外的清洁生产指标体系日趋完善,但是在清洁生产评价方法上并不明确。在实践中主要采用生命周期分析(Life Cycle Analysis,LCA)来反映评价对象对环境的影响程度。国内常用的清洁生产评价方法见表 3-4。

表 3-4　国内常用清洁生产评价方法

评价方法	指标体系特征	数学模型	权重方法
轻工行业清洁生产评价方法	从产品生命周期全过程选取原材料、产品、资源和污染物产生四大类指标	百分制	专家打分法
综合指数评价方法	从清洁生产战略思想和内涵选取资源、污染物产生、环境经济效益和产品清洁四类指标	兼顾极值计权型综合指数;评估对象与类比对象指数比值求和	算术平均
工业企业清洁生产评价方法	根据生产工序选取设备、能耗、物质成分含量、原料利用率、水重复利用率、废物利用率、污染物排放合格率指标	综合指数:评估对象指数和与指标项目数之比	无
生产清洁度	包括消耗系数、排污系数、无毒无害系数、职工健康系数、污染物排放合格率	权重求和	专家打分
清洁生产潜力评价	包括工艺指标、技术经济指标、管理指标和环保指数四类指标	模糊评价法	层次分析法

目前,国内常选用的清洁生产分析方法主要有指标对比法和分值评定法。

1. 指标对比法

用我国已颁布的清洁生产标准或选用国内外同类装置清洁生产指标,对比分析评价项目的清洁生产水平。

(1)单项评价指数法:单项评价指数是以类比项目相应的单项指标参照值作为评价标准计算得出,计算公式为:

$$Q_i = \frac{d_i}{a_i} \tag{3-9}$$

式中,Q_i 为单项评价指数;d_i 为目标项目某单项指数对象值(设计值);a_i 为类比项目某项目指标参照值。

(2)类别评价指数:类别评价指数是根据所属各单项指数的算术平均计算而得,计算公式为:

$$C_j = \frac{\sum O_i}{n} \tag{3-10}$$

式中 $i=1,2,3,\cdots,n;j=1,2,3,\cdots,m;C_j$ 为类别评价指数;n 为该类别指标下设的单项个数。

(3)综合评价指数:为了综合描述企业清洁生产的整体状况和水平,克服个别评价指标对评价结果准确性的掩盖,避免确定加权系数的主观影响,可采用一种兼顾极值或突出最大值型的计权型的综合评价指数。计算公式为:

$$I_\varphi = \sqrt{\frac{(O_{i,M}^2 + C_{j,a}^2)}{2}} \tag{3-11}$$

式中,$C_{j,a} = \frac{\sum C_j}{m}$;$I_\varphi$ 为清洁生产综合评价指数;$O_{i,M}$ 为各项评价指数中的最大值;$C_{j,a}$ 为类别评价指数的平均值;m 为评价指标体系下设的类别指标数。

2. 分值评定法

分值评定法也称百分制评价方法。首先,对各项指标按照等级评分标准分别进行打分,若有分指标则按照分指标打分,然后分别乘以各自的权重,最后累加起来得到总的分数。通过总分值和各项分指标分值,可以判定建设项目整体所达到的清洁生产程度和需要改进的地方。

(1)权重值的确定:清洁生产评价的等级分值范围为 0~1,权重值总和为 100。为了保证评价方法的准确性和适用性,在各项指标(包括分指标)的权重确定过程中,1998 年国家环境保护总局在"环境影响评价制度中的清洁生产内容和要求"项目研究中,采用了专家调查打分法。专家范围包括:清洁生产方法学专家,清洁生产行业专家,环境评价专家,清洁生产和环境影响评价政府官员。清洁生产水平总分按公式(3-12)计算,调查统计结果见表 3-5。

表 3-5 清洁生产指标权重专家调查结果

评价指标		权重值	合计
原材料指标	毒性	7	25
	生态影响	6	
	可再生性	4	
	能源强度	4	
	可回收利用性	4	
产品指标	销售	3	17
	使用	4	
	寿命优化	5	
	报废	5	
资源指标	能耗	11	29
	水耗	10	
	其他物耗	8	
污染产生指标		29	29
总权重值		100	100

专家们对生产过程的清洁生产指标进行权重打分时,对资源指标和污染物产生指标比较关注,分别给出最高权重值 29,原材料指标次之,权重值为 25,产品指标最低,权重值为 17。各项评价指标的分指标也给出了权重值。但是由于不同企业的污染物产生情况差别很大,因而未对污染物产生指标中的各项分指标的权重值加以具体规定。

清洁生产水平总分计算公式：

$$E = \sum A_i W_i \tag{3-12}$$

式中 E 为评价对象清洁生产水平总分；A_i 为评价对象第 i 种指标的清洁生产等级得分；W_i 为评价对象第 i 种指标的权重。指标体系权重值总和为 100，各指标权重值代表各指标在整个指标体系中所占的比重，一定程度上反映该指标在产品生产、销售、使用的全生命周期中对环境影响的重要性。权重值采用专家打分法。

(2) 总体评价要求：清洁生产是一个相对的概念，因此清洁生产指标的评价结果也是相对的。从上述清洁生产的评价等级和标准的分析可以看出，如果一个建设项目综合评分结果≥80 分，从平均的意义上说，该项目在原材料的选取上对环境的影响、产品对环境的影响、生产过程中资源的消耗程度以及污染物的产生量均处于同行业国际先进水平，因而从现有的技术条件看，该项目属于"清洁生产"；同理，若综合评分为 70～80 分，可以认为该项目为"传统先进"项目，即总体在国内处于先进水平，某些指标处于国际先进水平；若综合评分为 55～70 分，可以认为该项目为"一般"项目，即总体在国内处于中等水平；若综合评分为 40～55 分，可以认为该项目为"落后"项目；若综合评分＜40 分，可以认为该项目为"淘汰"项目。总体评价结果的分值要求详见表 3-6。

表 3-6 清洁生产指标总体评价分值

项目	指标分数	项目	指标分数
清洁生产	＞80	落后	40～55
传统先进	70～80	淘汰	＜40
一般	55～70		

二、造纸、啤酒行业典型工艺清洁生产指标

清洁生产指标反映行业典型工艺的生产，以生命周期分析的原理，提出如下四类指标：资源利用指标、特征工艺指标、污染物产生指标（末端处理前）和环境管理指标。清洁生产指标共分为三级：一级代表国际清洁生产先进水平、二级代表国内清洁生产先进水平、三级代表国内清洁生产基本水平。

1. 造纸行业典型工艺流程

造纸行业制浆的典型工艺主要有漂白碱法麦草制浆生产工艺、本色硫酸盐木浆生产工艺和漂白硫酸盐木浆生产工艺。工艺流程如图 3-1～图 3-3 所示。

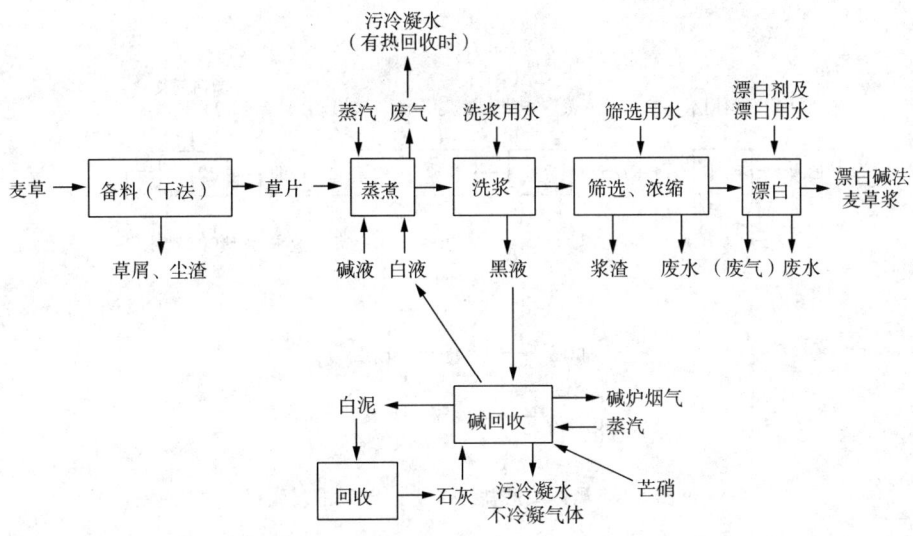

图 3-1 漂白碱法麦草制浆生产典型工艺流程

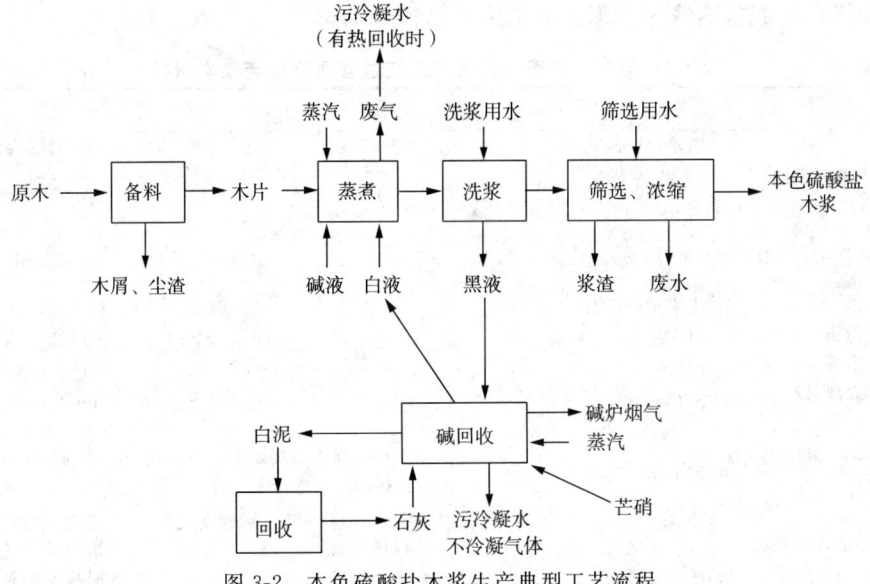

图 3-2 本色硫酸盐木浆生产典型工艺流程

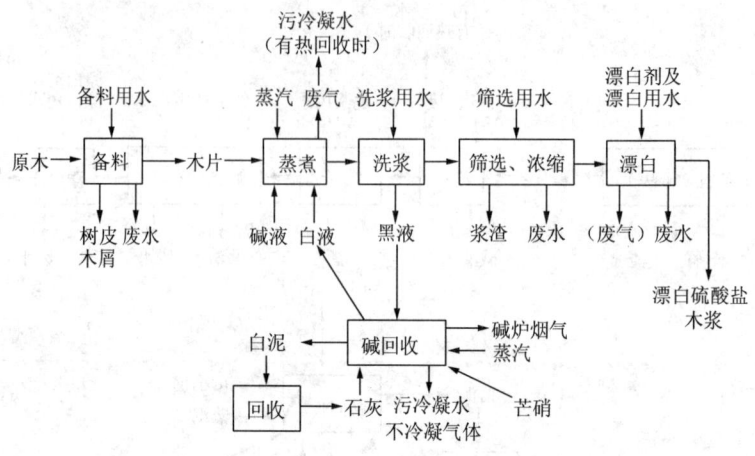

图 3-3 漂白硫酸盐木浆生产典型工艺流程

2. 造纸行业清洁生产指标

漂白碱法麦草制浆工艺清洁生产指标、本色硫酸盐木浆生产工艺清洁生产指标和漂白硫酸盐木浆生产工艺清洁生产指标分别见表 3-7～表 3-9。

表 3-7 漂白碱法麦草浆生产工艺过程清洁生产技术指标

	指标等级	一级	二级	三级
一、资源利用指标	1. 取水量（m^3/tp①）	≤50	50～80(含)	80～110(含)
	2. 原料消耗量（t/tp②）（白度75度以上精制浆）	≤2.4	≤2.4	2.4～2.5(含)
二、特征工艺指标	碱回收率（%）	≥85	75(含)～85	70(含)～75
三、污染物产生指标（末端处理前）	1. 废水量（m^3/tp）	≤50	50～70(含)	70～100(含)
	2. COD_{Cr}（kg/tp）	≤160	160～200(含)	200～250(含)
	3. BOD_5（kg/tp）	≤45	45～60(含)	60～75(含)
	4. SS（kg/tp）	≤50	50～80(含)	80～120(含)
四、环境管理要求	1. 清洁生产审核	按照国家环境保护总局编制的制浆造纸行业的企业清洁生产审核指南要求进行了审核		
	2. 环境管理制度	按照 ISO14001 建立并运行环境管理体系，环境管理手册、程序文件及作业文件齐备	环境管理制度健全，原始记录及统计数据齐全有效	环境管理制度、原始记录及统计数据基本齐全

① tp 均指吨绝干浆；② t/tp 为吨绝干稻草/吨绝干浆，下同。

表 3-8 本色硫酸盐木浆生产工艺清洁生产技术指标

指标等级		一级	二级	三级
一、资源利用指标	1. 取水量(m³/Adt)	≤10	10～45(含)	45～70(含)
	2. 纤维原料来源	符合国家有关森林管理的规定		
二、特征工艺指标	碱回收率(%) (白泥回收)	≥98 (全部回收)	95(含)～98 (全部回收)	90(含)～95 (全部回收)
三、污染物产生指标(末端处理前)	1. 废水量(m³/Adt)	≤10	10～40(含)	40～60(含)
	2. COD$_{Cr}$(kg/Adt)	≤20	20～50(含)	50～100(含)
	3. BOD$_5$(kg/Adt)	≤7	7～18(含)	18～35(含)
	4. SS(kg/Adt)	≤15	15～30(含)	30～60(含)
四、环境管理要求	1. 清洁生产审核	按照国家环境保护总局编制的制浆造纸行业的企业清洁生产审核指南要求进行了审核		
	2. 环境管理制度	按照 ISO14001 建立并运行环境管理体系,环境管理手册、程序文件及作业文件齐备	环境管理制度健全,原始记录及统计数据齐全有效	环境管理制度、原始记录及统计数据基本齐全

注：Adt 指风干浆,下同。

表 3-9 漂白硫酸盐木浆生产工艺清洁生产技术指标

指标等级		一级	二级	三级
一、资源利用指标	1. 取水量(m³/Adt)	≤15	15～60(含)	60～90(含)
	2. 纤维原料来源	符合国家有关森林管理的规定		
二、特征工艺指标	碱回收率(%) (白泥回收)	≥98 (全部回收)	≥95(含)～98 (全部回收)	90(含)～95 (全部回收)
三、污染物产生指标(末端处理前)	1. 废水量(m³/Adt)	≤15	15～50(含)	50～80(含)
	2. COD$_{Cr}$(kg/Adt)	≤15	15～80(含)	80～150(含)
	3. BOD$_5$(kg/Adt)	≤5	5～28(含)	28～50(含)
	4. SS(kg/Adt)	≤15	1535(含)	35～70(含)
	5. AOX(kg/Adt)	0	≤1.0(含)	1.0～2.0(含)
四、环境管理要求	1. 清洁生产审核	按照国家环境保护总局编制的制浆造纸行业的企业清洁生产审核指南要求进行了审核		
	2. 环境管理制度	按照 ISO14001 建立并运行环境管理体系,环境管理手册、程序文件及作业文件齐备	环境管理制度健全,原始记录及统计数据齐全有效	环境管理制度、原始记录及统计数据基本齐全

注：Adt 指风干浆,下同。

对于制浆造纸行业来说,污染物主要是水污染。因此主要制定了 COD、BOD、SS、AOX 和废水量等几项水污染物指标。

(二)啤酒行业清洁生产指标

啤酒行业清洁生产评价指标是国家环境保护总局2006年7月3日发布的,10月1日实施。

1. 啤酒行业典型工艺流程

啤酒行业典型工艺流程如图3-4所示。

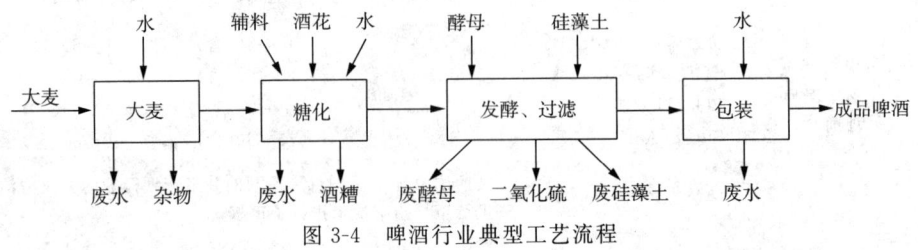

图3-4 啤酒行业典型工艺流程

2. 啤酒行业清洁生产指标

啤酒行业清洁生产指标中资源消耗指标的选取基本参照了啤酒行业常用的统计指标。啤酒行业的污染特点是废水量大、有机质含量高,所排放的废水严重威胁着受纳水体;酒糟和废酵母是啤酒酿造过程中排出的废渣,富含有机质。总损失率是衡量一个企业工艺技术和管理水平的指标,同时也直接影响到废水的污染程度。啤酒行业清洁生产指标见表3-10。

表3-10 啤酒行业典型工艺清洁生产指标(部分)

	指标评价等级	一级	二级	三级
		国际先进	国内先进	国内一般
资源消耗指标	1. 取水量(m^3/kL)	≤6.0	≤8.0	≤9.5
	2. 标准浓度啤酒耗粮(kg/kL)	≤158	≤161	≤165
	3. 耗电量(kW·h/kL)	≤85	≤100	≤115
	4. 耗标煤量(kg/kL)	≤80	≤110	≤130
污染物产生指标	1. 废水量(m^3/kL)	≤4.5	≤6.5	≤8.0
	2. COD_{cr}(kg/kL)	9.5	11.5	14.0
	3. 酒损(%)	≤4.7	≤6.0	≤7.5
	4. 酒糟量(含水80%)(kg/t)	100%回收加工利用	100%回收利用	100%回收利用
	5. 废酵母量(10%~15%干物质)(kg/t)	100%回收加工利用	100%回收利用	100%回收利用

注:本表数据来源于HJ/T183—2006。

第三节 城市清洁生产评价

随着清洁生产的概念在地理上和行业上被广泛接受和应用。清洁生产已从企业层次发展为城市层次,正向区域层次、国家层次和国际层次发展。清洁生产作为衡量城市环境生态状况的一个重要标志,愈来愈引起社会的普遍关注。清洁生产能够为能流、物流、信息流、价值流和人口流的运动创造必要的条件,从而在加速各流的有序运动的过程中,起到减少经济损耗和对城市生态环境的污染,实现城市生态系统高效率运转的作用;依据城市生产和生活造成的大气污染、水污染、噪声污染和各种废弃物的特点,通过清洁生产使它们得到有效防治和及时处理处置,以满足城市生态系统良性循环对环境要素的高质量要求;清洁生产能够促进城市的立体化多功能绿化进程和提高环境景观质量,在更大程度上发挥城市植被调节空气、温度、美化城市景观的作用,提高城市生态系统的功能。因此,从城市清洁生产整体水平上考虑,城市生态建设是不可缺少的一个方面。只有城市环境基础设施齐全,生态环境洁净、舒适、优美、安全,才能真正实现城市层次的清洁生产。

一、城市层次上的清洁生产评价所涉及的内容及评价指标选择原则

（一）城市层次上的清洁生产评价所涉及的内容

城市层次上的清洁生产评价是一项复杂的系统性工作,涉及城市工业生产污染物的排放、城市生产工艺技术、城市经济发展质量、城市环境基础设施、城市清洁生产管理与指导、城市居民清洁生产意识六个方面。

1. 城市工业生产污染物排放水平

城市工业生产污染物排放水平对城市清洁生产水平反映最为直接,最易被人们感触到,它是衡量清洁生产是否达到预期目标的一个客观性很强的内容。

2. 城市采用清洁生产先进工艺和技术水平

我国企业环境污染的直接原因是陈旧的生产设施、落后的生产工艺。提高和改进现有的生产工艺技术水平,将能够从技术层面上逐步消除产生环境污染的根源,有利于清洁生产工作全面持久地开展。因此,城市采用清洁生产先进工艺状况是衡量一个城市清洁生产现有水平的一项重要内容。

3. 城市经济发展质量

清洁生产的目的是为了达到经济与环境的协调发展,这要求经济的发展要更注重发展的质量。因此,反映经济发展质量的城市经济发展速度、区域产业结构模式及城市土地产出效率等内容,也能从另一侧面反映出区域清洁生产的状况。

4. 城市环境基础设施建设状况

城市环境基础设施是维持城市运转的一个硬件要素,它可处理和净化城市的各种污染物,改善城市生态环境;它是控制区域生产对区域环境影响的最后一道屏障。因此,它的建设水平高低,将从另一侧面反映城市目前清洁生产的水平。

5. 城市有关清洁生产的政策法规制定及执行情况

有关清洁生产的政策法规制度的制定执行,一方面反映了城市开展清洁生产活动的政策规范性和执行力度;另一方面,反映了城市行政管理机关推行该项工作的强度、参与该项工作的深度,它为城市提高其目前和未来清洁生产水平提供了政策保证。

6. 城市有关清洁生产知识的全民教育及民众意识水平

清洁生产不仅仅是政府、企业的事,也是全民众的事,因为它关系到我们每个生活在这个环境中的个体,所以它需要全社会的积极支持和参与。在一个城市中,有关清洁生产知识的全民教育和民众意识水平,反映了清洁生产教育及意识在全社会的普及程度,它影响着清洁生产活动的社会支持力度。

(二)城市清洁生产评价指标选取原则

1. 科学性和整体性原则

指标的科学性规定了选取的各单项评价指标应具有明确的内涵和鲜明的环境意义,如单位面积二氧化硫排放量、工业废水排放达标率等。而指标的整体性则要求所选取的各单项指标能从各个侧面,综合地反映出城市清洁生产的整体水平或状态。因此,面对众多有关社会、经济和环境方面的指标,要选取那些与城市清洁生产水平密切相关的各单项指标。

2. 层次性和系统性原则

城市层次上的清洁生产评价所涉及的领域广、因子多,它要涵盖城市在经济、环境、环境设施、生产工艺技术、城市管理及大众环境意识等子系统方面的状况及反映子系统这种状况的众多单体指标。因此,在依据这些子系统及单体指标来建立城市清洁生产评级指标体系时,必须采用层次分析法和系统工程的研究思路来进行设计。

3. 代表性和可操作性原则

与清洁生产密切相关的社会、经济和环境方面的指标数量众多。有些指标之间具有很高的相关度,有些指标对清洁生产水平的反映程度也不一样。代表性原则要求在相对独立的、与清洁生产相关的众多单体指标中,采用整体权重排序方法,筛选出那些关键性的、具有代表性的指标。可操作性原则要求评价指标体系中所涉及的各单体指标数据在实际中要方便易得。

二、城市清洁生产评价体系的构建

根据城市清洁生产评价指标体系确定的基本原则,结合清洁生产的基本概念和实施步骤,从清洁生产在城市层次的内涵和发展入手,可以把城市清洁生产指标体系分解为六个子系统,各子系统由若干单体指标组成。指标的标准值是评价各单体指标实际状况的参照或标尺,要尽可能地适用于不同性质城市的清洁生产评价工作。选定各单体指标标准值时应遵循以下三个原则：①凡是有国家标准的指标，均采用规定的标准值，如一些环境指标、工业废水排放指标等；②没有国家标准的指标，其标准值则根据国内发达城市的现状做趋势外推来确定；③一些社会、经济指标的标准值，采用发达国家的现状值或通过专家咨询来确定。权重值根据城市清洁生产的特点和可持续性，结合城市的环境现状和生产中、远期规划目标，采用专家评分法给出。城市清洁生产评价指标体系的权重值见表3-11。

表3-11 城市清洁生产评价指标体系的权重值

序号	子系统名称	权重
1	城市实施清洁生产企业数量和审核通过率的评价指标子体系	0.20
2	城市环境质量水平的评价指标子体系	0.25
3	清洁生产的政策、地方法规制定和建设评价指标子体系	0.15
4	城市实施清洁生产全民教育和民众意识的评价指标子体系	0.10
5	企业采用先进工艺和技术的评价指标子体系	0.20
6	城市环境基础设施和生态建设的评价指标子体系	0.10

（一）实施清洁生产企业数量和审核通过率的评价指标子体系

实施清洁生产企业数量和审核通过率的评价指标子体系，是对城市清洁生产直接对象和基本单元的指标性描述，表现为实施清洁生产的普遍性和效益的显著性，直接反映城市层次的清洁生产水平，见表3-12。

表3-12 实施清洁生产企业数量和审核通过率的评价指标子体系

序号	评价指标名称	指标特征	权重
1	万元产值	反映城市的生产力水平	0.05
2	人均产值	反映城市的生产力水平	0.05
3	万元产值能耗	反映资源利用和环境贡献	0.15
4	能源结构	反映城市清洁能源的利用率	0.20
5	万元产值耗水量	反映资源利用和环境贡献	0.15
6	开展清洁生产企业数	反映清洁生产实施程度	0.20
7	清洁生产审核通过率	反映清洁生产的水平	0.20

（二）环境质量水平的评价指标子体系

城市环境质量水平的评价指标子体系，是对清洁生产效益在城市整体环境状况改善方面的指标性描述，反映了城市开展清洁生产的水平，见表3-13。

（三）清洁生产的政策、地方法规制定和建设评价指标子体系

清洁生产的政策、地方法规制定和建设评价指标子体系，是城市保证清洁生产持续性和规范化的描述性指标，主要反映城市层次开展清洁生产的力度和保障度，见表3-14。

表 3-13 城市环境质量水平的评价指标子体系

指标类型	序号	评价指标名称	指标特征	权重
环境质量指标	1	环境空气	反映清洁生产的效益	0.08
	2	地表水		0.08
	3	地下水		0.06
	4	噪声		0.04
排放指标	5	废气排放达标率	反映清洁生产的效益	0.07
	6	废水排放达标率		0.07
	7	噪声达标率		0.04
总量控制指标	8	汞	反映清洁生产的效益	0.02
	9	镉		0.02
	10	铅		0.02
	11	砷		0.02
	12	六价铬		0.02
	13	氰化物		0.02
	14	COD		0.05
	15	石油类		0.02
	16	SO_2		0.05
	17	粉尘		0.03
	18	烟尘		0.05
有毒、有害和稀缺物料及产品的管理指标	19	有毒有害原料的管理制度	反映清洁生产的管理水平	0.05
	20	有毒有害原料使用的数量		0.05
	21	稀缺物料的用量		0.04
	22	有害环境的产品产量		0.05
	23	有毒有害物料的替代率		0.05

表 3-14 清洁生产的政策、地方法规制定和建设评价指标子体系

序号	评价指标名称	指标特征	权重
1	有关清洁生产的地方法规	反映清洁生产的保障度	0.25
2	清洁生产的条例	反映清洁生产的保障度	0.25
3	清洁生产的其他文件	反映清洁生产的保障度	0.05
4	行业清洁生产的条例、制度	反映清洁生产的保障度	0.15
5	企业清洁生产的条例、制度	反映清洁生产的保障度	0.15
6	公众清洁生产的建议和意见的采纳率	反映清洁生产的力度	0.15

(四)城市实施清洁生产全民教育和民众意识的评价指标子体系

城市实施清洁生产全民教育和民众意识的评价指标子体系,是对社会参与清洁生产广泛性以及城市清洁生产发展水平的指标性描述,主要反映教育和传媒等对清洁生产的宣传力度和市民对清洁生产认识程度的水平,见表 3-15。

表 3-15　城市实施清洁生产全民教育和民众意识的评价指标子体系

序号	评价指标名称	指标特征	权重
1	清洁生产基础知识教育	反映清洁生产意识水平	0.15
2	清洁生产的宣传报道	反映清洁生产意识水平	0.20
3	清洁生产的报刊、杂志	反映清洁生产意识水平	0.10
4	清洁生产的研究论文	反映清洁生产意识水平	0.05
5	清洁生产的典型企业宣传	反映清洁生产广泛程度	0.20
6	清洁生产的培训和教育	反映清洁生产的力度	0.20
7	清洁生产的领导机构	反映清洁生产的组织水平	0.10

(五)企业采用先进工艺和技术的评价指标子体系

企业采用先进工艺和技术的评价指标子体系,是清洁生产实施程度和清洁生产主要内容的主题化特征,主要反映清洁生产对企业的结构调整和技术改造的贡献度、清洁生产推动生产力发展水平的作用、清洁生产对提高产业地位的引导力,见表 3-16。

表 3-16　企业采用先进工艺和技术的评价指标子体系

序号	评价指标名称	指标特征	权重
1	全市主要企业工业技术水平	反映清洁生产效益	0.70
2	清洁生产的技术创新	反映清洁生产的创新能力	0.30

(六)城市环境基础设施和生态建设的评价指标子体系

城市环境基础设施和生态建设的评价指标子体系,是反映城市可持续发展水平的综合体系。城市层次清洁生产的主要表现,应该是城市环境基础设施齐全,生态环境洁净、舒适、优美、安全。城市清洁生产的目标就是要建成资源节约型生态城市,见表 3-17。

表 3-17　城市环境基础设施和生态建设的评价指标子体系

序号	评价指标名称	指标特征	权重
1	废水处理率	反映城市生态环境水平	0.20
2	固体废弃物综合利用率	反映城市生态环境水平	0.20
3	城市绿地覆盖率	反映城市生态环境水平	0.05
4	人均公共绿地面积	反映城市生态环境水平	0.05
5	人均道路面积	反映城市生态环境水平	0.05
6	每万人公共交通拥有率	反映城市生态环境水平	0.05
7	居民燃气普及率	反映城市清洁能源普及水平	0.20
8	生活垃圾处理率	反映城市基础设施水平	0.20

三、指标分值的计算方法

根据各指标赋予的数值,最后确定各子系统的得分,各子系统得分之和,即为某一阶段城市清洁生产得分。再依据得分值,确定该城市在某一阶段是否达到清洁生产的目标。但是,其中主要指标(如能耗、水耗、清洁生产审核通过率,环境质量等)有一项不符合要求,应视为清洁生产的目标没有实现。

(一)单体指标分值

$$a_i = \frac{A_i}{S_i} \tag{3-13}$$

式中,A_i 为单体指标的现状值,S_i 为标准值。任何指标的最高值为1。当单体指标值 a_i 越大时,反应清洁生产在这一方面开展得越好。

(二)子系统综合分值

$$V_i = \sum_{i=1}^{m} a_i / m \tag{3-14}$$

式中,V_i 是某子系统的分值,m 是某子系统中所包含的单体指标项数。

(三)综合指数

$$CPI = \sum_{j}^{6} V_j \times W_j \tag{3-15}$$

式中,CPI 是综合指数,W_j 是子系统的权重数。

第四节　环境影响评价报告书中清洁生产分析

环境影响评价报告书是环境影响评价工作成果的集中体现,是环境影响评价承担单位向其委托单位——工程建设单位或其主管单位提交的工作文件。把清洁生产这样一种优于污染末端控制且需优先考虑的一种环境战略引入到环境影响评价中,可以强化目前的环境评价报告书工程分析、污染防治措施评述、经济损益分析、环境管理和监测等薄弱环节,提高环境评价报告书的质量;可以促使环境评价单位改变过去被动的参与形式而转向主动参与到可行性研究中,进行原材料、工艺路线、产品设计等全过程分析,以便提出的污染控制措施在工程设计中真正得到实现;可以促使环境评价的工作重点由现在的现状评价和模式预测向实用可行的工程分析和污染控制对策分析转移,缩短环境评价周期;进行有效的清洁生产分析,可以节约原材料、能源的消耗,提高资源能源利用率,从而减轻末端治理负担,提高项目的环境可靠性;同时,可以给企业的生存和发展营造环境空间,提高企业的市场竞争力。

一、环境影响评价中全过程贯彻清洁生产

为了充分贯彻清洁生产的理念,进一步提高环境评价的有效性和可操作性,有必要在环境评价的各个阶段,适时引入清洁生产的思路,在分析建设项目的环境影

响时,充分应用清洁生产的支持和分析工具,如清洁生产审计和产品生命周期分析方法等,全面考察建设项目的综合环境影响。

(一)项目建议书阶段

在正式开展评价工作之前,应贯彻清洁生产思想,研读国家有关的法律文件和清洁生产有关规定,评价建设项目所采用的生产工艺、技术、设备是否符合国家和地方的环境保护政策及产业政策,是否属于国家限期更新或明令淘汰的工艺和设备。

(二)筛选重点评价项目阶段

通过初步的工程分析和现状调查,根据建设项目的工程特点和周围的环境特征,筛选出重点评价项目,有针对性地开展环境评价工作,是实现环境评价有效性的重要内容,所以有必要应用清洁生产审计和产品生命周期分析,全面考察建设项目对环境可能造成的影响,识别重点影响的环境因素,开展详细的评价工作。

(三)工程分析阶段

清洁生产审计是对企业现在和计划进行的工业生产进行预防污染的分析和评估,是企业实施清洁生产的重要途径,其基本思路为:判明废物产生的部位—分析废物产生的原因—提出方案以减少或消除废物。针对目前环境评价中工程分析存在的问题,可以引入清洁生产审计的方法和思路,从以下几个方面来强化工程分析。

1. 产污环节分析

污染物产生环节是工程分析的重要内容。借鉴清洁生产审计的方法,对建设项目进行原材料、水、能源、生产工艺、产品的全过程分析,绘制出产品的生产工艺流程图,标明原辅材料、水、能源的投入和产品、半成品、副产品的产出部位,以及污染物的类型、产生位置和去向;找出物耗能耗大、污染物产生量大的重要环节以及原材料选取或产品设计中潜在的环境问题;编制重点生产环节工艺流程图以及重点生产环节各单元操作的工艺流程图,进行预平衡测算,建立物料平衡图和水平衡图,必要时还可建立主要污染因子平衡图、能量平衡图,从而获取准确有效的重点产污环节的物耗、能耗和污染物排放数据,为后续废物产生原因分析奠定基础。

2. 清洁生产分析

对中、小型且污染较轻的项目,在工程分析中设立"清洁生产分析"一节;对建设项目的清洁生产分析,可直接从生产工艺的原材料和能源利用情况入手,采用目前我国环境评价中较可行的量化清洁生产分析方法。具体做法为:由产污环节分析确定重点环节的能源资源输入量和污染物排放量,选择与建设项目类似且工艺较先进的现有企业为类比对象,通过实测或资料调研,取得对应生产工艺的能源、物流等数据,根据工艺特点建立规范的原材料、能源消耗量和污染物排放量评价指标进行对比分析,初步判定建设项目采用的生产工艺是否属于清洁生产工艺。对于大型工业项目需在环境评价报告书中单列"清洁生产分析"一章,清洁生产分析工作应加以细化和全面;评价指标的选取则应覆盖原材料、生产过程和产品的各个主要环节,尤其对生产过程,既要考虑对资源的使用,又要考虑污染物的产生(而不是污染物的排放量),即包括原材料、产品指标、资源指标和污染物产生指标4大类。根据建设项目的实际情况和行业特点确定具体分指标及其权重,不同评价指标采用不同评价等级,对于易量化的指标进行定量评价,对于不易量化的指标进行定性评价,最后通过权重法对所有指标进行综合分析,来判定建设项目的清洁生产程度。

3. 产污原因分析

在产污环节分析的基础上,根据清洁生产的原则,对原材料、生产过程和产品进行全过程分析,寻找废物产生的原因。一个生产过程基本包括原辅材料和能源、生产工艺、设备、过程控制、管理和员工6个方面的输入、产出产品和废物。所以,可以从影响生产过程方面详细分析废物产生的原因。大量清洁生产审计实践表明,在进行废物产生原因分析时,可发现许多的清洁生产机会,提出的清洁生产方案大多数属于无费或低费方案,有利于实施。当然,如果让具有清洁生产审计经验的环境评价人员进行废物产生原因分析,就能够更好地发现问题,从而提出切实可行的清洁生产方案和污染控制对策。

(四)分析、预测和综合评价建设项目的环境影响阶段

应结合国家、地方有关法规标准及清洁生产规定,在评价建设项目的环境影响时,除了评价项目在建设期和营运期的环境影响外,还应当从产品的生命周期出发,向上追溯到原材料能源,向下延伸到产品的销售、服务和最终处置。对于原、辅材料,应分析评价其所含毒性成分对环境造成的影响、提取过程中的生态影响、可循环利用的程度等;对能源,应分析评价其清洁程度和可再生性;对产品,应评价其从工厂运送到零售商和用户的过程中对环境造成的影响,在使用期内使用的消耗品及其他相关产品可能对环境造成的影响,以及产品报废后对环境的影响(包括产品的回收、回用、复用和处置的难易程度)。

(五)环境保护措施评述阶段

清洁生产强调工业生产的全过程控制,它通过原料削减和废物的回收及再利用,使污染物的产生最小化、资源化和无害化。因此,在环境评价污染控制措施评述中贯彻清洁生产的思想,不仅评述可行的末端治理技术,更重要的是评述工程分析中提出的针对各种可能的产污或对产污有影响的环节而采取的相应清洁生产措施的可行性。对于清洁生产方案和替代方案,应说明该方案的实际应用效果,给出经济效益及环境效益指标,并进行一定的技术经济可行性论证,做到内容翔实、可

信,以保证其在下一步工程设计中得到落实。

(六)环境经济损益分析阶段

环境评价中的环境经济损益分析应进行全过程的投入产出分析,而不仅仅着眼于末端控制措施的投入产出分析。清洁生产是企业在追求经济效益前提下,解决污染的一种新思维和新途径。在污染控制对策中引入清洁生产思想后,通过节省原材料、降低能耗,加强管理资源优化配置等都可带来明显的经济效益,而且通过全过程的污染物削减,减轻了末端治理的负担,降低了污染控制的难度和费用,实现了环境效益和经济效益的统一。因此,环境经济损益分析应充分考虑上述因素,充实分析内容,提高分析结论的说服力和可行性。

(七)环境管理和监测计划

随着清洁生产在企业的推广和实施,应依据清洁生产"节能、降耗、减污、增效"的目标和实行生产全过程控制的原则,制定出一套与清洁生产相关的环境管理制度和监测计划。其内容可包括加强设备维修、建立有环境考核指标的产品质量管理、原材料合理储存、改进清洗方法、节约用水等方面。同时,要求环境监测计划中的机构的设置、仪器、设备以及监测方案要与生产全过程控制相匹配,并将这套管理制度结合到工程设计的环保篇章中,以便与企业的其他各项管理制度有机结合,纳入企业日常管理,落实到企业各层次,分解到企业各环节,从而达到持续清洁生产的目的。

二、环境影响报告书的编写原则

(1)应从清洁生产的角度对整个环境影响评价过程中有关内容加以补充和完善。

(2)大型工业项目可在环境评价报告书中单列"清洁生产分析"一章,专门进行叙述;中、小型且污染较轻的项目可在工程分析一章中增列"清洁生产分析"一节。

(3)清洁生产指标项的确定要符合指标选取原则,从六类指标考虑并充分考虑行业特点。

(4)清洁生产指标数值的确定要有充分的依据。调查收集同行业多数企业的数据或同行业中有代表性企业的近年的基础数据作为参考依据。

(5)建设项目的清洁生产指标的描述应真实客观。

(6)报告书中必须给出关于清洁生产的结论及所应采取的清洁生产方案建议。

三、环境影响报告书的编写内容

(1)环境影响评价中进行清洁生产分析所采用清洁生产评价指标的介绍:应介绍选取清洁生产指标过程和确定清洁生产指标数值、指标数值确定的参考基础数据、数据来源及其可靠性等。

(2)建设项目所能达到的清洁生产各个指标的描述:根据建设项目工程分析的结果,并结合对资源能源利用、生产工艺和装备选择、产品指标、废弃物的回收利用及污染物产生的深入分析,确定环境评价项目相应各类清洁生产指标数值。

(3)建设项目清洁生产评价结论:通过将预测值与同行业清洁生产标准值进行对比,给出简要的清洁生产评价结论。

(4)清洁生产方案建议:在对建设项目进行清洁生产分析的基础上,确定存在的主要问题,并提出相应的解决方案和建议。

第五节　清洁生产审核

最有效的清洁生产措施是源头削减。而削减污染的基础是掌握污染的起因和起源,有的放矢地实施污染预防和削减方案,达到清洁生产的目的。在筹划、实施清洁生产之前,应对整个生产过程进行清洁生产审核,即科学的核查与评估,找出问题,以便改进。

一、清洁生产审核的定义

根据国家发展和改革委员会、国家环境保护总局2004年8月16日发布的《清洁生产审核暂行办法》,清洁生产审核(Cleaner Production Audit)的定义为:"本办法所称清洁生产审核,是指按照一定程序,对生产和服务过程进行调查和诊断,找出能耗高、物耗高、污染重的原因,提出减少有毒有害物料的使用、产生,降低能耗、物耗以及废物产生的方案,进而选定技术、经济及环境可行的清洁生产方案的过程。"

清洁生产审核是对组织现在的和计划进行的生产和服务实行预防污染的过程诊断和评估程序,是实现清洁生产的具体途径。通过清洁生产方案的实施能够实现"节能、降耗、减污、增效"的目标。

二、清洁生产审核的工作程序

清洁生产审核的主要任务和总体思路是判明废物的产生部位、分析产生废物的原因、提出解决方案。在实际运行中,可从8个方面(原材料和能源、工艺技术、设备、过程控制、管理、员工、产品、废物)展开工作。

由此,清洁生产审核可分解为以下7个阶段进行操作:策划和组织、预审核、审核、方案产生和筛选、可行性分析、方案实施、持续清洁生产。

这套清洁生产审核程序是从企业的角度出发的,企业通过清洁生产审核不仅削减了污染物排放量,而且提高了企业的生产效率,减少了原材料消耗,降低了生产成本,提高了企业的经济效益。

(一)策划和组织

策划和组织是企业进行清洁生产审核的第一阶段。

通过宣传教育使企业的领导和职工对清洁生产有初步的、比较正确的认识。这一阶段的工作重点是取得企业高层领导的支持和参与、组建清洁生产审核小组、制订审核工作计划和宣传清洁生产思想。

1. 领导的参与

清洁生产审核的关键是领导的支持及承诺。为了争取领导的支持及承诺,可以从法规要求、组织的目标或社会对组织的期望、高投入和高成本的末端控制、经济效益、消费者对组织的绿色产品的需求等几个方面做工作。

2. 组建审核小组和制订工作计划

有权威的企业清洁生产审核小组是实施清洁生产审核的组织保证。

首先,推选组长。组长由企业主要领导人、厂长、经理直接兼任,或者由其任命一位具有丰富的生产、管理经验,掌握污染防治技术,了解审核工作程序的人员担任,必须授予其必要的权限,为他(她)能够在企业内顺利开展工作创造条件。

其次,选择审核小组成员。一般情况下,全日制成员由3~5人组成。小组成员应具备企业清洁生产审核知识,熟悉企业生产、工艺、环境保护、管理等情况。

审核小组成立后,制订出一个比较详细的工作计划,这样才能使审核工作有条不紊地进行。

3. 宣传

运用电视、广播、厂内刊物、黑板报和各种会议等手段进行清洁生产的宣传教育。宣传的内容包括清洁生产的作用、如何开展清洁生产审核、克服障碍、各类清洁生产方案成效等。

(二)预审核

预审核(Pre-Assessment)的目的是在对企业生产基本情况进行全面调查的基础上,通过定性和定量分析,确定清洁生产审核重点和企业清洁生产目标。这一阶段的工作重点是评价企业产污、排污状况,确定审核重点,并针对审核重点设置清洁生产目标。这一阶段的工作具体可以分为以下六个步骤(图3-5):

1. 现状调研和考察

在确定清洁生产审核的对象和目标前,应对企业的情况进行全面调查,为下一步现状考察做准备。

(1)现状调研的内容包括:①企业概况;②企业的生产状况;③企业的环境保护状况;④企业的管理状况。

(2)现场考察:有时收集的资料数据不能反映企业当前的运行情况,因此需要进一步进行现场考察,为确定审核对象提供准确可靠的依据。同时,通过现场考察,发现明显的无/低费清洁生产方案。

进行现场考察应在正常的生产条件下进行。重点考察的内容包括:①能耗、水

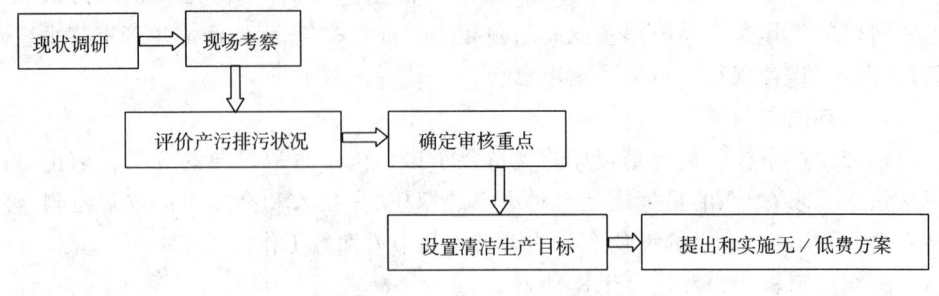

图 3-5　预审核工作步骤

耗、物耗大的部位；②污染物产生排放多、毒性大、处理处置难的部位；③操作困难、易引起生产波动的部位；④物料的进出口处；⑤设备陈旧、技术落后的部位；⑥事故多发处；⑦设备维护情况；⑧实际的生产管理状况以及岗位责任制的执行情况。

2．确定审核重点

通过对现场考察与现状调研的分析，可以确定本轮的审核重点。

备选审核重点着眼于备选审核重点是否具有清洁生产潜力，特别是污染物产生排放超标严重的环节；物耗、能耗和水耗大的生产单元；生产效率低下，严重影响正常生产的环节等。

在分析、综合各审核重点的情况后，要对这些备选审核重点进行科学排序，从中确定本轮审核重点。一般一次选择一个审核重点。

常用的确定审核重点的方法是简单比较法及权重总和记分排序法。

3．设置清洁生产目标

设置清洁生产目标时，应考虑与企业经营目标和方针相一致。

清洁生产目标要定量化、具有灵活性、可操作性和激励作用。

4．实施无/低费方案

企业存在一类只需少量投资或不投资、技术性不强，但很容易在短期内得到解决的问题，解决这个问题的方案称为无/低费方案。

通常可从下列几个方面找到无/低费方案线索：原料和能源、生产工艺和设备维护、产品、生产管理、废物的处理与循环利用。

(三)审核

该阶段的工作重点是实测输入输出物流，建立物料平衡，分析废物产生的原因，提出解决问题的思路。具体工作可以分为以下五个步骤(图 3-6)：

1．准备审核重点资料

根据调研和现场考察所得的资料，可以绘制出审核重点的污染点工艺框图和工艺单元功能表，以清晰地表明整个工艺流程中，各原、辅材料，水和水蒸气的加入

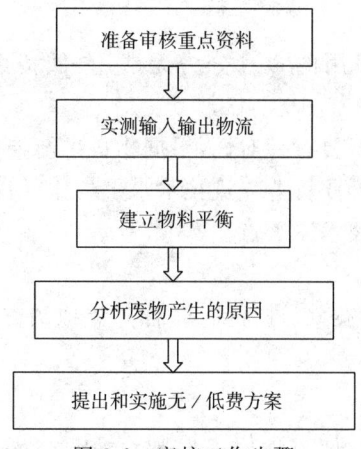

图 3-6　审核工作步骤

点,各废弃物的排放点。

2. 实测和编制物料平衡

测算物料和能量平衡是清洁生产审核工作的核心。

实地测量和估算审核重点的物料和能量的输入输出以及污染物排放,建立物料和能量平衡,可准确判断审核重点的废物流,确定废物的数量、成分和去向,从而寻找审核重点的清洁生产机会。

3. 分析废物产生原因

分析废物产生原因可从影响生产过程的 8 个方面(原材料、能源、技术工艺、设备、过程控制、产品、废物、管理、员工)进行分析。

(四)实施方案的产生和筛选

通过方案的产生、筛选、研制,为下一阶段的可行性分析提供足够的清洁生产方案。这一阶段的工作步骤如下(图 3-7):

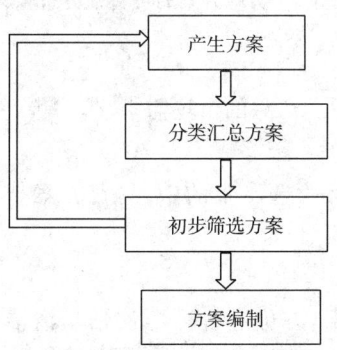

图 3-7　实施方案的产生和筛选

1. 方案产生

清洁生产方案按其费用的多寡分为无费用、低费用、中费用和高费用四类方案。

选择清洁生产方案时,要有针对性,根据物料平衡结果和废弃物产生原因的分析结果选择方案;与国内外同行业先进技术水平类比寻找清洁生产机会;组织行业专家进行技术咨询,选取技术突破点。

2. 汇总及筛选方案

对收集的清洁生产方案,应进行筛选,合并类似的方案,最后整合出优化拟采用的各类方案。

3. 方案编制

清洁生产方案编制时,应遵循以下原则:系统性、综合性、闭合性、无害性、合理性。

在部分无/低费方案已实施的情况下,审核小组应编写清洁生产中期审核报告,总结前面四个阶段的工作,把审核工作以及已取得的成效向企业领导及全厂职工汇报。

(五)实施方案的可行性分析

对所筛选出来的中/高费清洁生产方案进行分析和评估,选择出最佳方案。分析和评估的原则是先进行技术评估,再进行环境评估,最后进行经济评估。只有通过了技术、环境评估的方案,方可进行经济评估。这一阶段的工作具体划分为以下五个步骤(图3-8):

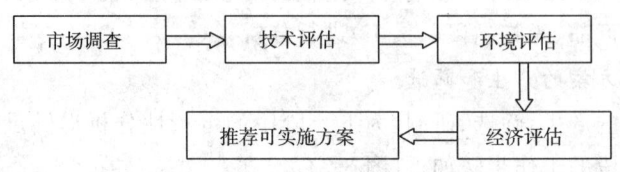

图 3-8　实施方案的可行性分析步骤

1. 市场调查

市场调查主要是调查同类产品的市场需求、价格等,并预测今后的发展趋势等。

2. 技术评估

技术评估是对审核重点筛选出来的中/高费方案技术的先进性、适用性、可操作性和可实施性等进行分析。

3. 环境评估

对技术评估可行的方案,方可进行环境评估。清洁生产方案应具有显著的环境效益,同时要强调在新方案实施后不会对环境产生新的破坏。

4.经济评估

对技术评估和环境评估均可行的方案,再进行经济评估。

经济评估是从企业角度,按照国内现行市场价格,对清洁生产方案进行综合性的全面经济分析,将拟选方案的实施成本与可能取得的各种经济收益进行比较,计算出方案实施后在财务上的获利能力和清偿能力,并从中选出投资最少、经济效益最佳的方案,为投资决策提供科学依据。

(六)清洁生产方案的实施

在总结前几个阶段已实施的清洁生产方案成果的基础上,统筹规划推荐方案的实施。并在实施后,及时地进行跟踪评价,为调整、制定下一轮的清洁生产行动积累资料,同时又可以使企业领导和职工及时了解清洁生产给企业带来的效益,使他们更加积极主动地参与到清洁生产的活动中来。这一阶段的工作具体可以细分为四个步骤(图 3-9):

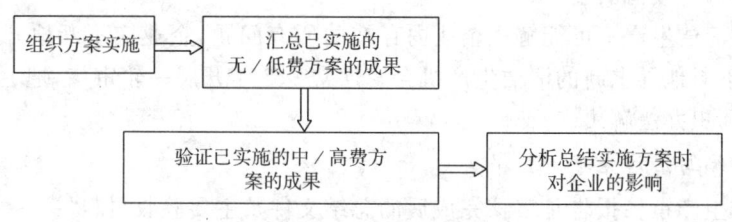

图 3-9　清洁生产方案的实施步骤

1.组织方案实施

可行性分析后推荐的方案,主要是中/高费方案,需要一定的资金、设备和技术、工艺保证。对于该类方案在组织实施时,可以从以下几个方面着手:资金筹措、征地、厂房设备选型、配套公共设施和设备安装、人员培训、试车和验收。

2.评价实施方案的效果

可通过调研、实测和计算对已实施的无/低费方案所取得的环境效益和经济效益进行评价。可通过技术、环境、经济和综合评价对已实施的中/高费方案所取得的成果进行汇总。总结已实施方案所取得的效果,分析实施方案对企业的影响,为继续推行清洁生产打好基础。

(七)持续清洁生产

因为清洁生产是一个相对的概念,相对于现阶段的生产情况,也许是清洁的,随着社会的发展和科技进步,现在的"清洁"可能会变成"不清洁"。因此,持续清洁生产应在企业内长期、持续地推行。

在该阶段应建立和管理清洁生产工作的组织机构、建立促进实施清洁生产的管理制度、制订持续清洁生产计划以及编写本轮清洁生产审核报告。

这一阶段的工作具体可细分为以下四个步骤(图3-10):

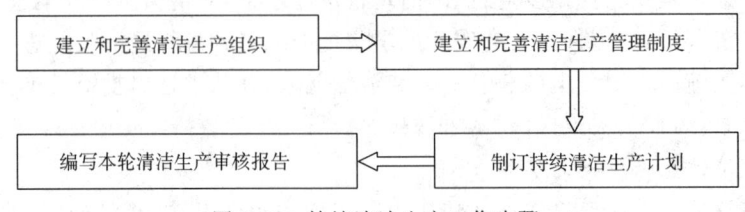

图3-10 持续清洁生产工作步骤

1. 建立和完善清洁生产制度

在总结前面工作的基础上,进一步完善清洁生产组织。在建立完善清洁生产组织的同时,还应建立完善的管理制度,巩固清洁生产成效。

2. 制订持续清洁生产计划

一轮清洁生产不可能解决企业内存在的所有问题,企业应不断地开展清洁生产审核,不断地寻求新的清洁生产机会。通常2、3年开展一轮审核,把上一轮没解决的问题,想办法解决。

(八)编写清洁生产审核报告

清洁生产审核报告是审核完成后的总结文件及主要验收材料。

清洁生产审核报告应说明本轮清洁生产审核任务的由来和背景;说明清洁生产审核过程;总结归纳清洁生产已取得的成果和经验,特别是中/高费方案实施后,所取得的经济、环境效益;发现并找出影响正常生产效率、影响经济效益、带来环境问题的不利环节、组织机构操作规范及管理制度方面存在的问题,及时修正这些不利因素,使其适应清洁生产的需要,将清洁生产持续地进行下去。

【附】 清洁生产审核报告主要内容:

第一章 前言。项目来源、背景;企业概况、建厂时间、历史发展变迁;主要产品、市场、产值利税;企业人员数目、人才结构、技术水平分布、文化水平分布。

第二章 审核准备。组织清洁生产审核领导小组、审核工作小组名单、审核工作计划、宣传教育内容和材料。

第三章 预审核。绘制组织总物流图;设备状况,主要生产设备技术水平和自动化控制水平(与国内外同行业比较);组织管理模式和实际管理水平,组织机构图;环保概况,各车间"三废"产生、处理处置、排放情况、污染控制设施运行情况、环保管理情况等;主要产品产量、原辅材料消耗、水电气消耗等;确定的本次审核重点、清洁生产目标(节能、节水、降耗或削减废弃物)。

第四章 审核。带污染点工艺流程框图、工艺单元表和单元功能说明、物料平衡做法,按工艺单元给出的物料平衡图、水平衡图、能量平衡图等,各平衡结果分析。

第五章 实施方案的产生和筛选。清洁生产方案产生方法、筛选方法,清洁生产方案分类表。

第六章 实施方案的确定。清洁生产中/高费用方案简介,技术、经济和环境可行性评估,确定采用的中/高费用方案实施计划。

第七章 方案实施效益分析。各类清洁生产方案实施后的实际与预期经济效益、环境效益对比和分析,清洁生产目标完成情况和原因分析,清洁生产对组织综合素质的影响分析等。

第八章 持续清洁生产计划。清洁生产技术研究与开发计划、员工清洁生产再培训计划、下轮清洁生产审核初步计划等。

第九章 总结与建议。

思考题

1. 什么是清洁生产评价?清洁生产评价内容具体应包括哪几方面?
2. 试说明清洁生产指标的选取原则。清洁生产指标体系应从哪些环节来考虑?依据生命周期分析的原则把清洁生产评价指标分为哪几类?
3. 清洁生产评价是如何进行等级划分的?国内常用的清洁生产评价方法有哪些?
4. 城市层次上的清洁生产评价涉及哪些具体内容?如何构建城市清洁生产评价的指标体系?
5. 试概述清洁生产审核的定义。
6. 清洁生产审核的工作程序分为哪几个阶段?各个阶段的主要工作内容和工作重点有哪些?

第四章 清洁的能源

第一节 能源及其消费

能源是人类进行生产和赖以生存的重要物质基础,是经济发展和社会发展的重要物质基础和主要动力来源,能源是经济发展的战略重点之一。

能源是现代生产的主要动力来源。现代化生产是建立在机械化、电气化、自动化基础上的高效生产,所有这些过程都要消耗大量能源;现代农业的机械化、水利化、化学化和电气化,也要消耗大量能源,而且,现代化程度越高,对能源质量和数量的要求也就越高。然而,当人类大量使用和消耗能源时,带来了许多全球性问题,如大气环境质量下降、气温上升等。此外,由于能源消费量与日俱增,地球上目前所拥有的能源到底能维持供应多久,是当前人类所关心的问题。

一、能源的定义和分类

关于能源的定义,目前约有 20 种。例如:《科学技术百科全书》定义:能源是可从其获得热、光和动力之类能量的资源;《大英百科全书》定义:能源是一个包括着所有燃料、流水、阳光和风的术语,人类用适当的转换手段便可让它为自己提供所需的能量;我国的《能源百科全书》定义:能源是可以直接或经转换提供人类所需的光、热、动力等任一形式能量的载能体资源。可见,能源是一种呈多种形式的、且可以相互转换的能量的源泉。确切而简单地说,能源是自然界中能为人类提供某种形式能量的物质资源。

能源的存在形式多种多样,分类方式也不同。世界能源委员会推荐的能源类型分为:固体燃料、液体燃料、气体燃料、水能、电能、太阳能、生物质能、风能、核能、海洋能和地热能等。其中,前三种类型(固体、液体和气体燃料)统称为化石燃料或化石能源。按照能源的利用过程,把存在于自然界的可以提供现成形式能量的能源称为"一次能源";而将需要依靠其他能源来制取的能源称为"二次能源"。在一次能源中,风、流水、潮汐、地热、阳光以及草木燃料等,均不会随着人们的利用而减少,又称为"再生能源",而化石燃料和核燃料都要随着使用而减少,故又把它们称为"非再生能源",见表 4-1。

表 4-1 能源的分类

一次能源	可再生能源	风、水力、潮汐能、洋流、生物质能、太阳辐射能、自喷气泉、热水泉、地下深部热水、火山活动、地震
	不可再生能源	化石燃料(煤、石油、天然气、油页岩)、核燃料(铀、钍、氘等)
二次能源		电能、氢能、汽油、煤油、柴油、重油、焦炭、煤气、甲醇、沼气、丙烷等

此外,还可以按照当前使用状况将能源划分为常规能源和新能源两大类:①常规能源包括煤炭、石油、天然气、水力与核能;②新能源包括太阳能、风能、潮汐能、地热和生物质能。

目前,人类仍主要依靠煤炭、石油、天然气和水力等一些常规能源。随着科学和技术的进步,新能源(如太阳能、风能、地热、生物质能、地热等)将不同程度地替代一部分常规能源。氢能及核聚变能等将逐步得到发展和利用。

二、能源现状及发展趋势

(一)世界能源消耗现状

随着世界经济规模的不断增大,世界能源消费量也持续增长。国际能源委员会 2004 年能源统计报告的结果表明,1973 年世界一次能源消费量仅为 57.3 亿 t 油当量,2003 年已达 97.4 亿 t 油当量,2004 年消费量增长了 1.25 亿 t 油当量。中国石油消费从 1991 年的 1.18 亿 t 增加到 2004 年的 3.18 亿 t,年递增率达 7.8%。其中,2004 年比 2003 年净增 3 800 多万 t,年增长率高达 13.8%,年需求增量占全球总需求增量的近 1/3。

(1)能源生产量:2004 年全球石油生产量达 38.68 亿 t,比 2003 年增长 4.5%,欧佩克产量增长了 7.7%,达 15.88 亿 t;2004 年世界天然气产量达 26 916 亿 m^3,比 2003 年增长 2.8%。在世界天然气总产量中,有 21.9% 来自俄罗斯,20.2% 来自美国。

(2)全球能源结构:石油仍居主导地位。国际能源委员会发布的 2005 年世界能源统计报告表明,石油占能源消费总量的 36.8%,煤炭占 27.2%,天然气占 23.7%,有三足鼎立之势,核能与水电分别仅占 6.1% 和 6.2%。人类社会要用清洁能源和可再生能源取代传统能源,还需经历漫长的过程。

(3)世界能源消费:呈现出不同的增长模式。发达国家增长速率明显低于发展中国家,见表 4-2。过去 30 年来,北美、中南美洲、欧洲、中东、非洲及亚太六大地区的能源消费总量均有所增加,但经济、科技较发达的北美洲和欧洲两大地区,增长速度非常缓慢,其消费量占世界总消费量的比例也逐年下降。其主要原因为:①发达国家的经济发展已进入到后工业阶段,经济向低能耗、高产出的产业结构发展,高能耗的制造业逐步转向发展中国家;②发达国家高度重视节能与提高能源使用效率。

表 4-2　过去 30 年世界能源消耗趋势　　　　（消费量单位:亿 t 油当量）

地区	1973年		1983年		1993年		2003年	
	消费量	占世界比例%	消费量	占世界比例%	消费量	占世界比例%	消费量	占世界比例%
北美	20.1	35.1	19.1	29.7	24.1	29.3	27.3	28
中南美洲	17.8	3.1	25.6	3.8	3.5	4.3	4.7	4.8
欧洲	24.5	42.8	28.4	42.6	29.1	35.5	29.1	29.9
中东	0.9	1.6	1.7	2.6	2.9	3.6	4.3	4.4
非洲	0.9	1.6	1.8	2.7	2.3	2.8	3.0	3.1
亚太	9.1	15.9	12.4	18.6	20.1	14.5	29.1	29.9
世界	57.3	100	66.8	100	82.1	100	97.4	100

注：资料来源于 BP Statistical of World Energy, June 2004。

（4）世界能源消费结构趋向优质化，但地区差异仍然很大。第二次世界大战以来，石油和天然气的生产与消费持续上升，石油于 20 世纪 60 年代首次超过煤炭，跃居一次能源的主导地位；20 世纪 70 年代世界经历了两次石油危机，但世界石油消费量却没有丝毫减少的趋势，此后，石油、煤炭所占比例缓慢下降，天然气的比例上升。核能、风能、水力、地热等其他形式的新能源逐渐被开发和利用，形成了目前以化石燃料为主和可再生能源、新能源并存的能源结构格局。目前，化石能源仍为世界的主要能源，非化石能源和可再生能源虽然增长很快，但仍保持较低的比例，约为 12%。

由于中东地区油气资源最为丰富，开采成本极低，故中东能源消费约 97% 为石油和天然气，该比例明显高于世界平均水平，居世界之首。在亚太地区，中国、印度等国家煤炭资源丰富，煤炭在能源消费结构中所占比例相对较高，中国能源结构中煤炭所占比例高达 68% 左右，故在亚太地区的能源结构中，石油和天然气的比例偏低（约为 47%），明显低于世界平均水平。除亚太地区以外，其他地区石油、天然气所占比例均高于 60%，见表 4-3。

表 4-3　2003 年世界能源消费结构(%)

地区	石油	天然气	煤炭	核能	水电
北美	41.1	25.2	22.5	7.4	4.9
中南美洲	46.5	21.2	3.8	1.0	27.5
欧洲	32.3	33.5	18.4	9.8	6.0
中东	50.4	47.0	2.0	0.0	0.7
北非	40.2	20.1	32.4	1.0	6.3
亚太	36.1	10.7	44.9	3.6	4.7
中国	22.9	2.7	68.3	0.8	6.1

（二）世界能源需求和发展趋势

根据美国能源信息署(EIA)最新统计预测结果，随着世界经济、社会的发展，世界能源消费量将不断增大,预计 2010 年世界能源需求量将达到 105.99 亿 t 油当量,2020 年将达到 128.89 亿 t 油当量,2025 年将达到 136.50 亿 t 油当量,欧洲和北美洲两个发达地区的能源消费占世界消费的比例呈下降趋势,亚洲、中东、中南美洲等地区呈上升趋势。

随着世界能源消费量的增大,氧化碳、氮氧化物、灰尘颗粒物等环境污染物的排放量逐年增大,环境的污染和全球气候的影响将日趋严重。据 EIA 统计,1990 年世界二氧化碳的排放量约为 215.6 亿 t,2001 年约为 239.0 亿 t,预计 2010 年将达到 277.2 亿 t,2025 年将达到 371.2 亿 t,年均增长 1.8%。

能源发展呈现如下趋势:

(1) 多元化。世界能源结构先后经历了以薪柴为主、以煤为主和以石油为主的时代,现在正在向以天然气为主转变,同时,水能、核能、风能、太阳能也正得到更广泛的利用。可持续发展、环境保护、能源供应成本和供应能源的结构变化,决定了全球能源多样化发展的格局。在欧盟 2010 年可再生能源发展规划中,风电要达到 4 000 万 kW·h,水电要达到 1.05 亿 kW·h。2003 年初,英国政府公布的《能源白皮书》确定了新能源战略,到 2010 年,英国的可再生能源发电量占英国发电总量的比例要从目前的 3% 提高到 10%,到 2020 年达 20%。

(2) 清洁化。随着世界能源新技术的进步及环境保护标准的日益严格,未来世界能源将进一步向清洁化的方向发展,清洁能源在能源总消费中的比例也将逐步增大。在世界消费能源结构中,煤炭所占的比例将由目前的 26.47% 下降到 2025 年的 21.72%,而天然气将由目前的 23.94% 上升到 2025 年的 28.40%,石油的比例将维持在 37.60%~37.90% 的水平。同时,煤炭和薪柴、秸秆、粪便等传统能源的利用将向清洁化方面发展,洁净煤技术(如煤液化技术、煤气化技术和煤脱硫、脱尘技术)、沼气技术、生物质能技术等将取得突破并得到广泛应用。一些国家(如法国、奥地利、比利时、荷兰等)已经关闭其国内的所有煤矿而发展核电,因核电具有高效、清洁的特征,并能够解决温室气体排放问题。

(3) 高效化。世界能源加工和消费的效率差别较大,能源利用效率提高的潜力巨大。随着世界能源新技术的进步,未来世界能源利用效率将日趋提高,能源强度将逐步降低。例如:以 1997 年美元不变价计,1990 年世界的能源强度为 3.541 t 油当量/万美元,2001 年已降低到 3.121 t 油当量/万美元,预计 2010 年为 2.759 t 油当量/万美元,2025 年为 2.375 t 油当量/万美元。但是,世界各地区能源强度差异较大,例如:2001 年世界发达国家的能源强度仅为 2.109 t 油当量/万美元,2001—2025 年发展中国家的能源强度预计是发达国家的 2.3~3.2 倍,可见世界的节能潜力巨大。

(4) 全球化。由于世界能源资源分布及需求分布的非均衡性,世界各个国家和地区已经越来越难以依靠本国的资源来满足其国内的需求。以石油贸易为例,世界石油贸易量由1985年的12.2亿t增加到2000年的21.2亿t和2002年的21.8亿t,年均增长率约为3.46%,超过同期世界石油消费1.82%的年均增长率。初步估计,世界石油净进口量将逐渐增加,预计2010年日进口量将达到2930万桶,2020年日进口量将达4080万桶,2025年日进口量将达到4850万桶。世界能源供应与消费的全球化进程将加快,世界主要能源生产国和能源消费国将积极加入到能源供需市场的全球化进程中。

(三)我国能源消耗现状及能源政策

1. 我国能源发展面临严峻形势

十六届五中全会通过的《中共中央关于制定国民经济和社会发展第十一个五年规划的建议》提出了2010年单位国内生产总值能源消耗比"十五"期末降低20%左右的目标。

目前,我国是世界煤炭第一消费大国,石油和电力第二消费大国。有关统计表明,2004年我国能源消费总量为19.7亿t。其中煤炭18.7亿t,同比增长14.4%;原油2.9亿t,同比增长16.8%;天然气415亿m^3,同比增长18.5%。2001—2004年,我国能源消费年均增速高达9.89%,2003和2004年分别达到13%和15.2%。

一方面是消费迅速加剧,"电荒"、"油荒"、"煤荒"层出不穷;另一方面是能源浪费严重,利用效率低下。电力持续短缺,2005年最大缺口达2500万kW·h;煤炭全面紧张,市场价格一路攀升,达到历史高峰;煤炭运输能力严重不足,严重制约煤炭供应;缺电造成燃料油和柴油发电增加;天然气出现季节性短缺;而"油荒"的出现至今仍令人心有余悸;一些行业和地区盲目投资和低水平重复建设,直接导致煤、电、油、气等能源瓶颈的加剧。在能源利用效率方面,我国能源利用效率比经济合作与发展组织(OECD)国家落后20年,相差10个百分点;单位GDP产值消耗的能源,约为美国的3倍、OECD国家平均值的3.8倍、日本的7.2倍。例如:我国工业锅炉的平均能耗效率为60%,低于发达国家20个百分点。在这种情况下,提出单位国内生产总值能源消耗降低20%的目标,体现了我国对当前和未来的能源战略和政策取向。

2. 2020年前中国的能源战略目标

(1)实现能源战略转型。目前,我国石油依存度超过45%,并呈上升之势,国家也力争到2020年将依存度控制在60%左右;我国石油安全储量远远低于世界平均水平;而且,石油在能源领域的重要性日渐加强,价格不断升高。更重要的是,随着世界主要石油生产国的石油产量逐渐萎缩,石油时代行将面临终结。在这种情况下,运用法律限制出口,才是保障我国能源和发展经济的根本策略;其次,国家提出的建立节约型社会的战略规划,不仅可以减少浪费,而且会提高社会利用率,这是保障我国能源安全的辅助性战略;再次,石油布局重点由陆上逐渐向海洋转移,陆上开采重点由东向西、向北转移。我国东部陆上石油开采接近开发后期,含水比重增加,而西部(如塔里木盆地)则发现了储量巨大的油气资源,新疆正在打造我国最大的能源基地。同时,我国渤海、东海、南海的油气资源储量丰富,这也将是我国陆上能源不足的"接力棒"。

(2)转变发展模式,调整产业结构,建立集约型国民经济体系。我国经济处在重化工业化时代,高消费、低产出是这个阶段的基本特点。例如:我国能源行业,勘探开发技术含量低(如煤炭、原油)、设备老化(如乙烯设备装置等),管理水平落后,特别是煤炭行业。因而,通过增强自主创新能力,提高勘探开采技术水平和管理水平,调整结构和推动产业升级,才能降低能源产业本身对资源地的滥占滥用,提高出产率和产出水平。在这个阶段,我国可能会侧重于调整产业结构,淘汰部分高能耗、低产出的产业,突出高科技引领产业升级和服务业升级,通过产业结构调整和产业升级,提高单位能耗的 GDP 产值,以此降低能源需求。

(3)政策引导与政府行为示范相结合。与美国各州州长放弃宽敞气派、马力强劲、高油耗的 SUV 汽车而改用小型汽车或者新型燃料车不同,我国高油耗车基本上集中在政府官员的专用车群中。许多地方政府目前仍然保留限制小排量汽车的法规。在这种情况下,国务院开始征燃油税,研究制定低能耗、低污染车辆的财税政策等,但是否能够得到地方上的支持还很难说。如此看来,将节能指标列入政绩考核内容,势在必行。

(4)加强开发可替代能源。开发可替代能源将是国家开发新能源的一个长期策略。不可再生能源是一次性资源,一个可行的做法就是加强开发可替代性能源。国家发改委等 8 个部门去年 2 月联合试点推广车用乙醇汽油,吉林省覆盖率已接近 90%,辽宁、黑龙江和河南省平均达到 80% 以上。而植物油和甲醇等也是私家车用汽油、柴油的理想替代燃料。

3. 中国实现可持续能源发展的政策措施

低成本的能源供应是实现工业化和提高人民生活水平的重要条件,而可持续发展意味着必须部分牺牲近期低成本和较快发展速度带来的利益。可以预见,未来 20 年将是追求经济高速发展的动机与能源可持续发展的矛盾不断显现的过程。必须从中、长期经济、社会、环境协调发展的角度,通过制定和实施国家能源发展战略加以平衡。

(1)将节约资源提升到基本国策的高度。据研究,如果采取强化节能和提高能效的政策,与未采取强化节能措施的趋势相比,到 2020 年能源消费水平可以减少 15%~27%,单位 GDP 能耗将每年下降 2.3%~3.7%。虽然下降的幅度与过去

20年相比可能趋缓,但仍大大超过届时世界1.1%的年均下降率。中国能效利用率低的另一面是节能的潜力巨大。能否以较少的能源投入实现经济增长的目标,在很大程度上取决于节能的潜力能否被有效挖掘。因此,应将节约资源提升到基本国策的高度,把"控制人口,节约资源,保护环境"作为中国新时期的基本国策。为此,应加强政府节能管理体系的建设,切实转变政府职能;建立和完善节能经济激励政策;建立终端用能设备能效标准和标识体系;建立市场经济条件下的节能新机制。

(2)实施环境友好的能源战略。国际经验表明,环境约束政策对实施可持续能源战略和能源供求技术发展有基础性作用。由于受环境容量、全球温室气体减排以及中国"环境小康"需求等的制约,环境保护将成为中国中、长期能源发展必须考虑的一个重要因素。能源是环境问题的核心,能源生产和利用将对当地、区域和全球大气环境产生重要影响;环境是能源决策的关键因素,环境评价应是所有能源项目确立的先决条件,环境应作为一种资源纳入综合资源规划;实施环境友好战略需要通过政府驱动、公众参与、总量控制、排污交易四个方面加以落实。要按空气质量要求,对主要污染物实行更为严格的总量控制;提高排污收费标准、实行排放交易;实行环保折价,将环境污染的外部成本内部化,即实施全成本竞争;控制城市交通环境污染;取消对高耗能产品的生产补贴等。

(3)实施调整和优化能源结构的政策。能源结构的优化对能源需求总量影响很大。有关研究表明,2020年能源消费结构中煤炭的比重每下降一个百分点,相应的能源需求总量可降低1 000多万t标准煤。因此,未来20年应充分利用结构优化所产生的节能效果。从未来趋势看,由于对石油、天然气等优质能源消费增加迅速,将出现由需求方推动的结构性变动。当前在居民生活用能领域和发达地区已经出现较明显的结构变动,这就为能源结构的调整和优化提供了较好的市场基础。总体而言,制定中国能源结构调整政策将体现如下原则:①立足国内资源、充分利用国际资源,在保证供给和经济可承受性的前提下,最大限度地优化能源结构;②国家能源安全有充分保障;③环境质量明显改善,可持续发展能力明显增强。根据上述原则和中国的能源禀赋条件,应逐步降低煤炭消费比例,加速发展天然气,依靠国内外资源满足国内市场对石油的基本需求,积极发展水电、核电和先进的可再生能源,利用20年的时间,初步形成结构多元化的局面,使得优质能源的比例明显提高。

第二节 提高能效、节约能源

一、节能和能源利用效率

节能是节约能源的简称。从能源的生产和使用来说,能源有开发、运输、加工、转换以及使用于生产和生活的各个过程。节约能源就是要减少能源在各个过程中的损失和浪费,力求达到"最佳利用"。可以从以下几个方面理解:

(1)节能不是简单的在消费数量上的减少,更不应该降低生产和生活水平。节能是用合理的措施消除目前能源使用中的浪费,并挖掘出能源可以获得和可以利用的最大潜力,从而实现最经济的社会生产手段,以达到改善人类生活的目的,这正是节能的含义所在。例如:煤是最主要的一次能源,减少煤的供应量,限制煤的使用,只能说明能源的贫乏或能源危机,不是节能。使用开采优质煤新技术、建立坑口电站,以减少低质煤的运输费用和损失;利用工业用煤中的余热等,这些都是节能的有效措施。

(2)节能不能单纯从价格上来衡量。就利用一次能源的煤、油或天然气发电而言,转换为二次能源的电力输送给用户时,能量转换效率一般为25%～35%,电力在终端设备上效率达到95%～100%,但若按一次能源来计算,电加热炉的效率实际上只有30%左右,而矿物燃料直接加热炉的效率达到70%～85%(油、气)。所以,加热利用消耗单位电力的价格高于相当热值的煤、油和天然气。

(3)从另一个角度出发,电气化能促进生产的发展,改善劳动强度和生活条件,提高产品质量。减少供电量或者限制用电不是节能,但降低发电厂的煤耗、采用热电联产、提高用电设备的生产力等,则是节能。总之,节能是指加强用能管理,采用技术上可行、经济上合理及环境和社会可以承受的措施,减少从能源生产到消费各个环节的损失,并尽最大可能提高能源的利用效率。

(4)能源利用效率是衡量能量利用技术水平和经济性的一项综合性指标。对它的分析,有助于进一步改革企业的生产工艺和设备,挖掘节约能源的潜力,提高能源利用的经济效果。能源利用效率是指能源中所具有的能量被有效利用的程度,也就是能量利用效率,通常以 η 表示,计算公式如下:

$$\eta = \frac{有效利用能量}{供给能量} \times 100\% \tag{4-1}$$

此外,其他计算方法如下:

①按产品能耗计算法:全国或一个地区生产很多种产品,只要列出其中主要的耗能产品,如钢铁、化肥、水泥、机械、布匹等,按单位产品的有效利用能量和综合供给能量(综合能耗量)加权平均,即可求得总的能源利用效率。

$$\eta_{总} = \frac{\sum G_i e_{0i}}{\sum G_i e_i} \times 100\% \tag{4-2}$$

式中 G_i 为某项产品的产量;e_{0i} 为该项产品的有效利用能量;e_i 为该项产品的综合供给能量(综合能耗量)。

②按部门能耗计算法:将全国或一个地区所消耗的一次能源,按照发电、工业、

运输、商业和民用五大部门,依据技术资料和统计资料,分别计算各部门的有效利用能量和损失能量,求得部门的能量利用效率 $\eta_{部}$,然后再求得全国或地区总的能源利用效率 $\eta_{总}$:

$$\eta_{部} = \frac{部门有效利用能量}{部门有效利用能量 + 部门损失能量} \times 100\% \quad (4-3)$$

$$\eta_{总} = \frac{\sum 部门有效利用能量}{\sum 部门有效利用能量 + \sum 部门损失能量} \times 100\% \quad (4-4)$$

③按能量使用的用途计算法:能源在国民经济各部门的使用,除了部分作为原料外,绝大部分都作为燃料使用,大致可分为二类:一类直接燃烧(如各种炉窑、内燃机、炊事和采暖等);另一类转换为二次能源后再使用(如电、蒸汽、煤气等)。因此,按用途计算时可分为:发电、锅炉、炉窑、蒸汽动力、内燃动力、炊事、采暖等。先求得某种用途的 $\eta_{用}$,然后再将各种用途的 $\eta_{用}$ 相加平均,可求得总的能量利用效率:

$$\eta_{部} = \frac{某种用途的有效利用能量}{某种用途的有效利用能量 + 某种用途的损失能量} \times 100\% \quad (4-5)$$

$$\eta_{总} = \frac{\sum 某种用途的有效利用能量}{\sum 各种用途的有效利用能量 + \sum 各种用途的损失能量} \times 100\% \quad (4-6)$$

二、中国能源效率与节能潜力

改革开放以来,我国在能源开发与节约工作方面取得重大进展,能源效率有所提高。但我国能源利用效率仍明显低于发达国家,节能潜力仍然很大,节能工作任重道远,调整经济结构和转变经济增长方式的要求仍很突出。一般来说,衡量或评价一个国家(或地区)能源效率和节能潜力的方法和指标很多,归纳起来主要有两类:一类是能源经济效率指标;另一类是能源技术效率指标。

(1)能源经济效率:也称能源强度,是指产出单位经济量(或实物量、服务量)所消耗的能源量。能源经济效率指标通常用宏观经济领域的单位 GDP 能耗和微观经济领域的单位产品能耗来表示。单位 GDP 能耗是指利用外汇汇率折算的单位 GDP 能耗对能源使用效率进行比较的基本指标,是一个国家发展阶段、经济结构、能源结构和设备技术工艺及管理水平等多种因素形成的能耗水平与经济产出的比例关系。它可从投入和产出的宏观比较来反映一个国家(或地区)的能源经济效率,具有宏观参考价值。对 2001 年世界主要国家单位 GDP 能耗比较(见表 4-4)结果表明,我国 1 亿美元 GDP 消耗能源约 11 万～12 万 t 标准煤,能耗强度约为日本的 6.60 倍,德国的 4.54 倍,美国的 3.70 倍,巴西的 2.32 倍。

表 4-4　2001 年中国能源经济效率与世界的比较

国家	每 t 标准煤产出（GDP/美元）	1 亿美元 GDP 消耗能源（万 t 标准煤）	能耗强度
中国	859	11.64	100
德国	3868	2.59	22
印度	1068	9.36	80
日本	5663	1.77	15
俄罗斯	340	29.43	252
美国	3135	3.19	27
澳大利亚	2226	4.19	39
巴西	2022	4.95	43

注：GDP 总量数据来源于 IMF World Economic Outlook Datebase,2002 年 9 月；能源消费总量数据来源于《世界能源数据提要》(2003 年)，并经换算得出；其他数据通过计算得出。

(2)能源技术效率：也称能源系统效率，是指使用能源的过程中(不包括开采)所取得的有效能源与实际输入的能源量之比，也是一项由总体能源结构、产业用能比重、能源利用技术等多种因素形成的综合指标，一般用百分率来表示。目前，国际上用于比较分析的能源效率以能源生产、中间环节的效率与终端使用效率的乘积为计算方法。1980—2000 年，我国包括能源加工、转换、储运和终端利用各个环节在内的能源效率由 26% 提高到 33%，但仍比 CEC 地区国家的平均效率低 1~8 个百分点(见表 4-5)。

表 4-5　中国 1980—2000 年能源效率(%)

能源效率	1980 年	1989 年	1997 年	2000 年	CEC 地区
1.中间环节效率	74.0	72.4	68.8	67.8	67~65
2.终端环节效率	34.4	38.7	45.3	49.2	51~55
能源效率(1×2)	25.9	28.0	31.2	33.4	34~41

注：①资料来源于中国能源研究会《能源政策研究》；②中间环节包括能源加工、转换和储运；③CEC 地区包括西欧、东欧和苏联(现为俄罗斯)三个地区和国家。

(3)部门单项能源效率：首先对占全社会能源消费 70% 的 14 个部门(其中能源转换部门 6 个，包括煤电、发电、炼油、产煤、炼焦和焦炉煤气，能源终端消费部门 8 个，即粗钢、合成氨、乙烯、水泥、铝、交通及城乡居民生活)进行测算，比较得出相应的节能潜力，再推算得出其余 30% 的用能部门的节能潜力，世界各国通常把能源消耗按用途分为发电、工业、交通和民用四大部门，进行综合计算比较。现将发达国家的单项能源利用效率及我国的差距列于表 4-6。

表 4-6　工业发达国家能源利用效率及我国的差距(%)

单项效率名称	工业发达国家效率	我国的差距	单项效率名称	工业发达国家效率	我国的差距
水力发电效率	35~45	7~10	合成氨生产热效率	50~65	25~35
火力发电效率	75~90	10~15	炊事热效率	60~70	40~50
工业锅炉热效率	50~65	20~25			

2000年能源数据测算结果表明,我国一次能源转换仍有25%的节能潜力,终端消费仍有26%的节能潜力,一次能源消费的平均节能潜力达26%,表明我国能源使用效率若达到先进国家水平,则相当于可节约3亿t的石油或相当于节约4.13亿t标准煤。无论从能源经济效率还是技术效率分析,我国的能耗效率都是比较低的,节能的潜力是巨大的。具体分析,主要有以下几个原因:

(1)产业结构不同。我国现正处于工业化中期阶段,产业结构调整正在进行中。同日本和美国相比,我国第三产业产值比重只占33%,不到美国和日本的1/2;第二产业产值比重高达49%,相当于美国、日本的1.5~2倍;工业能耗比重高达70%。在一定时期内,我国第二产业的比重仍将保持较高水平,并处于高能耗状态,如我国工业行业中,冶金、化工、建材等高能耗工业,产值不足工业总产值的20%,但能源消耗却超过工业用能总量的60%。在这三个行业中,高新技术和先进工艺少,初级中级技术和工艺多,达到国际规模和水平的连续高效的先进生产设备比重偏低,产品单耗居高不下。

(2)能源结构不同。与世界能源结构平均水平比较,我国煤炭比重基本上与世界石油天然气比重相当,而石油天然气比重与世界煤炭比重持平。分析结果表明,在一次能源品种中,我国煤炭利用效率约为27%;原油利用效率约达50%;天然气利用效率约达57%;电的利用效率约为85%。同世界各国的能源效率比较结果见表4-7。我国能源组合利用效率为36.18%,比世界各国平均利用效率50%低10多个百分点。事实上,由于世界各国特别是发达国家同一能源品种的利用效率明显高于我国,而差距的主要原因在于以煤为主的能源结构。

表4-7 2002年世界主要国家能源结构及利用效率比较(%)

国家	能源消耗总量/百万t油当量	煤炭比重	石油比重	天然气比重	水电以及核电比重	能源综合利用效率
中国	1 036.5	65.59	24.62	2.71	7.08	36.81
美国	2 293.0	24.15	39.00	26.20	10.65	50.00
日本	509.4	20.67	47.62	13.68	18.03	52.51
德国	329.4	25.68	38.62	22.56	13.14	50.22
印度	325.1	55.61	30.05	7.81	6.53	40.06
俄罗斯	640.2	15.39	19.20	54.61	10.80	54.08
澳大利亚	122.9	27.89	33.66	19.13	19.32	46.21
巴西	177.5	6.76	48.11	6.93	38.20	62.26

注:①一次能源结构数据来源于《世界能源数据提要》(2003年),有些数据经推算得出;②能源利用效率按照能源结构与不同能源品种的能源利用效率加权平均计算。

(3)工艺技术、设备规模及管理水平不同。受机电工业发展水平所限,我国大多数行业技术与装备的平均总体水平仅相当于发达国家20世纪90年代初的水平。国内通用设备的效率一般均低于多数发达国家,大部分工业锅炉、风机、水泵、电机的效率与国外先进水平差距较大。我国绝大多数企业没有形成合理的经济规模,而且国内规模差距也较大,造成我国产品单耗较高,例如:小型企业与大型钢铁联合企业每吨钢综合能耗相差 200 kg 标准煤,水泥立窑年产量占水泥总产量的 75%,每吨水泥能耗是先进高效回转窑水泥能耗的 1.4 倍;此外,我国与节能密切相关的统计、计量、考核制度也不完善,信息化水平低,损失浪费严重,例如:燃烧工业锅炉、电动机的设计效率与国际先进水平差不多,但由于管理水平低,运行不合理,能源浪费严重,实际运行的效率只有 65% 左右。

能源是发展国民经济的重要基础,也是当前我国经济发展的一个重要因素。近年来,我国工农业能源短缺的现实,已为人们所重视。解决能源问题,必须继续贯彻开发与节约并重的方针。能源开发周期较长,一般常以 10 年为期,大型煤矿、水电站及火电机组(包括核电站)均是如此。目前,农业和民用生活能源需求不断增加,工业又必须以一定的速度持续发展,因此能源供求之间的矛盾将更为突出。

在近期内除大力建设常规能源(煤炭、石油、水电和火电),积极进行新能源(核电、太阳能、风能、地热能等)的开发利用和研究外,必须把节约能源放在优先地位。我国技术设备相对落后,能耗大,能源未得到有效利用;工业结构不够完善,管理水平较低,产品质量有待提高。因此,如何采用组织措施,制定规划严格执行;如何依靠科学进步,大力开展节能工作,对解决能源问题都具有极为重要的意义。

三、节能的宏观调控措施

(一)加强和改善管理

加强和改善能源使用中的管理,在不花费很多投资、不在设备上大改大动的情况下,就能使能耗大幅度下降。具体而言,就是要建立健全能源管理机构,制定科学的能源使用办法和规章制度,搞好计量、定额、统计等基础工作。以四川省为例,20 世纪 80 年代四川省限期装好民用"三表"实行计量收费,电表、气表的安装率达到 95%,水表达 70%。全省安装能源计量器具,一年节约电能 1.1 亿 kW·h,天然气 1.2 亿 m³,水 7000 万 t,价值达 4250 万元,成效显著。

(二)调整工业结构

在对全局需要不受影响的情况下,因各种工业的能耗量不同,可以适当调整轻重工业的合理比例。钢铁冶金等重工业能耗大,但产值较低,而纺织、仪表、电子等轻工业能耗少,而产值高,应合理组织,使在能耗最低的情况下产值最高。这里有一个优化问题。以上海为例,在总能耗不增加的情况下,若将冶金工业能耗比重降低 1/2 用来发展轻工业,则工业生产总值将增加 20%~25%。当然,能耗大的原材料工业必须占有合理适当的比重,以满足国防和工农业发展的需要。

(三)工业合理布局

我国能源生产与消费在地区分布上很不平衡。过去在能源缺乏地区,建造和扩建了大批能耗大的工业企业,形成了"北煤南运"和"西煤东运"的局面,占用了大量的运输能力,例如:煤炭运输占铁路总运输量的 1/3,增加了能源消耗。根据我国能源资源分布的特点,在调整工业结构时,必须重视调整大耗能工业的合理布局,逐步改变我国目前能源生产基地只以输出能源为主的状况。

(四)改革工业产品构成

不同的产品对能源的需要量差别很大,无论是重工业产品还是轻工业产品均如此。从单位产值的综合能耗看,不同产品之间的能耗可能相差好多倍,甚至十几倍。一般来说,单位产值的能耗量多少与产品加工程度有关,加工程度越高、附加产值越大的产品,单位产值的能耗量就越低。要以耗能少的产品来取代耗能多的产品,以节约能源,有利于发展国民经济。当然,这里也有一个全局观念的问题,一些能耗高的,又必不可少的产品,如一时不能代替,还是要生产的。

(五)进行企业改革、设备更新及工艺改革

目前,我国工业生产设备老化、效率低、能耗高,而且工厂分散。对同行业的小厂可以进行行业改造,适当加以集中合并,同时逐步更新老设备,以达到降低能耗的目的。我国电力生产耗煤占全国煤炭产量的 1/6。中低压小型发电机组占很大比重,因此耗煤量大。必须对能耗过多的小型机组有计划地进行淘汰。在水泥生产中,每吨水泥熟料的平均燃料消耗,湿法炉窑比悬浮预热干式炉窑要高 63%。改革工艺过程同样可以大量节约能耗。

(六)供应优质燃料

目前,我国一般的工业、动力用煤灰分含量高,粒度大小不一,供应品种多变,往往与燃烧设备的要求不相适应,影响燃烧效率,增加燃料消耗量,而且这种煤增加运输能耗,若以每年 10 亿 t 计,如含灰量为 15%,相当于每年运输的石头达 1500 万 t,而且对大气污染也很严重。因此,今后应逐步做到供应优质燃料。

(七)合理使用能源

各种不同品质的能源要合理供应,对口使用,做到各得其所。例如:优质能源石油应当用于运输机械,因为煤用于蒸汽机车的热效率只有 7%,而内燃机车的热效率却可达到 20% 左右。当前,我国石油还要作化工原料等其他用途,发展内燃机车受到限制,因此机车应当逐步实现电气化。煤炭主要供发电用,在电站中燃煤与燃油的电站效率相差不大。我国已发现的地热资源,一般温度较低,只适用于供热。农村用燃料,除供应必须的煤炭外,应大力发展沼气,沼气既是能源,又可做肥料。

(八)多种能源互相补充

综合利用我国农村广大,人口众多,能源短缺。今后除薪柴、秸秆等生物质能

的利用外,还要考虑水能、风能、太阳能以及沼气等的综合利用,从而节约相当数量的常规能源。

四、具体节能措施

(一) 节约煤炭

在我国能源结构中,煤占70%以上,这是符合我国能源资源特点的。我国现在煤炭年产量约为12亿t,主要用于工业锅炉、火电站、工业炉窑、民用炊事及蒸汽机车五个方面,就节约煤炭而言,可以从以下几方面来考虑。

1. 工业锅炉大型化

到2005年底,我国约有60万台工业锅炉,年耗煤约4亿t,但锅炉平均热效率仅60%左右,原因是锅炉容量小、效率低、污染大、煤耗高。而国外工业发达国家工业锅炉的平均效率为80%左右。若将我国工业锅炉的效率提高到国外先进水平,每年可少用煤约9 000万t。我国平均单台锅炉的蒸汽产量不到2 t/h,而国外锅炉单台容量>40 t/h,且机械化、自动化程度高,热效率高,均有水质处理及除尘装置,大气污染轻。因此,采取集中供热、热电联供或分片供热系统以取代分散的小锅炉,不仅有利于提高锅炉效率,而且减少大气污染、改善环境。

2. 电机组现代化

我国发电量现在80%为火电,2000年全国平均供电煤耗414 g/(kW·h),比工业国家约多1/3,主要原因是火电设备落后,热效率低。据初步计算,现有中低压机组若以30万kW亚临界压力机组代替,可节约原煤3 000万t,这是很大的节能数量。因此,我国火电建设一方面需要更新中压机组,淘汰小型低压机组,但更重要的一方面是完善和发展30万~80万kW亚临界及超临界压力机组,进一步提高经济性和可靠性;兴建一定数量的热电站、热电联产,提高煤炭的利用效率。

3. 城市煤气化

全国城镇民用炊事用煤利用效率很低,只有15%左右,若改烧煤气其效率可提高到70%。加快煤气化可先从人口集中的大城市做起。城市人口还会有所增加,但实现煤气化后,民用炊事烧煤数量基本上不需要再增加。除了焦炉附产的煤气应充分利用以及适当利用液化石油气外,必须研究煤炭气化新技术。

4. 工业炉窑高效化

我国各类工业生产及工业炉窑的热效率一般比国外先进水平低1/2左右。国内先进与落后也有差距,好的炉窑燃烧效率可达50%,而差的仅有10%~15%,新建炉窑时,应尽量选用先进炉型;进行现有工业炉和炉窑的技术改造时,还应提高自动化控制水平。

(二) 节约用油

我国当前石油供应量能否满足工农业生产需要,关键在于大力节油及依靠科

学技术的进步,提高石油的利用效率,具体包括如下措施:

1. 锅炉与工业炉窑的节油

据统计,我国以石油作为燃料,包括石油工业自用量在内,烧掉的油量占实际消费总量的1/2。其中,属于工艺上必须烧油和作为燃料的数量仅占30%,而作为一般工业锅炉和电站锅炉的燃料却占70%。这一部分石油消耗量必须大大压缩,以煤代油,凡原设计烧煤而改烧油的锅炉,一律改回烧煤;原设计烧油但有一定条件可以改烧煤的,也应尽量改烧煤。

2. 内燃机的节油

石油的最大用户将是内燃机,亦即用于交通运输、农业动力及国防。内燃机是应用范围广、热效率高的一种热力发动机,内燃机所消耗的石油,在美国达全国石油总消耗量的50%以上;在我国,目前内燃机所消耗的油约占全国石油总产量的1/3。我国现有的汽车使用内燃机,油耗很大,一般比国外同类产品高10%~15%,此外,因道路质量、使用及维修的技术水平低、内燃机带病工作,使得实际油耗比上述数字大得多。我国内燃机节能潜力是很大的,内燃机的节能措施主要有六个方面:

(1) 研制新产品。逐步淘汰落后产品要有计划地组织力量研制新产品,使之在较短的时间内投产。要根据我国的实际情况,采用新技术,应用已有成果,改进设计、提高工艺,使新产品达到较先进水平。要求内燃机的耗油率、排放率、可靠性和使用寿命接近现有的国外同类产品水平。

(2) 研制新型发动机。例如:无涡流高喷油压力直接喷射式柴油机、高增压柴油机、绝热柴油机、复合发动机、稀混合气汽油机、高压缩比汽油机和热气发动机等。

(3) 开展内燃机燃用劣质燃料的研究工作。预计今后在交通运输方面,主要还是依靠液体燃料,短期内不会改变(部分船舶和电力机车除外)。由于石油危机,各国都十分重视研究使柴油机燃用品质更低的劣质油,这不仅限于低、中速柴油机,而且有扩大至高速柴油机的趋势。

(4) 进行代用燃料的研究。由于石油短缺,美、英、日、德等国均在进行煤合成液化燃料研究,如美国已制成SRC合成燃料,推荐作为固定式柴油机燃料使用,但目前只能与柴油混合使用,还存在不少问题(如着火性差、污染问题等),有待研究解决。甲醇可从煤、天然气或城市废物中制取,是一种很有前途的代用燃料。从国内外研究试验的初步结果来看,甲醇用于柴油机虽比较困难,但存在可能性。

(5) 内燃机的余热利用。充分利用内燃机的余热是内燃机节能的一个方面。内燃机把有机燃料的热能转变为机械能而加以利用后,可以通过排气涡轮增压器把内燃机排气中的余热进行二次利用,这样使能量获得梯级利用,大大提高能源的利用效率。

(6)开展用微处理机控制最佳运行参数。这种控制技术主要是对发动机参数进行监控,并利用反馈系统使发动机处于最佳运行状况,使燃料消耗经常保持在最佳值。产品质量低是油浪费的根本原因,导致油耗高,寿命短,可靠性差。此外,由于发动机与机具配套不合理而造成的油耗也很大。为了提高质量,必须加强关键零部件、附件及其有关工艺、材料的研究改进工作,并组织好零部件的专业化生产,如高压油泵、喷油器、化油器、增压器、活塞、活塞环、缸套及滤清器等。

(三)节约用电

近几年,我国发电量增长很快,中国电力企业联合会统计快报数据显示,我国2000年全年发电量13 500亿kW·h;2002全年发电量16 541亿kW·h;2004年全年发电量达到21 870亿kW·h,比2003年增长了14.8%。节电包括输电、配电以及一切用电设备的节约和效率的提高。它们的范围甚为广阔,技术措施多种多样,科学理论涉及面亦宽。现将主要的节电途径分述如下:

1. 输配电节电

影响电网内部能量消耗的因素很多,如用电量增加而个别电力网系统中电网建设却落后;系统之间的联络线和远距离输电部分增加;从电源至用电中心的平均输电距离加大;无功功率补偿率降低;电网电压等级下降;在有负载下,变压器和电压调节器均未得到充分利用等。这些可以通过相应措施来改造电网系统,例如:

(1)提高供电电网电压输送同样的负荷。

(2)增设联络线改建电网,增设联络线,并适当加大电线电缆的截面尺寸。

(3)调整变压器的容量,调整到与用电相适应的规格。

(4)减少无功电流的远距离输送。

2. 电动机节电

电动机的用途最广,在全部发电量中,约有60%左右为电动机所用,因此电动机的节能问题影响极大。不仅要考虑提高电动机的设计效率,而且对运行方式、输出功率的选择、负载侧效率的提高等要进行综合考虑。因此要注意:

(1)电动机容量要合理,选择电动机的额定容量应根据负载的需要正确选择。因一般电动机在90%~100%负载时效率最高。

(2)电动机不应在空载下运行。

(3)电动机轻载时的节电问题。如果感应电动机的负载没有达到额定值的40%,可将三角形的定子绕组换接成星形。这时相电压降低到原来的$1/\sqrt{3}$,电动机的功率就降为额定的1/3,电动机的功率因数因此提高。

(4)相位补偿法提高功率因数。如果受生产情况的限制,全部电气设备处于低功率因数运行状况,则可用相位补偿法来达到提高功率因数的目的,通常是将电力电容器与电动机并连接于电网,以提高功率因数,也可用同步补偿机与电动机并连接于电网来提高功率因数。

3. 热处理电炉节电

热处理电炉是大量用电的设备之一。电炉的节电措施可以从提高电炉的生产率、降低热力损耗及余热利用等多方面来进行:

(1)应尽量做到集中开炉,连续作业。如果部件待料或操作人员休息时间较长,则应停炉。

(2)电炉工作时,应该在满负载条件下工作,从而降低加热产品单位的耗电量。在强迫通风的低温电炉中,应当考虑如何安放制品,以便热空气能够自由地通过它,从而提高生产率。

(3)减轻装料盘(箱)或夹具的质量。装料盘箱或夹具在制品加热时,有时要一起入炉加热,其质量和尺寸必须尽可能减小。出料以后可以将装料盘(箱)及夹具立刻放进绝热室,保持温度以利再用。

(4)减少电炉中热量的损失。炉衬必须用绝热材料,不允许用炉渣、沙子等来代替。电炉表面应涂银粉漆。

4. 金属弧焊机节电

电焊过程中的损耗很大,这些损耗是由于电焊机本身、焊接电路、工艺过程不正确以及生产组织不善等原因造成的。因此要注意如下几个方面:

(1)设备利用方面,杜绝电焊变压器空载。空载期间,应将电焊变压器的电路切断或安装一个当电弧间断时能自动断开电路的开关。

(2)减少阻抗线圈的匝数,可以提高电焊机的工作效率。

(3)工艺方法方面,工作之前应该熟悉焊接的工艺过程、焊缝尺寸和公差以及焊接规范。

(4)采用高生产率的电焊方法,如埋弧焊法和加大焊接规范,提高焊接电流的电流量,以提高生产率。

5. 照明节电

(1)照明系统方面节能包括:节电墙壁上装开关,当不需要照明时应随手关灯,采用日光控制系统。

(2)光源节能方面:采用荧光灯代替白炽灯。就荧光灯来说,为了提高发光效率或改善光色,可以改变荧光物质的类别,可以在管内充以不同种类的气体,可以增加管内的压力,也可以改为冷阴极等,诸如三波长发光型显色荧光灯、氪氩混合气体荧光灯、高压钠灯、冷阴极荧光灯等。

(四)蒸汽管网系统节能

目前,我国蒸汽管网系统(不包括热电站)的年燃煤总量达 3.1 亿 t 标准煤,已占全国燃煤总量的 1/3,而整个系统的热能利用效率只有 30% 左右,相当于蒸汽系统总能耗的 1/2 以上。蒸汽管网的节能将会从根本上减少同一负荷下的锅炉燃煤量,减少对环境的污染。目前,我国蒸汽管网系统节能存在的主要问题:①蒸汽泄漏严重,每年泄漏蒸汽总量约为 10 亿 t,约合 2 000 万 t 标准煤;②约有 70% 的凝结水未回收而直接排放到地下,仅此一项,每年浪费的锅炉软水就有 15 亿 t,由此浪费的能源每年约 1 500 万 t 标准煤;③管网中的关键产品质量不过关。

今后我国蒸汽管网系统节能工作的重点应当是,提高燃烧效率(包括提高锅炉效率、空气预热和排烟处理);减少蒸汽泄漏(包括疏水阀、阀门管件、填料垫片、遥控监测和堵漏维护);增加凝结水回收(包括系统设计、产品优选、集中控制和安装维护);减少散热损失(包括保温设计、保温材料、保温施工和维护管理);提高用热效率(包括提高换热效率、余热回收利用、温度控制、压力调节、二次蒸汽利用和空气排放等)。

(五)水泥工业节能

建材工业是国民经济发展的支柱产业之一,水泥工业是其重要组成部分。2000 年我国水泥总产量达 6 亿 t,居世界首位。据统计,我国每年生产各类建材需要消耗 2 亿多 t 标准煤,并排放可观的粉尘和废气,仅水泥、石灰生产每年就排放 27 亿 t,其粉尘和废气对周围环境产生重大影响。

水泥工业的能耗主要包括由熟料烧成的热耗和粉磨过程的电耗。粉磨技术的发展和粉磨设备的革新对水泥生产节电方面起着关键性的作用。目前,发达国家在水泥工业的环保、节电、节煤、生产规模以及工业废渣和生活垃圾综合利用等方面均已达到了相当高的水平。水泥工业已成为传统重工业中进入绿色工业范围的工业之一,水泥也逐步成为产品节能型的绿色材料。水泥工业节能方面的新技术如下:

(1)悬浮预热预分解技术,尤其是高固气比悬浮预热器技术、外循环式预分解技术以及高效篦式冷却技术,可望使水泥熟料的烧成热耗比传统的回转窑降低 50%。立磨、辊筒磨、辊压机和选粉机等技术的综合利用,使水泥电耗下降 30%。

(2)工业废渣、建筑垃圾、生活垃圾等作为生产水泥熟料的原料或水泥成品的掺和料及燃料,使水泥产品逐步变为环保型的绿色产品,水泥工业也由污染产业逐步变为环保产业。资源是社会发展的最重要物质基础,水泥工业只有尽可能地减少能耗和各项消耗,消除或尽量减少一切污染,最大限度地利用各种废渣、废料和废水,实现生产过程生态化,变污染工业为绿色工业。

第三节 可再生能源和新能源的开发和利用

随着常规能源的消耗和短缺,寻求使用新的能源已成为必然。在高速增长的经济环境下,必须寻求一条可持续发展的能源道路,大力开发利用太阳能、风能等新能源与清洁能源。使能源、经济与环境的发展相互协调,实现可持续发展的目标。在今后 20 年左右的时间内,风力发电、太阳能热水器和发电、生物质能利用等技术可以逐步具备与常规能源竞争的能力。这些技术都有利于减少排放温室气体和环境保护,并有望成为本世纪清洁能源供应的一种有效选择。

一、风能

(一)风能概述

风能来自太阳能。太阳能照射到地球表面,地球表面各处受热不同产生温差,从而产生大气的对流运动,风能是地球表面大量空气流动所产生的动能。据计算,大气及海洋中的对流运动拥有 3.7×10^{14} W 的功率,其中一部分转换为风能。地球表面可以利用的风能为 100 亿~300 亿 (kW·h)/a。在各种替代能源中,风能技术是最成熟的。

(二)风能发电简介

以风能为资源的电力开发对环境的影响十分小,在转换成电能的过程中,只降低了气流速度,没有给大气造成任何污染,具有显著的环境友好特性,是典型的清洁能源。在四级风区(20~21.4 km/h),一座 750 kW 的风电机,与同规模的热电厂相比,平均每年减少热电厂 1 179 t 的 CO_2、6.9 t 的 SO_2 排放。2000—2005 年,全球在风能开发方面的投资总额将达 270 亿美元。根据美国风能协会估计,2002 年全球累计风电装机总量已达 31 万 MW,发电量足以满足相当于 750 万个美国家庭的电力需求,其中欧洲的风能装机总量增长幅度达 33%,居全球风能的前列(表 4-8)。

表 4-8 世界不同国家的装机总量(单位:MW)

国家	2001 年度全部装机容量	2002 年度新增装机容量	2003 年度全部装机容量
德国	8 754	3 247	12 001
西班牙	3 337	1 493	4 830
丹麦	2 489	4 97	2 880
英国	4 74	87	552
美国	4 275	410	4 685
印度	1 507	195	1 702
中国	400	68	468

注:摘自美国和欧洲风能协会统计。

(三)风力发电技术的发展趋势

当前,风力发电机组向大容量、优良的发电质量、提高材料利用率、减少噪音、降低成本、提高效率的方向发展。主要表现在以下方面:

1. 风能资源的测试与评估

国外已经对风能资源的测试与评估开发出很多先进的测试设备和评估软件,在风电场选址,特别是微观选址方面已经开发了商业化的软件。如丹麦 RISΦ 国家研究实验室开发的用于风电场微观选址的资源分析工具软件——WASP,美国 True Wind Solutions 公司开发的 MeaoMap 和 Site Wind 风能资源评估系统等。国外还对风力机和风电场的短期及长期发电预测做了很多研究,精确度可达 90% 以上。

2. 风力发电装备和制造技术

(1)机组容量不断增大。20 世纪 80 年代初,商品化风电机组的单机容量以 55 kW 为主,80 年代中期到 90 年代初发展到以 100～450 kW 为主,90 年代中后期以 500 kW～1 MW 为主。目前,单机容量最大的风电机组是由德国 Repower 公司生产的,容量为 5 MW。预计 2010 年将开发出 10 MW 的风电机组,对容量在 2 MW 以上的机组欧洲主要考虑在海上安装。

(2)气动功率调节方式的改进。气动功率调节是风力发电机组的关键技术之一。风力发电机组在超过额定风速(一般为 12～16 m/s)以后,由于机械强度和发电机、变频器容量等物理性能的限制,必须降低风轮的能量捕获,使功率输出保持在额定值附近,同时减少叶片承受载荷和整个风力机受到的冲击,保证风力机不受损害。

(3)变速运行风力机的发展。风力机的输出功率主要受 3 个因素的影响:可利用的风能、发电机的功率曲线和发电机对变化风速的响应能力。目前,市场上恒速运行的风电机组一般双速运行。西班牙生态技术公司则采用两个容量相同的异步发电机的恒速风力发电机。恒速运行的风力机控制简单,可靠性好,其缺点是由于转速基本恒定,而风速经常变化,风能得不到充分利用。变速运行的风电机组一般采用双馈异步发电机或多极同步发电机。双馈电机的转子侧通过功率变换器连接到电网。该功率变换器的容量仅为电机容量的 1/3,并且能量可以双向流动,与恒速运行比较,变速运行具有桨距调节简单化、能吸收阵风能量、系统效率高、输出功率波动小及运行噪声小的优点。

(4)无齿轮箱系统的应用。齿轮传动不仅降低风电转换效率并产生噪音,更是造成机械故障的主要原因,为减少机械磨损还需要润滑清洗等定期维护。采用无齿轮箱的直驱方式,虽然提高了电机的设计成本,但却有效提高了系统的效率以及运行可靠性。德国在开发直驱发电机方面居于领先地位,已批量生产 1.8 MW 的直驱发电机组,并正在试验 4.5 MW 的原型机。

3. 风电与电网的兼容

风力发电能够顺利并入一个国家或地区电网的电量,主要取决于电力系统对供电波动反应的能力。很多涉及现代欧洲电网系统的评估表明,电网系统中风电容量占 20% 并不存在技术问题。但是,当大规模的风电并入电网以后,风电与电网之间的相互影响及相互作用规律还需要进一步研究。

二、太阳能

(一) 太阳能概述

太阳能是一种清洁的、可再生的能源,取之不尽,用之不竭。人类大约在 3 000 多年以前就开始利用太阳能,但对太阳能进行大规模的开发利用,是近 50 多年的事。目前,已知的其他能源(如风能、海洋能、地热能等)都直接或间接来自太阳能。太阳辐射是地球上各种能源的主要来源。从太阳辐射到地面的能量为 173×10^9 MW,是第一类能量,它衍生出风能、波浪能和生物质能;第二类是由于万有引力的关系,地球上海洋受太阳和月亮引力的影响而产生的潮汐能,潮汐能与太阳辐射能相比是微不足道的;第三种能量是地球本身内部积蓄的能量,主要是地球中的物质自然衰变而释放出来的能量,通过传导、火山爆发和温泉喷流而传到地面上来的,这种能量不足太阳辐射能的 $2/10^4$。

(二) 太阳能集热器热水器

收集太阳能并高效率地使它转换为热能,是太阳能利用的主要问题。通常我们将收集太阳光的部分称之为集热器。

近年来,由于太阳能热水器产业的迅速发展。其核心部件集热器的结构及质量大为改进,提高了对太阳光的吸收率,同时采用高性能的保温材料,减少了散热率。集热器一般均采用真空集热管,它是双层玻璃太阳能真空集热管。真空集热管采用选择性吸收涂层覆在内管的外表面构成吸热体,把太阳能转换为热能,具有极高的吸收率和极低的散热率。全玻璃真空太阳能集热管是采用热冲性能好、强度高的硼硅特种玻璃制作的,内管外表面覆盖选择性吸收涂层,该涂层对太阳光吸收率高达 93%,在 −20 ℃ 下可正常运行。太阳能热水器主要有以下几种类型:

1. 固定式热水器

固定式热水器结构简单,价格便宜,安装方便。封闭式热水器的水盛放在一个密闭容器内,相对于水平面倾斜适当的角度,让太阳能在一年内大体上以垂直或近似于垂直的角度照射在集热器上。

2. 循环式热水器

循环式热水器的特点是热水以某一速度在集热器的管内循环,可分为自然循环(单管式、多管组合式)、强迫循环和强迫流动三种类型。其基本原理在于,集热板吸收太阳热,通过热传导传给集热管,使管内水的温度上升,而水密度变小,通过连接管流入热水箱;另一方面,热水箱下方水的温度较低、密度较大,经过连接管流入各集热管。这种作用是在集热器表面接受太阳能,而集热器内的水温上升期间不断产生的。当水温升到一定的程度以后,水温的升高与热损耗相等时,达到热平衡,集热器内的水温也就停止上升,此时自然循环即停止。

(三)太阳能采暖与制冷

太阳能采暖系统是由集热、蓄热、供热和辅助热源几部分组合而成,其中集热子系统由太阳集热器和循环系统组成。在集热系统和供热子系统之间设有蓄热子系统,这是因为太阳辐射热密度不大、不规则,可能集热的时间范围未必一定,更未必能与产生热负荷的时间范围一致,所以要用水、碎石或砖等作为蓄热器的材料蓄热。在太阳能采暖系统中,集热器是最主要的部件,太阳能采暖系统可分为两种情况:一种是采暖设备和供热水设备彼此完全分离的方式;另一种是采暖和供热水一体化的方式,采暖用集热器的最佳倾角为所在地区的纬度加15°左右,供热水用的集热器的最佳倾角约等于该地区的纬度。

太阳能制冷、采暖、供热水系统中,太阳能制冷的历史不长。1957年美国人开始试制氨-水系统吸收制冷机和聚光集热器,1966年澳大利亚人试制了水-溴化锂系统吸收制冷机和平板集热器,其后若干年以日本和美国为中心,相继建成了一大批以制冷、采暖或仅以制冷为对象的太阳房。至1977年,日本建成的这种太阳房已经达到30幢以上。在研究太阳能驱动制冷时,从它与集热器热效率的关系来看,加热热水的温度颇为重要,根据计算,用75～100 ℃热水工作的水-溴化锂系统热水加热吸收制冷机的性能系数最好。

(四)太阳能发电

太阳能发电主要有两种方式:热发电和光发电。太阳能热发电是利用太阳能辐射,通过热能与机械能的转换而发电。光发电是利用光电效应把太阳能直接转换成电能。

1. 太阳能热发电

太阳能热发电技术是利用太阳能产生热能,再转换成机械能与电能。太阳热发电系统是由集热系统、热传输系统、蓄热器热交换系统以及汽轮机、发电机系统组成。与一般火力发电站相比,太阳能发电站只是把锅炉换成太阳能集热系统。

2. 太阳光发电和太阳能电池

太阳光发电就是利用光电效应将光能有效地转换成电能,太阳能电池通常具有PN结二极管。现在实际使用的太阳能电池,大都是以硅作为原料制成的,而且大都用于宇宙空间中作为人造卫星的电源,仅在输送电困难的海上、山区、边远地区等有少量的应用。因太阳能电池的价格非常昂贵,太阳能电池的应用范围相对较窄。太阳能电池类型很多,如单晶硅电池、多晶硅电池、非晶硅电池、硅化镉电池、砷化锌电池等。

三、生物质能

(一)生物质能概述

生物质能顾名思义就是来源于生物质的能量。生物质是对动物、植物、微生物活体物质的总称。

目前,生物质能是世界第四大消费能源,作为一种广泛的可再生能源,生物质能在地球上储量非常丰富,据计算,地球上每年经光合作用固定的生物质能达到1 800亿 t标准煤量,是一个巨大的能源宝库。位于石油、煤和天然气三大常规能源之后,占世界总能耗的11%。

不同国家和地区生物质能消费在总能耗中所占比例差别很大,发达国家普遍在3%左右,如美国为4%,芬兰、瑞典和奥地利较高,分别为18%、16%和13%;而整个发展中国家占有的比重较大,为33%,在非洲地区更高,达55%。但是在发展中国家生物质能的利用率低,以作为燃料直接燃烧为主。中国生物质资源丰富,目前生物质能消费约占总能耗的15%。我国生物质能资源理论储量非常丰富,生物质能总量约合5亿t标煤,约为一次性能源的14%,是我国仅次于煤炭、石油和天然气的第4位能源资源,在能源系统中占有重要地位。我国生物质能资源主要包括薪材、秸秆、畜粪和垃圾,这些资源的共同特点是能量密度低、分布广泛。与国外相比,我国生物质能技术还存在较大差距,生物质能的利用率较低。

(二)生物质能利用技术

1. 直接燃烧发电技术

直接燃烧通常是指直接燃烧取得热能,这是人类利用生物质能最原始,也是最广泛的方式。但最大的问题是利用效率低,直接燃烧的热效率仅为10%~20%,而且还会污染环境。

如今,一种更高效的燃烧利用方式——直接燃烧生物质发电,已经在一些国家广泛利用。目前,用于直接燃烧发电的生物质主要是秸秆,也有用木屑、蔗渣以及谷壳作燃料的。秸秆燃烧发电在欧洲一些国家已成功运用了10多年。目前,以生物质为燃料的小型热电联产(装机容量为1万~2万 kW)已成为瑞典和丹麦的重要发电及供热方式。如瑞典2002年的能源消费量为7 300万 t标准煤,其中可再生能源为2 100万 t标准煤,约占能源消费量的28%。丹麦在生物质直接燃烧发电方面成绩更显著,丹麦的BWE公司率先研究开发了秸秆生物质燃烧发电技术,迄今在这一领域仍是世界最高水平的保持者,2002年丹麦能源消费量约2 800万t标煤,其中可再生能源为350万 t标准煤,占能源消费的12%。在可再生能源中生物质所占比例为81%。生物质燃烧发电技术现已被联合国列为重点推广项目。

生物质也是我国广大农村的传统燃料。为充分利用我国丰富的秸秆资源，2004年经国家发改委批准，山东省单县、河北省晋州和江苏省宿州三地引进国外先进技术，分别建设了3个秸秆发电示范项目，建成后将填补我国在这方面的空白。

2. 沼气技术及沼气发电技术

沼气是各种有机物在适宜的温度、湿度条件下，经过厌氧菌等微生物的发酵作用而产生的一种可燃性气体，主要成分为甲烷，含量可达60%~80%，是一种较高热值($20\,800 \sim 23\,600\,kJ/m^3$)的气体，发展中国家以农作物秸秆和禽畜粪便为原料生产沼气，这种小型沼气池的产气率较低，一般约为$0.1 \sim 0.4\,m^3/(m^3 \cdot d)$，发达国家的沼气技术已达到较高水平，中温和高温下的产气率平均可达$5\,m^3/(m^3 \cdot d)$。

沼气发电的主要原理是利用沼气推动内燃机或汽轮机发电。该项技术在发达国家已较成熟，百kW量级的沼气发电机组的发电量可达$1.4 \sim 2.6\,(kW \cdot h)/m^3$，发电效率高达38%。美国在沼气发电技术和工程方面处于世界领先水平，全美国现有61个垃圾填埋场建有沼气发电装置，沼气发电装机总容量达340 MW。德国政府一直鼓励发展沼气发电技术，到2003年底已超过3 000家。我国是世界上发展沼气技术较早的国家之一，到2004年，全国525万个沼气池年产气12亿多m^3；集中供气已达8.4万户，沼气综合利用与生态农业和农村持续发展紧密结合。近年来，为了进一步改进生物质能利用技术，提高利用效率，还开展了把秸秆等农林废弃物转换为优质气体、液化燃料等新技术的研究和开发，并已建成一些示范工程。

3. 生物质气化及发电

生物质气化装置主要由两部分组成：第一部分为气化炉；第二部分为燃气净化装置。气化炉是生物质气化的主要设备，生物质在气化炉中发生热解反应、燃烧反应及气化反应，产生气化气。

生物质气化技术的发明是生物质能利用方式上的一个重大突破，将固态的生物质能转化为可燃性气体后成为一种清洁、高效的新能源，扩大了利用范围，并可替代煤气等常规气体燃料。主要应用于：①生物质气化集中供气。将转化的可燃性气体，通过管道输送到用户，作为居民炊事、取暖等生活用气。②生物质气化发电。把生物质转化为可燃气体后，再利用可燃气体推动燃气发电设备进行发电。

目前，发达国家的生物质气化技术和设备的研制已达到了较高水平。美国在生物质气化发电技术方面处于世界领先地位，全美国有350多座生物质气化发电站，装机容量超过10 000 MW。奥地利成功地推行利用木材剩余物气化发电的区域供电计划，已有装机容量为$1\,000 \sim 2\,000$ kW的区域供电站$80 \sim 90$个。我国的生物质气化研究和应用起步比较早，早在20世纪40年代，用木炭气化炉发生气驱动的汽车就已在我国许多城市使用;从20世纪70年代末80年代初开始,在气化技术和装置研究方面取得一系列重要突破,生物质气化集中供气技术上已达到国际领先水平。

4.生物质液化技术

生物质液化是指将生物质转化为液体燃料的过程。从产物来分,生物质液化可分为制取液体燃料(乙醇和生物油等)和制取化学品。由于制取化学品需要较为复杂的产品分离与提纯过程,技术要求高,且成本高,目前国内外还处于实验室研究阶段。从工艺上分,生物质液化又可分为生物化学法和热化学法。生物质液体燃料可以作为清洁燃料直接代替汽油等石油燃料,并可应用于燃油发电机进行发电,目前主要有以下几种技术:

(1)热解液化制取生物油。它是在完全缺氧或有限供氧的情况下,使生物质受热降解为液态生物油的一种技术。国际上最早于20世纪80年代开展生物质热解液化技术的研究,如今已被认为是最具发展潜力的生物质能技术之一,美国、新西兰、日本、德国、加拿大等国家都先后开展了此项研究开发。加拿大西安大略大学开发的生物质直接超短接触液化技术,大规模工业化生产成本仅为50加元/t(约合人民币300元/t),是生物质液化技术的重大突破,其生产成本已可与常规的化石燃料相竞争。

(2)生物化学法生产燃料乙醇。生物质制燃料乙醇,即把木质纤维素水解制取葡萄糖,然后将葡萄糖发酵生成燃料乙醇的技术。纤维素水解只有在催化剂存在的情况下才能显著地进行,常用的催化剂是无机酸和纤维素酶,由此分别形成了酸水解工艺和酶水解工艺。目前,世界上大规模生产乙醇的原料主要有玉米、小麦和含糖作物等。但从原料供给及社会经济环境效益来看,用含纤维素较高的农林废弃物生产乙醇是比较理想的工艺路线。随着以基因技术为代表的现代科技的推广应用,用纤维素废物生产乙醇的工艺日渐成熟,可望在未来十年内完成工业化进程。

乙醇作为汽油代替品早已为世界许多国家所重视。巴西是发展燃料乙醇工业最快的国家,也是世界上唯一不供应纯汽油的国家。巴西用甘蔗渣生产燃料乙醇,年产量达1 000万t,其中97%用于汽车燃料,约占该国汽车燃料的50%;美国是居世界第二位的燃料乙醇生产国,目前美国70%的汽车燃料是"乙醇汽油"(乙醇10%,汽油90%)。随着技术的成熟和生产成本的降低,生物质燃料乙醇将在不久的将来成为石油最有可能的替代品。

(3)生物柴油。生物柴油又称脂肪酸甲酯,以植物果实、种子、植物导管乳汁或动植物脂肪油、废弃的食用油等作原料,与醇类(甲醇、乙醇)经交酯反应获得。生物柴油有两大优点:①可生物降解,无毒性残留;②具有可再生性,可以从大豆、油菜籽、棉籽等油料作物，从茶籽、油棕等油料林木果实以及动物油脂、食用废油等生物的油脂中再生提取利用。

发达国家从20世纪50年代末60年代初就开始对生物柴油进行较系统的研究，美国是最早研究生物柴油的国家，目前总生产能力达30万t/a。生物柴油B20被列为重点发展的清洁能源之一；欧盟还将生物柴油作为实现减少空气污染和温室效应的重要手段加以推广，2003年欧盟各国的生物柴油年产量达到230万t。如今，发达国家还不断在能源作物的引种栽培、基因改良以及建立"柴油林场"等方面均获得突破性进展，如美国国家可再生能源实验室通过基因工程技术，所谓"工程微藻"，即硅藻类的一种"工程小环藻"。在实验室条件下可使"工程微藻"中脂质含量增加到60%以上，户外生产也可增加到40%以上，而一般自然状态下微藻的脂质含量为5%～20%。"工程微藻"中脂质含量的提高主要由于乙酰辅酶A羧化酶（ACC）基因在微藻细胞中的高效表达，在控制脂质积累水平方面起到了重要作用。目前，正在研究选择合适的分子载体，使ACC基因在细菌、酵母和植物中充分表达，还进一步将修饰的ACC基因引入微藻中，以获得更高效表达。利用"工程微藻"生产柴油具有重要经济意义和生态意义，其优越性在于：微藻生产能力高、用海水作为天然培养基可节约农业资源；比陆生植物单产油脂高出几十倍；生产的生物柴油不含硫，燃烧时不排放有毒害气体，排入环境中也可被微生物降解，不污染环境，发展富含油质的微藻或者"工程微藻"是生产生物柴油的一大趋势，该技术为生物柴油的生产开辟了新的途径。我国于20世纪80年代开始用植物油生产生物柴油的试验研究，但与国外相比，我国在发展生物柴油方面长期徘徊在初期研制阶段，尚未形成生物柴油的产业化。

思考题

1. 简述能源的定义以及能源的分类方法。
2. 简述当前我国的能源政策及其产生的历史背景。
3. 分析当前我国能源利用效率较低的原因。有哪些提高能源利用效率的宏观调控措施？
4. 简述风能的定义并分析当前世界风能发电的发展趋势。
5. 简述生物质能的定义。生物质能技术包括几大类别？简要分析生物质液化技术的发展状况。

第五章 清洁的产品

清洁产品是指在生命周期全过程中,资源利用效率高、能源消耗低,以及对生态环境和人类健康基本无害的产品。其内涵与清洁生产目标是一致的,因此,清洁产品是清洁生产的基本内容之一。

清洁产品不仅体现了清洁生产过程中各物质材料的利用效率,而且作为一个纽带,将生产、消费与环境保护紧密地联系在一起,是人类实现可持续发展的重要途径。

随着环境保护意识和可持续发展思想的深入人心,人们对产品的环境质量要求越来越高,消费观念也在发生变化,崇尚自然、追求健康已成为生活及消费的潮流,并且常以"绿色"来表达这一理念,例如人们常将具有环境友好特征的清洁产品称为"绿色产品"(Green Product)。

第一节 绿色产品的概念

一、绿色产品的定义

绿色产品,又称环境协调产品(Environmental Conscious Product,ECP),是相对于传统、而不注重环境保护的产品而言的。"绿色产品"一词最早出现在美国20世纪70年代的《互不干涉污染法规》中。经过近20年的发展,虽然人们根据自己的理解,对绿色产品进行过多种定义,但由于对产品"绿色程度"的描述和量化特征还不够明确,因此目前还没有公认的权威定义,现在主要有如下几种描述:

(1)绿色产品是指以环境和环境资源保护为核心概念而设计生产的可以拆卸并可分解的产品,其零部件经过翻新处理后,可以重新使用。

(2)绿色产品是指那些旨在减少部件数量、合理使用原材料并使部件可以重新利用的产品。

(3)绿色产品是当其使用寿命完结时,部件可以翻新和重复利用或能被安全地处理掉的产品。

(4)绿色产品是从生产到使用,乃至回收的整个过程,都符合特定的环境保护要求,对生态环境无害或危害极少,以及能作为资源进行再生或回收循环再利用的产品。

以上各种定义表述虽不尽相同,但基本内容均表现为:绿色产品应有利于保护生态环境,不产生环境污染或使污染最小化,同时有利于节约资源和能源,而且以上特征应贯穿在产品生命周期全过程的各个环节之中。综上所述,绿色产品可定义为:绿色产品是指能满足用户使用要求,并在其生命循环周期(原材料制备、产品规划、设计、制造、包装及发运、安装及维护、使用、报废回收处理及再使用)中能经济性地实现节省资源和能源,极小化或消除环境污染,且对接触者(生产者和使用者)具有良好保护的产品。

绿色产品的丰富内涵在环境保护方面主要体现在以下几方面:

(1)环境友好性。它是指产品从生产到使用乃至废弃、回收、处置的各个环节都对环境无害或危害甚小。因此,绿色产品生产企业在生产过程中选择的原料、采用的生产工艺均应是对环境影响小的,绿色产品在使用时不产生或很少产生环境污染,不对使用者造成危害,报废后在回收处理过程中很少产生废弃物。

(2)材料资源的最大限度利用。绿色产品应尽量减少材料的使用量和种类,特别是减少使用稀有、昂贵或有毒、有害的材料。这就要求从产品设计开始,就要考虑在满足产品基本功能的前提下,尽量简化产品结构,合理选用材料,并使产品中各种零部件能最大限度地得到再利用。

(3)能源的最大限度节约。绿色产品在其生命周期的各个环节所消耗的能源应最少,能量使用量减少,既节约了资源,也减少了对环境的污染。因此,资源及能源的节约利用本身就是很好的环境保护手段。

二、绿色产品的类型

1. 按使用类别划分

按使用类别绿色产品可划分为食品、洗涤用品、机动车、照明、家电、服装、建筑材料、化妆品、染料等几种类型。

虽然目前绿色产品的种类较多,但产品主要集中在汽车、食品、电器等领域。

2. 按产品生命周期环节特征划分

按产品生命周期环节特征划分,绿色产品包括以下几种类型:

(1)回收利用型:如经过翻新的轮胎,再生纸等。

(2)低毒低害物质型:如低污染油漆和涂料,不含汞的锂电池等。

(3)低排放型:低排放雾化油燃烧炉,低排放、少污染印刷机等。

(4)低噪声型:低噪声摩托车,低噪声汽车等。

(5)节水型:节水型冲洗槽,节水型清洗机等。

(6)节能型:太阳能产品及机械表,高隔热型窗玻璃等。

(7)可生物降解型:生物降解膜或塑料,易生物降解的润滑油等。

三、发展绿色产品的意义

自 20 世纪 70 年代以来,工业化的高度发展带来的环境污染问题,不仅影响生态环境的质量,而且直接危及人类的生存与健康。加强环境保护、改善人类的生存环境、实现人类的可持续发展,已成为人们的共同要求。绿色产品是以环境和环境资源保护为核心概念而设计生产的产品,因此绿色产品的发展,对实现环境的可持续发展有着重要的意义。

1. 发展绿色产品有利于环境保护

产品作为联系生产与生活的一个纽带,与当前人类所面临的生态环境问题有着密切的关系。过去由于产品生产只注重于其使用价值,而忽略了原料采用、生产过程中的"副产品"以及使用过后的处理等过程对环境产生的不良影响,因而容易造成产品生产及使用后对环境的污染。

绿色产品实行的是全过程控制,始终将节约资源、能源及保护环境的理念和方法融入产品的设计、生产及使用后的管理中,强调保护生态环境,实现最大限度地减少对环境的污染。

2. 发展绿色产品有利于资源的可持续利用

绿色产品在选用资源时,不但考虑资源的再生能力和不同时段的配置问题,而且考虑尽可能使用可再生资源;在设计时,尽可能保证所选用的资源在产品的整个生命周期中得到最大限度的利用,力求产品在整个生命周期循环中资源消耗量和浪费量最少。在选用能源类型时,尽可能选用太阳能、风能、天然气等清洁型能源,有效地缓解不可再生能源的危机。

3. 发展绿色产品有利于经济发展

随着人们环境意识的不断提高,绿色产品将逐渐被人们所接受,并将成为社会消费的主流。通过消费者的选择和市场竞争,引导企业自觉调整产业结构,生产环境友好产品,形成改善环境质量的规模效应,促进经济发展。

随着国际经济贸易一体化进程的不断深入,绿色产品将在提高产品的国际竞争力、促进我国出口贸易等方面起到积极的作用,也将会成为我国主要的出口创汇产品,推动我国经济的发展。

第二节 产品的生态设计

一、产品生态设计的概念

1. 生态设计的概念

生态设计(eco-design)是 20 世纪 90 年代初由荷兰公共机关和联合国环境规划署提出的一个环境管理领域的新概念。它融合了经济、环境、管理和生态学等多学科理论,是推行循环经济发展模式的有效途径,这种绿色战略意义具体表现为能够节约资源、有效利用能源以及保护环境。

产品生态设计的出现是可持续发展思想在全球得到共识与普及的结果。产品生态设计不但改变了传统生产模式,也将改变现行消费方式,因此已引起了国际产业界的广泛关注及参与。在欧洲和美国,大量的生态设计公司纷纷成立,国际上的一些著名公司都在开展相应的研究发展计划,如 IBM 公司的"环境设计计划"、道化学公司的"减少废弃计划"、Chevroint 公司的"节约资金、减少毒气计划"等。目前有关国际组织已开始着手制定全球性生态产品设计的技术文件和标准,其中 10 个标准已经进入国际标准草案阶段,生态设计将是 21 世纪非常热门的学科和技术。

生态设计,也称绿色设计或生命周期设计或环境设计,它是一种以环境资源为核心概念的设计过程。生态设计是指将环境因素纳入产品设计之中,在产品生命周期的每一个环节都考虑其可能产生的环境负荷,并通过改进设计使产品的环境影响降低到最小程度。

生态设计从保护环境角度考虑,能减少资源消耗,是实现可持续发展战略的重要途径,并且可以真正地从源头开始实现污染预防,构筑新的生产和消费系统。从商业角度考虑,可以降低成本、减少潜在的责任风险,以提高竞争能力。

总之,产品的生态设计可以提高企业的环境形象,无论是在环境方面还是在商业方面,均可能有助于企业在竞争中赢得机会。

2. 生态设计理念

传统的产品设计主要考虑的因素有:市场消费需求、产品质量、成本、制造技术的可行性等,很少考虑节省能源、资源再生利用以及对生态环境的影响。它没有将生态因素作为产品开发的一个重要指标,因此制造出来的产品使用过后,对废弃物没有有效的管理、处置及再生利用的方法,从而造成严重的资源浪费和环境污染。而产品生态设计,要求在产品及其生命周期全过程的设计中,充分考虑对资源和环境的影响,在考虑产品的功能、质量、开发周期和成本的同时,优化各有关设计因素,实现可拆卸性、可回收性、可维护性、可再用性等环境设计目标,使产品及其制造过程对环境的总体影响减到最小,资源利用效率最高。

生态设计的实施要考虑从原材料选择、设计、生产、营销、售后服务到最终处置的全过程,是一个系统化和整体化的统一过程。在实施生态设计策略时,应该遵守如下几个基本原则。

(1)非材料化:由于人类生存环境资源的有限性,要求产品设计中尽量减少原材料的使用,如尽量减小产品的尺寸;用无形的服务代替有形的产品,以满足客户的同一需求,如利用计算机网络代替传统的纸张通信和传真。这样,在同样满足需求的前提下,资源、能源的消耗可以大幅度减少。

(2)产品共享性:产品通过使用来满足人们的需求,但对于部分产品来说,可能在某些特定的时间段内被使用,而其他时间段内这种产品往往处于闲置状态,从而造成资源的浪费。生态设计鼓励生产出可以被多个客户共享的产品,这样可以提高产品的利用率,提高整个社会的生态效率。

(3)功能多样化:当一种产品拥有多种功能时,就可以减少资源和能源的浪费,提高整个社会对资源的利用效率。例如:可同时接收电话、传真和进行扫描及复印的多功能办公设备。

(4)功能最优化:在有些情形下,综合考虑一个产品的主要功能和辅助功能时,就会发现某些部件是多余的。生态设计应当实现产品功能的最优化,找出更能减少资源使用和环境污染的影响因素及环节。例如:适度、简洁的产品包装,不仅避免了许多高质量的包装物的浪费,还会减少固体垃圾所带来的问题。

二、生态设计的策略

生态设计是以节约资源和环境保护为宗旨的设计理念和方法,因此要求产品的设计人员首先应具有很强的环境意识,只有这样才能够设计出对环境友好的产品。

绿色产品生命周期包括五个过程:①产品的设计开发过程;②产品的制造与生产过程;③产品的使用过程;④产品维护与服务过程;⑤废弃淘汰产品的回收、重复利用及处理处置过程。因此,在绿色产品设计时,应遵循以下的生态设计原则(策略)。

1. 选择环境影响小的材料

选择环境影响小的材料包括:①清洁的材料。在生产、使用和最终处置过程中,选择产生有害废物少的材料。②可更新的材料。指可以通过地球本身的新陈代谢而得到更新的材料,尽可能少用或不用诸如化石燃料、铜等来自矿藏的原料。③耗能较低的材料。选择在提炼和生产过程中耗能较少的原料,这就要求尽量减少对能源密集型金属的使用。④可再循环的材料。指在产品使用过后可以被再次使用的材料,这类材料的使用可以减少对初级原材料的使用,节省能源和资源(如水、钢铁、铜等),但需要建立完善的回收机制。

2. 减少材料的使用量

产品设计尽可能减少原材料的使用量,从而实现节约资源,并减少运输和储备的空间,减轻由于运输而带来的环境压力,如产品的折叠设计可以减少对包装物的使用及减少用于运输和储藏的空间。

有时为了增加产品的安全感和稳定感,设计人员会在设计中故意增加产品的尺寸和重量。在绿色产品的设计中,通过先进技术的应用可以达到这一目标。如建筑业中采用的新型结构梁设计,不仅刚度增加了,而且大大减少了梁的材料使用量及其重量。

3. 生产技术的最优化

生态设计要求生产技术的实施尽可能减少对环境的影响,包括减少辅助材料的使用和能源的消费,将废物产生量控制在最小值。通过清洁生产的实施,改进生产过程,不仅实现公司内部生产技术的最优化,还应要求供应商一同参与,共同改善整个供应链的环境绩效。生产技术的最优化可以通过以下方式实现:

(1)选择替换技术。选择需要较少有害添加剂和辅助原料的清洁技术或选择产生较少排放物的技术以及能最有效利用原材料的技术。

(2)减少生产步骤。通过技术上的改进减少不必要的生产工序,如采用不需另行表面处理的材料和可以集成多种功能的元件等。

(3)选择能耗小和消费清洁能源的技术。如鼓励生产部门使用包括天然气、风能、太阳能和水电等可更新的能源及采用提高设备能源效率的技术等。

(4)减少废物的生成。通过改进设计及实现公司内部循环使用生产废弃物等方法来实现。

(5)生产过程的整体优化。包括通过生产过程的改进,使废物在特定的区域形成,从而有利于废物的控制和处置以及清洁工作的进行;加强公司的内部管理,建立完善的循环生产系统,提高材料的利用效率。

4. 营销系统的优化

这一战略追求的是确保产品以更有效的方式从工厂输送到零售商和用户手中,这往往与包装、运输和后勤系统有关。具体措施如下:

(1)采用更少的、更清洁的和可再使用的包装,以减少包装废物的生成,节约包装材料的使用和减轻运输的压力。如建立有效的包装回收机制和减少PVC包装物的使用,以及在保证包装质量的同时,尽可能减少包装物的重量和尺寸等。

(2)采用能源消耗少、环境污染小的运输模式。由于陆地运输环境影响大于水上运输,汽车运输环境影响大于火车运输,而飞机运输环境影响是最大的。因此,在可能的情况下,尽量选择对环境影响小的运输方式。

(3)采用可以更有效利用能源的后勤系统,包括要求采购部尽可能在本地寻找供应商,以避免长途运输的环境影响;提高营销渠道的效率,尽可能同时大批量出货,以避免单件小批量运输;采用标准运输包装,提高运输效率。

5. 减少消费过程的环境影响

产品最终是用来使用的,应该通过生态设计的实施尽可能减少产品在使用过程中造成的环境影响。具体措施如下:

(1)降低产品使用过程中的能源消费。如使用耗能最低的元件、设置自动关闭电源的装置、保证定时装置的稳定性、减轻需要移动产品的重量以减少为此付出的能源消费等。

(2)使用清洁能源。设计产品以风能、太阳能、地热能、天然气、低硫煤、水力发电等清洁能源为驱动,减少对环境污染排放。

(3)减少易耗品的使用。许多产品的使用过程需消耗大量的易耗品,应该通过设计上的改进以减少这类易耗品的消耗。

(4)使用清洁的易耗品。通过设计上的改进,使消费清洁的易耗品成为可能,并确保这类易耗品对环境的影响尽可能小。

(5)减少能源和资源的浪费。产品设计应使用户更为有效地使用产品和减少废物的产生,包括通过清晰的指令说明和正确的设计,避免客户对产品的误用,鼓励设计不需要使用辅助材料的产品以及具有环境友好性特征的产品。

6. 延长产品生命周期

产品生命周期的延长是生态设计策略中最重要的一个内容,因为通过产品生命周期的延长,可以使用户推迟购买新产品,避免产品过早地进入处置阶段,提高产品的利用效率,减缓资源枯竭的速度,符合可持续发展原则。具体措施如下:

(1)提高产品的可靠性和耐久性。可以通过完美的设计、高质量材料的选择和生产过程严格控制的一体化实现。

(2)便于修复和维护。可以通过设计和生产工艺上的改进减少维护或使维护及维修更容易实现,此外建立完善的售后服务体系和对易损部件的清晰标注也是必要的。

(3)采用标准的模式化产品结构。通过设计努力使产品的标准化程度增加,在部分部件被淘汰时,可以通过及时更新而延长整个产品的生命周期,如计算机主机板的插槽设计结构使计算机的升级换代成为可能。

7. 产品处置系统的优化

产品在被用户消费使用后,就会进入处置阶段。产品处置系统的优化策略指的是再利用有价值的产品元部件和保证正确的废物处理。这要求在设计阶段就考虑使用环境影响小的原材料,以减少有害废物的排放,并设计适当的处置系统,以实现安全焚烧和填埋处理。具体措施如下:

(1)产品的再利用。要求产品作为一个整体尽可能保持原有性能,并建立相应的回收和再循环系统,以发挥产品的功能或为产品找到新的用途。

(2)再制造和再更新。不适当的处置会浪费本来具有使用价值的元部件,通过再制造和再更新可以使这些元部件继续发挥原有的作用或为其找到新的用途,这要求设计过程中注意应用标准元部件和易拆卸的连接方式。

(3)材料的再循环。由于投资小,见效快,再循环已成为一个常用策略。设计上的改进可以增加可再循环材料的使用比例,从而减少最终进入废物处置阶段材料的数量,节省废物处置成本,并通过销售或利用可再循环材料带来经济效益。

(4)安全焚烧。当无法进行再利用和再循环时,可以采取安全焚烧的方法获取能量,但应通过焚烧设计上的改进减少最终进入环境的有害废物数量。

(5)废物填埋处理。只有在以上策略都无法应用的情况之下,才能采用这一策略,并注意处置的正确方式,应避免有害废物的渗透以威胁地下水和土壤,同时进入这一阶段的材料比率应为最低。

三、产品生态设计案例

1. 中国办公家具

(1)项目。哈尔滨工程大学和哈尔滨四达家具实业公司合作开发项目,其目的在于降低四达公司产品对环境的影响。项目组设计的参照产品是一个在隔断方面有突出作用的办公室装备系统,最终设计出一种比较廉价、易于生产和有吸引力的办公室家具系统。

(2)环境优点。与具有同类功能的产品相比,质量减轻46%,生产能耗降低67%,脲醛树脂使用减少36%。

(3)一般优点。办公室布局更灵活、效率更高,隔墙具有半透明(传播白天光线)和吸音特性。

2. 哥斯达黎加的高能效照明系统

(1)项目。哥斯达黎加圣何塞市的SYLVANIA公司为中美洲市场开发照明系统。公司开展该项目的目的是降低其产品的环境影响,具体表现为降低能耗,提高产品质量。这种生态设计不仅对该产品的环境影响产生积极效果,而且也提供了良好的营销机会。

(2)环境改善。与同类产品相比,质量减轻42%,能耗降低65%,汞含量降低50%,涂料用量减少40%,铜用量减少65%,体积减少65%。

(3)一般改善。提高美学价值;降低成本;产品灵活,充分利用人类工程学原理,提供不同的功能和风格。

第三节 产品的环境标志

一、环境标志的概念

环境标志(Environmental Mark)是指由政府管理部门、社会或民间团体依据一定的环境标准,向有关申请者颁发其产品或服务符合要求的一种特定的标志。

环境标志(也称为绿色标志),是一种产品的证明性商标,它表明该产品不仅质量合格,而且在生产、使用和处理处置过程中符合环境保护要求,与同类产品相比,具有低毒少害、节约资源等环境优势。通过消费者的选择和市场竞争，引导企业自觉调整产业结构，采用清洁工艺，生产对环境有益的产品，形成改善环境质量的规模效应，最终达到环境保护与经济协调发展的目的。

二、环境标志发展简介

1. 国外环境标志进展

绿色产品的概念是 20 世纪 70 年代在美国政府起草的环境污染法规中首次提出的，但真正的绿色产品首先诞生于联邦德国。1987 年该国实施一项被称为"蓝色天使"的计划，对在生产和使用过程中都符合环保要求，且对生态环境和人体健康无损害的商品，由环境标志委员会授予绿色标志，这就是第一代绿色标志。

国外对于环境标志有多种称呼，而且每个国家都有各自不同的环境标志图。例如：德国的"蓝色天使"、北欧的"白天鹅"、美国的"绿色印章"、加拿大的"环境选择"、日本的"生态标签"等，国际标准化组织将其统称为环境标志（图 5-1～图5-5）。

目前，德国绿色标志产品已达 7 500 多种，占其全国商品的 30%。欧洲、美国、加拿大、日本以及我国的台湾省等 30 多个国家和地区也实施了环境标志，只有经过严格认证，获得绿色标志（或称环境标志）的产品才是绿色产品。

继 1987 年德国之后，日本、美国、加拿大等国也相继建立自己的绿色标志认证制度，以保证消费者自识别产品的环保性质，同时鼓励厂商生产低污染的绿色产品。目前，绿色商品涉及诸多领域和范围，如绿色汽车、绿色电脑、绿色相机、绿色冰箱、绿色包装、绿色建筑等。

2. 中国环境标志进展

中国国家环境保护总局于 1993 年 7 月 23 日向国家技术监督局申请授权国家环境保护总局组建"中国环境标志产品认证委员会"，1993 年 8 月中国推出了自己的环境标志图形（十环标志，图 5-6），1994 年 5 月 17 日成立中国环境标志产品认证委员会，标志着中国环境标志产品认证工作的正式开始。它是由国家环境保护总局、国家质检总局等 11 个部委的代表和知名专家组成的国家最高规格的认证委员会，其常设机构为认证委员会秘书处，代表国家对绿色产品进行权威认证。2003 年，国家环境保护总局将环境认证资源进行整合，中国环境标志产品认证委员会秘书处与中国环境管理体系认证机构认可委员会（简称环认委）、中国认证人员国家注册委员会环境管理专业委员会（简称环注委）、中国环境科学研究院环境管理体系认证中心共同组成中环联合认证中心（国家环境保护总局环境认证中心），形成以生命周期评价为基础、一手抓体系、一手抓产品的新的认证平台。

第五章 清洁的产品 · 107 ·

图 5-1 德国的环境标志

图 5-2 北欧的环境标志

图 5-3 美国的环境标志

图 5-4 加拿大的环境标志

图 5-5 日本的环境标志

图 5-6 中国的环境标志

中国环境标志立足于整体推进 ISO14000 国际环境管理标准,把生命周期评价的理论和方法、环境管理的现代意识和清洁生产技术融入产品环境标志认证,推动环境友好产品发展,坚持以人为本的现代理念,开拓生态工业和循环经济。

中国环境标志要求认证企业建立融 ISO900、ISO14000 和产品认证为一体的保障体系。同时，对认证企业实施严格的年检制度，确保认证产品持续达标，保护消费者利益，维护环境标志认证的权威性和公正性。

中国环境十环标志，由中心的青山、绿水、太阳及周围的十个环组成。图形的中心结构表示人类赖以生存的环境，外围的十个环紧密结合，环环紧扣，表示公众参与，共同保护环境；同时十个环的"环"字与环境的"环"同字，其寓意为"全民联合起来，共同保护人类赖以生存的环境"。1994—2003 年，我国已颁布了包括纺织、汽车、建材、轻工等 51 个大类产品的环境标志标准，共有 680 多家企业的 8600 多种产品通过认证，获得环境标志，形成了 600 亿元产值的环境标志产品群体，我国的环境标志已成为公认的绿色产品权威认证标志，为提高人们的环境意识、促进我国可持续消费做出了卓越贡献。我国加入 WTO 以后，绿色壁垒将成为我国对外贸易中的新问题，环境标志必将成为提高我国产品市场竞争力、打入国际市场的重要手段。

三、环境标志产品范围

环境标志产品是以保护环境为宗旨的产品。从理论上讲，凡是对环境造成污染或危害，但采取一定措施即可减少这种污染或危害的产品，均可以成为环境标志的对象。由于食品和药品更多地与人体健康相联系，因此国外在实施环境标志制度时，一般不包括食品和药品。

根据产品环境行为的不同，环境标志产品可分为以下几种类型：

(1)节能、节水、低耗型产品。
(2)可再生、可回用、可回收产品。
(3)清洁工艺产品。
(4)可生物降解产品。

四、环境标志的类型

由于各国或组织分别拥有自己的环境标志，对"绿色产品"缺乏统一的规范管理，1999 年国际标准化组织出台了 ISO14020 系列标准，对世界各国的产品和服务环境行为评价原则和方法做出规定，对绿色产品、绿色服务、绿色市场的科学定位和内涵予以规范，提出了三种环境标志计划(类型)，在防止贸易技术壁垒的总目标下构筑了一个完整的环境标志计划体系。

为实施国家技术战略，中国商品学会向全社会推出了产品和服务环境标志及声明系列配套技术标准，努力实现两个接轨：①实现与国家产品质量标准的接轨，颁布了 26 个 Ⅰ 型环境标志配套技术标准、12 个 Ⅱ 型环境标志声明导则和 2 个 Ⅲ 型环境标志导则及 31 类环境信息声明细则，这些配套技术标准的颁布，实现了与国家产品质量标准的接轨，解决了目前市场上部分绿色产品评定标准与国家标准重叠或指标存在矛盾的问题；②实现与国际环境标志和声明标准的接轨，颁布了

ISO14020系列国际标准配套技术标准,大量采用各国先进的环境标志与声明指标,力图实现与国际标准全面接轨,使我国绿色产品与服务的评价标准既体现中国特色,又与世界同步。

1. Ⅰ型环境标志

Ⅰ型环境标志执行ISO14024标准,该标准由国际标准化组织于1999年4月正式颁布,目前世界各国开展的环境标志计划主要为此种类型。中国于2001年正式将ISO14024标准等同转化为GB/T24024国家标准。此标准规定,选择有环境规模效应的产品和服务,制定技术指标,通过第三方认证,用市场手段促使其达标。

在产品方面,如涂料VOC指标逐步降低;纺织品从健康指标发展到可持续农业指标;家用制冷器具从替代破坏臭氧层物质到节能、节水、生态设计;洗涤用品从替代磷酸盐到多项健康指标等等,通过产品的质量与环境行为"双优",推进人与自然的和谐发展和环境质量的改善。

Ⅰ型环境标志对每一类产品,配备一套完整的、具有高度科学性、可行性、公开性、透明性的标准,凡是符合标准的产品,即表明其基于生命周期考虑,具有整体的环境优越性。中国Ⅰ型环境标志如图5-7所示。

2. Ⅱ型环境标志

Ⅱ型环境标志执行ISO14021标准,该标准于1999年9月15日颁布,1999年11月正式成为国际标准。中国于2001年正式将ISO14021标准等同转化为GB/T24021国家标准。中国Ⅱ型环境标志如图5-8所示。

Ⅱ型环境标志,限定了企业在广告用语和对外声明上的12个许可范围。许可声明"减少废物量"、"节能"、"节约资源"、"节水",体现减量化原则;许可声明"延长使用寿命"、"可重复使用和充装",体现再使用原则;许可声明"可拆解设计"、"再循环"、"再循环含量"、"使用回收能量",体现再循环原则;对于不体现"3R"原则的物质,许可使用"可降解"、"可堆肥"的声明,体现无害化原则,这一标准意在导向更深层次的"再循环经济"。

这12个自我环境声明体现了循环经济的全部内涵。之所以选择这12个声明,并不意味着它们在环境上比其他声明重要,而是由于它们是目前、正在或今后可能被广泛使用的声明类型。

3. Ⅲ型环境标志

Ⅲ型环境标志执行ISO14025标准,中国于2000年正式将ISO14025标准等同转化为ISO/TR14025国家标准。我国Ⅲ型环境标志如图5-9所示。

图 5-7　Ⅰ型环境标志　　　　图 5-8　Ⅱ型环境标志　　　　图 5-9　Ⅲ型环境标志

Ⅲ型环境标志,规定用生命周期清单和生命周期影响评估两种方法为产品和服务进行环境标志审核和声明公告,强调产品质量指标与环境指标的双优。通过信息清单展示产品和服务所有的特色、优势和卖点,卖的明白,买的也明白,最适应市场经济和互动操作。在开列生命周期信息清单时,强调生产、处置中的再使用、再生产、再处理,变传统的能源、资源单向流为循环流,把企业层次的小循环公告社会,促进社会层面的大循环。

在Ⅲ型环境标志声明中,至少可以包含三种类型的信息:通过生命周期清单分析获得的生命周期清单信息;通过生命周期影响评价获得的生命周期影响评价信息;通过其他环境分析工具所获得的其他环境信息。各个国家和组织根据实际情况的不同,可以选择声明中的一种信息、两种信息或三种信息全部包括。

我国目前所开展的Ⅲ型环境标志属于包括生命周期清单信息及其他环境信息,但以其他环境信息(主要指有毒物质、回收利用等信息)为主的类型。

4. Ⅰ型、Ⅱ型和Ⅲ型环境标志的区别与关系

Ⅰ型、Ⅱ型和Ⅲ型环境标志的认证、验证和评估均属企业的自愿性行为,其范围包括产品和服务。

Ⅰ型环境标志偏重于产品和服务的终端是否达标,Ⅱ型环境标志偏重于产品和服务过程环境行为是否先进,Ⅲ型环境标志则覆盖产品和服务的生命周期过程,把质量指标与环境指标融为一体。三种环境标志的认证组成了一套完整的环境行为评价系统,给生产方提供了展示自身环保理念、产品质量、服务优势的机会,为公众和采购方对产品和服务的选择提供了便利,是推动循环经济和可持续发展市场化的重要手段。

Ⅰ型环境标志,仅能向消费者表明,该种产品或服务符合一定的标准,得到认证。但具体符合什么样的标准,表面上看不出来,而且,由于各国的标准存在着较大的差异,在国际贸易中,容易造成绿色贸易壁垒。

Ⅱ型环境标志,允许对外声明的 12 个许可范围内容,可以出现在产品或包

装标签上或写于产品文字资料、技术公告、广告、出版物、电话销售及数字或电子媒体(如因特网)等载体上的说明及符号或图形。这种环境标志在使用时能明确给消费者传达其环境优越性的信息,便于消费者购买产品时参考。这些说明、符号或图形没有地域性差别,从表观上确定了不可能造成绿色贸易壁垒。

Ⅲ型环境标志,其形式是一个量化的产品环境生命周期信息简介,内容详细,便于消费者购买产品时参考,但需要对量化的产品信息简介上附加解释性说明,才能使普通消费者理解其叙述内容。由于各国的检验方法和技术水平的不同,仍存在着形成绿色贸易壁垒的隐患,有待于检验方法和机构的国际互认。

三种形式的环境标志计划各有侧重点,强调以Ⅱ+Ⅲ+Ⅰ,Ⅱ+Ⅲ等组合形式展示企业的卖点,因此可以使企业根据自己的竞争优势,有针对性地选择不同类型的环境标志和声明计划或不同类型计划的组合,对产品或服务进行认证、声明或公告,在消费市场上全面展示自己产品的特色,从而达到提高企业市场竞争力的目的。

五、环境标志的作用

1. 在消费者和生产者之间构建起诚信保证平台

环境标志产品(也称绿色产品),是经过独立第三方认证的产品,表明产品是在一定的标准指导下生产,其质量符合相应的要求。因此,环境标志的使用能够在生产者和消费者之间建立起产品质量和环境保护的诚信关系,为实现消费者通过产品消费支持环境保护的意愿提供了有效途径。

2. 提高消费者的环境保护意识,推动可持续消费

在选择产品类别和制定标志授予标准的过程中,多数经济合作与发展组织成员国的环境标志计划,都鼓励消费者尽可能地参与,宣传工具也刺激消费者在购买产品时注意它的环境影响。随着人们环境保护意识的不断提高,越来越多的人都自觉投身到环境保护的行动之中。环境标志产品,成为推动公众参与的有力工具。每个消费者用自己对商品的选择影响着绿色产品的发展,为环境保护做出自己的贡献。

3. 打破绿色壁垒,促进产品出口

国际标准化组织出台的ISO14020系列标准,对绿色产品、绿色服务、绿色市场的科学定位和内涵予以规范,提出的三种环境标志计划(类型),在防止贸易技术壁垒的总目标下构筑了一个完整的环境标志计划体系。因此,面对绿色壁垒,环境标志必将成为提高我国产品市场竞争力、打入国际市场的重要手段。

4. 通过市场调节,改变企业形象

有环境标志的产品在市场上取得的较好经济效益,与公众的购买倾向是密不可分的,而环境问题将成为衡量产品销路的一个重要因素。通过市场供需原

理,企业会尽一切力量满足消费者的需求,通过增加销售量而获得更多的利润。在当今竞争激烈的国际贸易市场上,环境标志就像一张"绿色通行证"在贸易界扮演着一个越来越重要的角色。为此,企业也会顺应市场发展的需求,不断调整产业结构,并促使其在生产过程中,从产品到处置的每个阶段都注意对环境的影响,改变企业形象,以提高产品竞争力。

六、实施环境标志制度的方法

环境标志的实施一般以相关的法律为保证,政府参与管理机构设置,同时也参与环境标志计划的实施。但不同的国家,政府的参与程度有所不同。

到目前为止,所有的环境标志计划都有一笔由政府支付的启动经费。在环境标志计划实施中,政府给予财政立法、宣传教育等方面的支持,但在具体的管理行为上各国则有所不同。在日本的环境标志计划中,负责环境标志的两个委员会均为环境署下属的机构,因此日本环境标志的决定权掌握在政府手中。在德国、加拿大,这些职能则由政府部门和民间机构分别承担。德国的环境标志评审委员会对确定产品的种类和产品标准具有绝对的决策权。加拿大的评审委员会同样负责确定产品种类和制定产品标准,但加拿大增加了标准最后由国家环境部长颁布的环节。澳大利亚的计划由消费者组织和民间机构分别承担。而在挪威、瑞典和芬兰,必须将评审委员会评审出的产品类别与标准交北约联盟环境协调委员会做最终裁决。在法国,计划依赖于标准化协会,该协会负责全过程管理,但标准必须由政府批准颁布。

尽管环境标志是自发的市场手段,但它的实施必须由政府领导和参与。这可以加强环境标志的管理,确保标志的可靠性,发挥政府的职能作用,广泛听取各方面的意见,且对公众高度负责;更重要的是可以增加环境标志的权威、透明度与可信度。

在中国当前实际情况下,环境标志计划是以政府参与为主体,通过在政府、企业和消费者之间架起的绿色桥梁,传递有关环境保护的信息。

中国环境标志的实施有以下特点:

(1)认证委员会代表国家对绿色产品实施第三方认证,既不属于制造方又不属于使用方,公正客观,在技术和管理上保持高度的权威性。

(2)认证制度符合市场机制的要求,采取自愿认证的方式,通过市场作用来体现环境产品的优势。

(3)认证工作与国际惯例接轨,便于开展国际间的互认工作。

七、环境标志的法律保证

环境标志制度是建立在信息引导和市场自由竞争基础上的,在经过探索、试验后,必然会存在一个从政策引导到制定法律的过渡问题。环境标志除被社会所接受外,需要以一种具有稳定性、普遍性的社会规范形式(法律形式)存在。目前,我国已转入市场经济的轨道,环境标志制度借用市场经济的竞争机制,在生产经营者自愿的基础上生产销售被认定为有益环境的产品,以增强该产品在市场上的竞争力;同时,消费者在选择商品时以个人的环保意识和直接的参与行为,来影响生产经营者努力增加在产品的生产、处置各环节的环保投入,以此收到最佳的经济效益和环境效益。经济手段是保护环境的有效方法,法律规定则是保护环境、保证环境标志制度顺利实行的可靠保证。

1. 国外环境标志的立法保证

虽然各国的法律体系不尽相同,但环境标志计划之间却有很多相似的法律规定。大部分国家的环境标志计划都聘请法律顾问,依照法律规定把环境标志登记注册为商标,与使用标志者签订合同,防止错误使用标志,保护标志计划的顺利实施。

环境标志被注册登记为商标,以便保护它的非行政性和防止不正当的使用,各国的做法不完全相同。在德国,商标所有权归联邦环境自然保护和核安全部;在日本,所有权归环境协会。实践证明,这种商标保护方式对防止"假冒"的环境标志产品是非常必要的。

许多环境标志计划中也建立了后续行为法律程序,对于不当使用环境标志的行为都制定了处罚措施,以保证环境标志的正确使用。如澳大利亚的标志计划中建立了仲裁机构,由四个标志评审团成员组成,决定对不当使用标志的行为做出适当反应,该机构可以决定警告违反合同的团体或提出调停。不管仲裁机构的决定如何,商家均可在法庭上控告其认为是对其采取了不正当竞争行为(如未获环境标志而自行张贴标志的行为)的违法者。

2. 我国环境标志的商标保护

我国的环境标志计划采取的法律保障措施,主要是对环境标志进行商标注册、与申请使用环境标志的生产者签订环境标志使用合同书,相应受我国商标法和合同法的保护。

(1)环境标志商标属证明商标,证明生产某产品的厂商的身份、商品的原料、商品的功能或商品质量的标记。使用这种商标的商品,其生产、经营者自己不得注册,需由商会、实业或其他团体申请注册,申请人(商标所有人)对于使用该证明商标的商品质量具有鉴定能力,并负有保证其质量的责任。大多数国家的商标法中规定:证明商标不得转让、租借、抵押,不得作为强制执行措施的对象,同时还对使用证明商标者,违反该商标章程的行为和假冒证明商标的行为,应当承担的法律责任做出明确规定。

我国环境标志符合证明标志的所有条件,是一种典型的证明商标。由国家技术监督局授权的"中国环境标志产品认证委员会"已于1994年5月17日正式成立，认证委员会依据已颁发的《中国环境标志产品认证委员会章程》和《环境标志产品认证管理办法》开展认证工作，同时中国环境标志图形已确定，并已由"中国环境标志产品认证委员会"作为申请人在国家商标局对其进行了注册，从而使我国环境标志图形取得了注册商标专用权，认证委员会则是此认证商标的所有人。

(2)我国法律对环境标志的商标保护：我国现有的法律中与环境标志保护有关的法律主要有：《中华人民共和国商标法》、《中华人民共和国产品质量法》和《中华人民共和国反不正当竞争法》。

《中华人民共和国商标法》规定：经商标局核准注册的商标为注册商标，包括商品商标、服务商标和集体商标、证明商标；商标注册人享有商标专用权，受法律保护。

《中华人民共和国商标法》中有关证明商标的定义是："证明商标，是指由对某种商品或者服务具有监督能力的组织所控制，而由该组织以外的单位或者个人使用其商品或者服务，用以证明该商品或者服务的原产地、原料、制造方法、质量或者其他特定品质的标志。"

《中华人民共和国商标法》第40条规定，需要使用注册商标的人要与商标注册人签订"商标使用许可合同"，并保证使用该注册商标的商品质量："商标注册人可以通过签订商标使用许可合同，许可他人使用其注册商标。许可人应当监督被许可人使用其注册商标的商品质量。被许可人应当保证使用该注册商标的商品质量。"另外，该法律还在52~59条对商标侵权行为及对侵权行为的制裁都做了明确的规定。

《中华人民共和国产品质量法》在"总则"中作为一条原则规定："禁止伪造或者冒用认证标志、名优标志等质量标志。"在第二章"产品质量的监督管理"中第9条和第11条对产品质量认证制度的建立原则和方法、产品质量检测机构等做出规定；第三章中规定"生产者、销售者不得伪造或者冒用认证标志、名优标志等质量标志"；第五章"罚则"中对违反有关规定的行为处罚的办法做出规定。

《中华人民共和国反不正当竞争法》第5条规定："经营者不得假冒他人的注册商标。也不得在商品上伪造或冒用认证标志、名优标志等质量标志。"这一规范市场主体行为的法律界定了"不正当竞争行为"(如假冒注册商标、伪造或冒用认证标志和虚假广告)，规定了市场"监督检查"制度，并明确了不正当竞争行为应承担的"法律责任"。

以上三个法律，为"环境标志"的实施创造了良好的环境，市场的有序竞争，使环境标志产品竞争优势得以充分发挥，并且随着人们环境保护意识的提高和环境标志产品被社会接受程度的提高,对环境友好的产品市场将不断扩大,生产经营者和消费者的合法权益都将获得法律保障。

3. 环境标志的合同保障

我国的"环境标志使用合同书",使环境标志的实施更具合理性与法规性。我国的"环境标志使用合同书"属格式合同,它在甲方(中国环境标志产品认证委员会秘书处)和乙方(认证申请单位)之间建立了一个共同的具有法律和债务责任的合同,其中主要对乙方如何使用环境标志、合同期限及甲方对乙方的认证监督方面做了规定。

企业申请使用环境标志完全是自愿的,同时企业只有依法签订"环境标志使用合同书",才能使用环境标志。合同自签订之日起,即具有法律效力,因此合同是对中国环境标志产品认证委员会与认证申请单位双方的一个有效的法律约束文件。

八、中国环境标志策略

环境标志的产生与发展,依赖于公众的环境保护意识,没有消费者选购环境标志产品,环境标志工作就无法开展。由于环境标志产品在生产过程中,除考虑产品的一般特性外,还要考虑产品环境因素,增加研究工作和技术的投入,因此其生产不能完全做到遵循成本最低原则。在目前情况下,环境标志产品的价格会比普通产品价格高。当前,在我国公众整体的环保意识还较差,购买倾向以产品价格为主要选择因素的情况下,企业在选择环境标志产品种类时,应充分考虑到我国公众的环境意识水平,既要使标志产品有较好的环境性能,又能吸引消费者购买,保持其强劲的市场竞争力。

我国实施环境标志的策略如下:

1. 有步骤、分阶段、逐步扩大环境标志产品实施范围

任何产品都有环境行为,不论它是在设计、生产、使用中,还是在处理、处置中,都会或多或少地与环境发生关系。根据标志产品"全过程控制"的原则,所有环境行为的产品都可以进行环境标志产品认证,所以从理论上讲,所有产品都可以纳入环境标志产品的范围。

现阶段我国主要适宜在低毒污染类、低排放类、可回收利用类、节能节水类、可生物降解类、纯天然食品类产品中开展标志工作。除此之外,对于在广告上涉及老年、妇女和儿童特殊保健作用又与环境行为有关的产品,为区别真伪,也将列入环境标志的工作范围。

2. 企业自愿申请标志产品认证

环境标志是"软的市场手段",应该是一种自愿性行为。由于目前标志产品在消费者心目中还远远没有达到足够高的地位。因此,强制性认证必将受到企业的抵制,但随着社会的进步、公众环保意识的提高,环境标志完全有可能与产品质量保证、卫生保证、安全保证一样,成为产品进入市场的必要前提和准入标准。

环境标志不同于以往的排污收费、超标处罚等环境管理手段,它将环境保护与市场经济结合起来,由企业自愿申请,可以调动企业参与环境保护的积极性,使企业由以往的被动治理,转变为主动防治,鼓励了环境行为优良的产品及其企业的发展。

3. 标志产品应体现出导向作用

标志产品是同类产品中环境性能优越的产品,从体现导向作用出发,标志产品的数量应有一个适当的比例。控制标志产品的比例,主要依靠控制标志产品技术指标的难易程度,国外又称其为标准阈值。从市场的角度考虑,较低的标准阈值会使大多数产品达到要求,则标志产品的声誉以及对消费者、制造商的吸引力将受到损害;同样,具有较高的标准阈值,意味着标志产品只能占有较小市场份额。

4. 在出口产品中开展标志工作

在出口产品中开展标志工作,是我国环境标志工作的重要方向。当前,公众整体环保意识较差,是我国现阶段实施环境标志的一个最大的制约因素;另一方面,环境标志在很多国家,被当作贸易保护的一个有力武器,许多国家严禁无环境标志的产品进口,环境标志成为国际贸易市场中的一张"绿色通行证"。因此,在出口商品中实施环境标志,对于增强产品竞争力、打破贸易保护壁垒以及扩大我国环境标志的国际影响,有着十分现实的意义。

5. 标志产品的种类尽可能与国外产品一致

国外环境标志工作已有十几年的历史,其中积累了不少经验。有选择地从国外标志产品中提出适合我国的种类,是我国开展标志工作的一条捷径,有利于与国际环境标志工作接轨,有利于我国与其他国家标志工作的经验交流,有利于国际贸易发展。

第四节　绿色食品和有机食品

一、绿色食品和有机食品产生的背景

在现代农业生产中,一方面为了追求较高的生产水平,大量投入各种物质,农业环境质量已经有不同程度的下降,使农业的可持续发展受到极大的影响。例如:由于过量施用化肥,造成江河、湖泊、水库富营养化,地下水硝酸盐污染;过分集约畜禽养殖,大量粪便堆积造成地表水及地下水污染;农药、除草剂的任意大量使用,使作物农药残留污染日益严重。另一方面,由于各种物质的大量投入,使一些农药、除草剂及重金属等随食物链传递,影响到食品的安全和人类健康,人们迫切希望农业生产体系生产出既保护环境又安全健康的食品,绿色食品(Green Food)及有机食品(Organic Food)的生产体系就在这样的背景条件下应运而生。

目前,我国的无公害农产品、绿色食品及有机产品的生态体系都是与食品安全和生态环境相关的农产品生产体系。三者之间的关系是:无公害食品关系到整个国家食品质量安全,所有食品都应该达到无害化的目标;绿色食品是在全面满足食品质量安全的前提下,能达到促进市场销售和满足环境保护的要求;有机食品是以可持续发展、环境保护为基础,追求健康生活和与自然融合的理念。

二、绿色食品

1. 绿色食品的概念及特征

(1)绿色食品的概念。绿色食品是遵循可持续发展原则,按照特定生产方式生产,经专门机构认证,许可使用绿色食品标志的、无污染的、安全、优质、营养类食品。

(2)绿色食品的特征。绿色食品与普通食品相比有三个显著特征:

①强调产品出自良好生态环境。绿色食品生产从原料产地的生态环境入手,由法定的环境监测部门对产品原料产地及其周围生态环境因子经过定点采样监测,判定其是否具备生产绿色食品的基础条件,而不是简单地禁止生产过程中化学合成物质的使用。这样,既可保证绿色食品生产原料和初级产品的质量,又利于强化企业和农民的资源及环境保护意识,最终将农产品生产和食品加工业的发展建立在资源和环境可持续利用的基础上。

②对产品实行全程质量控制。绿色食品生产实施"从农田到餐桌"全程质量控制,而不是简单地对最终产品的有害成分含量和卫生指标进行测定,从而在农业和食品生产领域树立了全新的质量观。通过产前环节的环境监测和原料检测,产中环节具体生产、加工操作规程的落实,以及产后环节产品质量、卫生指标、包装、保鲜、运输、储藏、销售的有效控制,提高全过程的技术含量,确保绿色食品的整体产品质量。

③对产品依法实行标志管理。绿色食品标志是一个质量证明商标,属知识产权范畴,受《中华人民共和国商标法》保护。政府授权专门机构管理绿色食品标志,这是一种将技术手段和法律手段有机结合起来的生产组织和管理行为,而不是一种自发的民间自我保护行为。对绿色食品实行统一、规范的标志管理,不仅使生产行为纳入了技术和法律监控的轨道,而且使生产者明确了自身和对他人的权益责任,同时也有利于企业争创名牌,树立品牌商标保护意识,提高企业

社会知名度和产品市场竞争力。

2.绿色食品标志

中国绿色食品标志是由中国绿色食品发展中心在国家工商行政管理局商标局正式注册的质量证明商标,从而使绿色食品标志商标专用权受《中华人民共和国商标法》保护,这样既有利于约束和规范企业的经济行为,又有利于保护广大消费者的利益。

与环境标志相同,绿色食品标志作为一种特定的产品质量的证明商标,其商标专用权受《中华人民共和国商标法》保护。作为质量证明商标标志,绿色食品标志有三条一般商品标志不具备的特定含义:

(1)有一套特定的标准——绿色食品标准。

(2)有专门的质量保证机构和除工商行政管理机构之外的标志管理机构。

(3)标志商标注册在产品上,只有该标志商标的转让权、授予权,无使用权。

绿色食品标准分为两个技术等级,即 A 级绿色食品标准和 AA 级绿色食品标准,生产出的食品相应称为 A 级绿色食品和 AA 级绿色食品,二者的最大区别是:A 级绿色食品在生产过程中允许限量使用限定的化学合成物质;AA 级绿色食品在生产过程中不使用任何有害化学合成物质。

我国的绿色食品标志由"绿色食品"、"Green Food"、绿色食品标志图形,分离或组合形式构成(图 5-10),目前的注册类型主要有食品及农业物资等相关产品。

中国绿色食品的四种形式

图 5-10　绿色食品标志

3.绿色食品产地及生产要求

绿色食品的生产、加工、销售全过程,是一个环境保护、无污染的产供销管理系统。绿色食品注意生产基地、环境监测、市场运行、科研教育等各子系统的联系,通过标志管理等方法宏观调控系统因子、各层次之间的平衡,使其达到一个完整的有机整体。

(1)绿色食品生产基地要求:绿色食品生产基地应选择在无污染和生态环境良好地区。基地选点应远离工矿区和公路铁路干线,避开工业和城市污染源的影响,同时绿色食品生产基地应具有可持续的生产能力。另外,生产基地还要满足绿色食品产地环境质量标准的要求。

(2)绿色食品生产要求:绿色食品的生产必须严格执行绿色食品生产的一系列标准,在标准的指导下完成绿色食品的生产、加工、储藏、保鲜和运输,并建立相应的质量管理体系,以确保标准的落实。

绿色食品的标准包括:绿色食品肥料、农药、饲料和饲料添加剂、兽药的使用原则,绿色食品添加剂、产地环境质量标准及绿色食品动物卫生准则。

4. 绿色食品认证

绿色食品认证是依据产品标准和相应技术的要求,经认证机构确认,并通过颁发认证证书和认证标志来证明某一产品符合相应标准和相应技术要求的活动。其认证具有以下几个特征:①质量认证的对象是产品或服务;②质量认证的依据是绿色食品标准;③认证机构属于第三方性质;④质量认证合格的表示方式是颁发"认证证书"和"认证标志",并予以注册登记。

绿色食品的质量管理是通过绿色食品标志许可使用的认证,引导企业在生产过程中建立质量管理体系,以补充技术规范对产品的要求。因此,绿色食品认证具有产品质量认证和质量体系认证双重性质。

三、有机食品

1. 有机食品的概念及特征

(1)有机食品的概念:根据《有机产品》(GB/T19630.1—19630.4)的标准,有机农业定义为:

遵照一定的有机农业生产标准,在生产中不采用基因工程获得的生物及其产物,不使用化学合成的农药、化肥、生长调节剂、饲料添加剂等物质,遵循自然规律和生态学原理,协调种植业和养殖业的平衡,采取一系列可持续发展的农业技术,以维持持续稳定的农业生产体系的一种农业生产方式。

有机食品:是指来自有机农业生产体系,根据有机认证标准生产、加工,并经独立认证机构认证的食品。包括粮食、食用油、蔬菜、水果、畜禽产品、水产品、奶制品、蜂产品、茶叶、酒类、饮料、调味料等。

除有机食品外,还有有机化妆品、纺织品、林产品、生物农药、有机肥料,它们被统称为有机产品。

有机食品必须具备的四个条件:

①原料必需来自已经建立或正在建立的有机农业生产体系,或者是采用有机方式采集的野生天然产品。

②产品在整个生产过程中,必须严格遵循《有机产品》(GB/T19630.1—19630.4)的生产、加工、包装、储藏、运输等要求。

③生产者在有机食品的生产和流通过程中,有完善的跟踪审查体系和完整

的生产和销售的档案记录。

④必须通过独立的有机产品认证机构的认证审查。

(2)有机食品的特征:

①有机食品在生产加工过程中,绝对禁止使用农药、化肥、激素等人工合成物质以及转基因产品;绿色食品在生产加工过程中,仅禁止使用转基因产品;无公害农产品在生产和加工过程中,对化学合成的产品及转基因产品均允许使用。

②有机食品在生产中有转换期要求。考虑到某些物质在环境中或生物体内残留,有机食品的生产(包括种植和养殖业)必须有转换期,绿色食品及无公害农产品生产中无此要求。

③有机食品在数量上进行严格控制,要求定地块、定产量,通过产品标志使用量严格控制销售量。绿色食品及无公害农产品没有如此严格的要求。

2. 有机产品标志

目前,我国的有机产品认证标志分为"中国有机产品认证标志"和"中国有机转换产品认证标志"两种。所有的有机认证产品,包括有机食品在内,在有机产品转换期内生产的产品或者以转换期内生产的产品为原料加工的产品,应当使用"中国有机转换产品认证标志",如图 5-11 所示。通过转换期后,应当使用"中国有机产品认证标志",如图 5-12 所示。

图 5-11 有机转换产品认证标志

图 5-12 有机产品认证标志

与环境标志一样,有机产品标志作为一种特定的产品质量的证明商标,其商标专用权受《中华人民共和国商标法》保护。作为质量证明商标标志,有机产品和绿色食品的标志与一般商品的标志不同。

有机产品的获证单位或者个人,应当按照规定在获证产品或者产品的最小包装上加施有机产品认证标志。

3. 有机食品产地及生产要求

(1)有机食品产地环境要求:根据《有机产品》(GB/T19630.1—19630.4)的标准,有机生产需要在适宜的环境条件下进行。有机生产基地应远离城区、工矿区、交通主干线、工业污染源、生活垃圾场等。

基地的环境质量应符合以下要求：①土壤环境质量符合 GB15618—1995 中的二级标准；②农田灌溉用水水质符合 GB5084 的规定；③环境空气质量符合 GB3095—1996 中二级标准和 GB9137 的规定。

(2)有机食品生产要求：我国《有机产品》(GB/T19630.1—19630.4)标准，以国际有机食品标准为基础，将食品安全、环境保护和可持续发展作为一个整体。因此，有机食品的生产过程必须实行全过程控制。

为保证有机食品的质量及其完整性，有机食品的生产者、加工者和经营者都必须建立与完善以 ISO9000 质量管理体系为基础的内部质量保证体系，以实施从田间到餐桌的全过程控制，确保有机食品在生产、加工、运输、储藏、销售的各个环节处于可控状态。有机管理体系包括文件、资源、内部检查、追踪体系和持续改进的管理系统，同时，建立并保持一套完整的文档记录系统，以便对生产过程进行跟踪审查。

4. 有机食品的认证

有机食品认证是依据产品标准和相应技术要求，经认证机构确认，并通过颁发认证证书和认证标志来证明某一产品符合相对应标准和相应技术要求的活动。其认证具有以下几个特征：①质量认证的对象是农产品或服务；②质量认证的依据是有机产品标准；③认证机构属于第三方性质；④质量认证合格的表示方式是颁发"有机转换产品认证证书"和"有机产品认证证书"。

有机产品的认证机构通常都有自己申请注册的认证标志，并在产品包装上注明，向消费者证明该产品是在有机标准指导下生产的、符合产品质量要求。

中绿华夏有机食品认证中心（简称 COFCC）标志图（图 5-13），采用人手和叶片为创意元素，含义包括：其一是一只手向上持着一片绿叶，寓意人类对自然和生命的渴望；其二是两只手一上一下握在一起，将绿叶拟人化为自然的手，寓意人类的生存离不开大自然的呵护，人与自然需要和谐美好的生存关系。

中国国环有机食品认证中心（简称 OFDC）标志图（图 5-14），由两个同心圆、图案以及中英文字组成。内圆表示太阳，其中的既像青菜又像绵羊的图案代表认证的植物和动物产品，外圆表示地球。整个图案采用绿色，象征着有机产品是真正无污染、符合健康要求的产品以及有机农业给人类带来了优美、清洁的生态环境。

图 5-13　中绿华夏有机食品认证中心标志　　图 5-14　国环有机食品认证中心标志

各认证机构都制定有各自的认证原则和程序,以保证认证的客观性、透明性和信任度。由于各个国家的有机食品认证标准不尽相同,因此有机食品在哪里销售,就执行哪里的标准。如有机食品销往欧洲国家,则执行《欧共体有机农业条例(2092/91)》,有机食品在国内销售,则执行《有机产品(GB/T19630.1—19630.4)》的标准。

5. 绿色食品与有机食品的区别

有机食品与绿色食品的主要区别如下：

(1)认证管理机构不同。有机食品认证由中国认证认可监督委员会认可的独立第三方认证机构进行,绿色食品认证由农业部国家绿色食品发展中心进行。

(2)生产、加工、销售依据标准不同。绿色食品的生产、加工标准是参照国际标准,同时结合中国国情,制定的《绿色食品管理办法》为主要依据;有机食品的生产、加工、销售标准,是在国际有机农业运动联盟(IFOAM),有机农业生产和粮食加工的《基本标准》基础上,结合中国国情颁布的国家标准(《有机产品(GB/T19630.1—19630.4)》)。

(3)产品的标志不同。有机食品、绿色食品均有不同的、具有特殊代表意义的、经国家注册的可在商品包装与商标同时使用的专用标志。

(4)认证方法不同。有机食品及 AA 级绿色食品认证实行检查员制度,在认证方法上是以实地检查认证为主,检测认证为辅,认证检查重点是各种农事记录、生产资料的购买及应用等记录。A 级绿色食品的认证是以检查认证和检测认证并重为原则,在环境技术条件的评价方法上,采用调查评价与检测认证的方式。

(5)认证证书的有效期限不同。有机食品认证证书的有效期是一年,绿色食品认证证书的有效期是三年。

(6)产品消费市场不同。国内市场,有机食品主要是针对收入高、生活富裕、知识层次较高的群体;国际市场,有机食品是农产品出口的优势产品。绿色食品主要针对工薪阶层或中等收入群体。无公害农产品是政府为保证大众饮食健康,对农产品实行"从农田到餐桌"的全程管理而设立的一道基本安全线,其消费群体是广大群众。有机食品与绿色食品的比较见表 5-1。

通俗地讲,有机食品是精品、绿色食品是优良品,无公害农产品是普及品。

表 5-1 有机食品与绿色食品的比较

项目	有机食品	绿色食品（A级）	绿色食品（AA级）
名称	国际常见的法定名称为"有机食品"、"生物食品"和"生态食品"	绿色食品	绿色食品
生产标准	根据 EEC2092/91,IFOAM 基本标准,FAO/WHO CODEX ALIMENTARIUS 有机食品指南标准	农业部A级绿色食品生产标准	农业部AA级绿色食品生产标准
生产环境	未受污染	未受污染	未受污染
农药、化肥等化学物质的使用	禁止使用	有限制的使用	禁止使用
基因工程技术及其生物	禁止使用	部分禁止使用	部分禁止使用
辐射处理技术	禁止使用	未作严格规定	未作严格规定
转换期	作物2～3年,畜禽几周至1年不等	不需转换期	未作严格规定
允许使用的物质	强调使用农场自产的物质,限制使用农场外的物质	未作严格规定	未作严格规定
允许物质的使用量	根据作物的需求使用,不允许污染环境	未作严格规定	未作严格规定
生产方法	开发、应用对环境无害的生产方法	无特殊规定	无特殊规定
畜禽养殖	根据畜禽的自然生活习性和土地的载畜量饲养	未作严格规定	未作严格规定
环境安全	尽最大可能保护作物、畜禽、自然动物的多样性,使水土流失等生态破坏问题减少到最小程度	未作严格规定	未作严格规定
检查认证单位	认证机构通过ISO65认可资格	无此特殊要求	无此特殊要求
认证有机食品数量	严格的控制数量（明确地块、限定养殖场规模）	没有特别规定	没有特别规定
认证证书有效期	1年	3年	3年
国际贸易	国外消费者认可有机食品,愿意高价购买	不能作为有机食品销售	不能作为有机食品销售

思考题

1. 什么是绿色产品？其主要特征有哪些？
2. 发展绿色产品的意义何在？
3. 什么是生态设计？如何理解生态设计策略的内容？
4. 何谓环境标志？三种类型环境标志有什么异同点？
5. 我国的环境标志法律保障体系是怎样的？
6. 环境标志的作用是什么？
7. 中国环境标志的实施策略是怎样的？
8. 绿色食品及有机产品的标志与一般标志的区别是什么？
9. 绿色食品及有机食品的区别是什么？

第六章　清洁生产的实施途径

第一节　清洁生产推行和实施的原则

一、清洁生产推行的原则

清洁生产是一种新的环保战略，也是一种全新的思维方式，推行清洁生产是社会经济发展的必然趋势，必须对清洁生产有明确的认识。结合中国国情，参考国外实践，我国现阶段清洁生产的推动方式，要以行业中环境绩效、经济效益和技术水平好的企业为龙头，由他们对其他企业产生直接影响，带动其他企业开展清洁生产。推进清洁生产应遵从以下基本原则：

1. 调控性

政府的宏观调控和扶持是清洁生产成功推行的关键。政府在市场竞争中起着引导、培育、管理和调控的作用，通过政府宏观调控可以规范清洁生产市场行为，营造公平竞争的市场环境，从而使清洁生产在全国范围内有序推进。政府的宏观调控不仅通过产业政策和经济政策的引导来实现，而且要完善清洁生产法制建设，通过加强清洁生产立法和执法来全面推进我国清洁生产的实施。

2. 自愿性

推行清洁生产牵涉到社会、经济和生活的各个方面，需要各行业、各企业和个人积极参与，只有通过大力宣传，使社会所有单元都了解清洁生产的优势并自愿参与其中，通过建立和完善市场机制下的清洁生产运作模式，依靠企业自身利益来驱动，清洁生产才能迅速全面推进。

3. 综合性

清洁生产是一种预防污染的环境战略，具有很强的包容性，需要不同的工具去贯彻和体现。在清洁生产的推进过程中，要以清洁生产思想为指导，将清洁生产审计、环境管理体系、环境标志等环境管理工具有机地结合起来，互相支持，取长补短，达到完整的统一。

4. 现实性

清洁生产的实施受到经济、技术、管理水平等多方面条件的影响，因此制定清洁生产推进措施应充分考虑中国当前的生态形势、资源状况、环保要求及经济技术水平等,有步骤、分阶段地推进。忽视现实条件、好高骛远、希望一蹴而就来推进清洁生产的做法最终必将失败,充分考虑清洁生产的实施要求和企业的现实条件,分步推进才是持续清洁生产的保证。

5. 前瞻性

作为先进的预防性环境保护战略,清洁生产服务体系的设计应体现前瞻性。清洁生产服务体系包括清洁生产的政策、法律、市场规则等,其制定和实施需要一定的程序,周期相对较长,修订不易,因而在制定时必需有发展的眼光,充分考虑和预测社会、经济、技术以及生态环境的发展趋势。

6. 动态性

随着科学技术的进步、经济条件的改善,清洁生产的推进有不同的内涵,因此清洁生产是持续改进的过程,是动态发展的,一轮清洁生产审核工作的结束,并不意味着企业清洁生产工作的停止,而应看作是持续清洁生产工作的开始。

7. 强制性

全面推行清洁生产是我国社会经济可持续发展的重要保障,是突破我国经济高速发展过程中的低效高耗、生态环境破坏严重等瓶颈问题,实现经济转型的重大战略决策,其推行过程中必然对某些局部利益和当前利益产生影响,因此受到抵制,这就需要在一定程度上采取强制措施,强制推行。

二、企业清洁生产实施的原则

由于不同行业之间千差万别,同一行业不同企业的具体情况也不相同,因此企业在实施清洁生产过程中的侧重点各不相同。但一般来说,企业实施清洁生产应遵循以下五项原则:

1. 环境影响最小化原则

清洁生产是一项环境保护战略,因此其生产全过程和产品的整个生命周期均应趋向对环境的影响最小,这是实施清洁生产最根本的环境目标。

2. 资源消耗减量化原则

清洁生产要求以最少的资源生产出尽可能多且社会需求的优质产品,通过节能、降耗、减污来降低生产成本,提高经济效益,这有助于提高企业的竞争力,符合企业追求商业利润的要求,因此资源消费减量化原则又是持续清洁生产的内在动力。

3. 优先使用再生资源原则

人类社会经济活动离不开资源,不可再生资源的耗竭直接威胁人类社会的可持续发展。因此,企业在实施清洁生产过程中必须遵循优先使用再生资源的原则,以保证社会经济的持续发展,同时也是企业持续发展的保证。

4. 循环利用原则

物流闭合是无废生产与传统工业生产的根本区别。企业实施清洁生产要达到无废排放,其物料在一定程度上需要实现内部循环。如将工厂的供水、用水、净水统一起来,实现用水的闭合循环,达到无废水排放。循环利用原则的最终目标是有意识地在整个技术圈内组织和调节物质循环。

5. 原料和产品无害化原则

清洁生产所采用的原料和产品应不污染空气、水体和地表土壤,不危害操作人员和居民的健康,不损害景区、休憩区的美学价值。

第二节 清洁生产实施的主要方法与途径

清洁生产是一个系统工程,需要对生产全过程以及产品的整个生命周期采取污染预防和资源消耗减量的各种综合措施,不仅涉及生产技术问题,而且涉及管理问题。推进清洁生产就是在宏观层次上(包括清洁生产的计划、规划、组织、协调、评价、管理等环节)实现对生产的全过程调控和在微观层次上(包括能源和原材料的选择、运输、储存、工艺技术和设备的选用、改造、产品的加工、成型、包装、回收、处理、服务的提供以及对废弃物进行必要的末端处理等环节)实现对物料转化的全过程控制,通过将综合预防的环境战略持续地应用于生产过程、产品和服务中,尽可能地提高能源和资源的利用效率,减少污染物的产生量和排放量,从而实现生产过程、产品流通过程和服务对环境影响的最小化,同时实现社会经济效益的最大化。

工农业生产过程千差万别,生产工艺繁简不一。因此,推行清洁生产应该从各行业的特点出发,在产品设计、原料选择、工艺流程、工艺参数、生产设备、操作规程等方面分析生产过程中减污增效的可能性,寻找清洁生产的机会和潜力,促进清洁生产的实施。近年来,国内外的实践表明,通过资源的综合利用、改进产品设计来革新产品体系、改革工艺和设备、强化生产过程的科学管理、促进物料再循环和综合利用等是实施清洁生产的有效途径。

一、资源的综合利用

资源的综合性,首先表现为组分的综合性,即一种资源通常都含有多种组分;其次是用途的综合性,同一种资源可以有不同的利用方式,生产不同的产品,可找到不同的用途。资源的综合利用是推行清洁生产的首要方向,因为这是生产过程的"源头"。如果原料中的所有组分通过工业加工过程的转化都能变成产品,这就实现了清洁生产的主要目标,见图 6-1。

这里所说的综合利用,有别于"三废的综合利用",这里是指并未转化为废料的

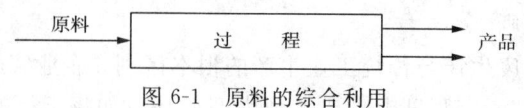

图 6-1　原料的综合利用

物料,通过综合利用就可以消除废料的产生。资源的综合利用也可以包括资源节约利用的含义,物尽其用意味着没有浪费。

资源综合利用,增加了产品的生产,同时减少了原料费用,减少了工业污染及其处置费用,降低了成本,提高了工业生产的经济效益,可见是全过程控制的关键部位。资源综合利用的前提是资源的综合勘探、综合评价和综合开发见图 6-2。

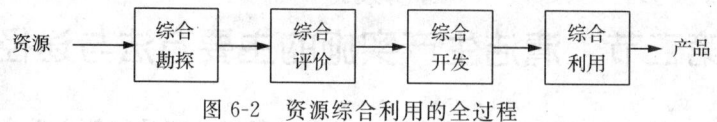

图 6-2　资源综合利用的全过程

1. 资源的综合勘探

资源的综合勘探要求对资源进行全面、正确的鉴别,考虑其中所有的成分。随着科学技术的发展,对资源的认识范围正在扩大。如 20 世纪 70 年代初,苏联学者密尔尼科夫院士提出了"综合开发地下资源"的概念。按照他的概念,地下资源包括如下内容:

(1) 矿床。它可分为单一矿体和综合矿体。前者是矿物化学组成相近的一个矿体或相近的一组矿体,后者是矿物的化学组成相差甚大的一组矿体,如矿体中有铁矿、铝土矿、白垩、沙子、黏土等。

(2) 矿山剥离废石。

(3) 选矿和冶金的废料,如选矿场的尾矿、冶金厂的炉渣、尾矿、选矿场、冶金厂的废水等;

(4) 地下淡水、矿坑水和热水,如某一铅矿山每年可供水 1 亿 m^3,用于半沙漠地区的灌溉,经济效益不在矿石之下。

(5) 地热。

(6) 天然和人工的地下洞穴,可用来安置工业设备、存放原料或受纳废料。

在勘探的时候应该顾及上述内容。

2. 资源的综合评价

资源的综合评价,以矿藏为例,不但要评价矿藏本身的特点,如矿区地点、储量、品味、矿物组成、矿物学和岩相学特点、成矿特点等,还要评价矿藏的开发方案、选矿方案、加工工艺、产品形式等,如同时要评价矿区所在地交通、动力、水源、环境、经济发展特点、相关资源状况等、综合评价的结果应贮存在全国性的资源数据库内。

3. 资源的综合开发

资源的综合开发,首先是在宏观决策层次上,从生态经济大系统的整体优化出发,从实施持续发展战略的要求出发,规划资源的合理配置和合理投向,在使资源发挥最大效益的前提下,组织资源的综合开发。其次在资源开采、收集、富集和贮运的各个环节中要考虑资源的综合性,避免有价值组分遭到损失。对于矿产资源来说,随着高品位矿产资源的逐渐耗竭,中、低品位资源高效利用技术的突破,在缓解资源危机、促进清洁生产方面的重要性将更加突出。例如:我国已探明磷矿资源总量居世界第二位,但以中低品位为主,P_2O_5 平均含量不足 17%,P_2O_5 含量大于 30% 的富矿仅占总量的 8%,国土资源部已把磷矿列为我国 2010 年后不能满足国民经济发展需要的 20 种矿产之一。在现有技术经济条件下,我国中、低品位磷矿成为一种"鸡肋"资源,"食之无味,弃之可惜"。因此,开发中、低品位磷矿资源高效利用技术已成为一项紧迫的重大战略任务,在 2006 年 6 月召开的两院院士大会上,中国工程院课题组提出 17 项重大节约工程中,"磷资源节约及综合利用工程"为其中一项。华南农业大学新肥料资源研究中心经过 10 多年的研究,研发出系列"中、低品位磷矿资源的高效利用技术",并获得 5 项国内外发明专利,该技术突破了现有磷肥生产的资源局限,无需对中低品位的磷矿进行精选,且生产过程无需加入硫酸或少量加入硫酸即可,这一新技术可望为国内处于低谷的传统磷肥注入活力,提高市场竞争力,对磷肥产业提高经济效益和磷矿资源的合理利用均具有重大的战略意义。

4. 资源的综合利用

资源的综合利用,首先要对原料的每个组分列出清单,明确目前有用和将来有用的组分,制定利用的方案。对于目前有用的组分要考察他们的利用效益;对于目前无用的组分,显然在生产过程中将转化为废料,应将其列入科技开发的计划,以期尽早找到合适的用途。在原料的利用过程中应对每一个组分都建立物料平衡,掌握它们在生产过程中的流向。

实现资源的综合利用,需要实行跨部门、跨行业的协作开发,一种可取的形式是建立原料开发区,组织以原料为中心的利用体系,按生态学原理,规划各种配套的工业,形成生产链,在区域范围内实现原料的"吃光榨尽"。

二、改进产品设计

改进产品设计的目的在于将环境因素纳入产品开发的全过程,使其在使用过程中效率高、污染少,在使用后易回收再利用,在废弃后对环境危害小。近年来,产品的"绿色设计"、"生态设计"等设计理念的贯彻实施,是清洁生产实施的重要手段。

目前,这种以"不影响产品的性能和寿命前提下尽可能体现环境目标"为核心的产品设计主要涉及以下几方面：

(1)消费方式替代设计。如利用电子邮件替代普通信函、无纸办公等。

(2)产品原材料环境友好型设计。它包括尽量避免使用或减少使用有毒有害化学物质、优先选择丰富易得的天然材料替代合成材料、优先选择可再生或次生原材料等。

(3)延长产品生命周期设计。它包括加强产品的耐用性、适应性、可靠性等以利长效使用以及易于维修和维护等。

(4)易于拆卸的设计。其目的在于产品寿命完结时，部件可翻新和重新使用，或者可安全地把这些零件处理掉。

(5)可回收性设计，即设计时应考虑这种产品的未来回收及再利用问题。它包括：可回收材料及其标志、可回收工艺及方法、可回收经济性等，并与可拆卸设计息息相关。如一些发达国家已开始执行"汽车拆卸回收计划"，即在制造汽车零件时，就在零件上标出材料的代号，以便在回收废旧汽车时，进行分类和再生利用。

三、革新产品体系

在当前科学技术迅猛发展的形势下，产品的更新换代速度越来越快，新产品不断问世。人们开始认识到，工业污染不但发生在生产产品的过程中，有时还发生在产品的使用过程中，有些产品使用后废弃、分散在环境中，也会造成始料未及的危害。如作为制冷设备中的冷冻剂以及喷雾剂、清洗剂的氟氯烃，生产工艺简单，性能优良，曾经成为广泛应用的产品，但自1985年发现其为破坏臭氧层的主要元凶后，现已被限制生产和限期使用，由氨、环丙烷等其他对环境安全的物质代替氟氯烃。

以甲基叔丁基醚(MTBE)替代四乙基铅作为汽油抗爆剂，不仅可以防止铅污染，而且还能有效提高汽油辛烷值，改善汽车性能，降低汽车尾气中CO含量，同时降低汽油生产成本。因此，自20世纪90年代初至今，MTBE的需求量、消费量一直处于高增长状态，目前世界汽油用MTBE年产能力超过2 100万t。然而，MTBE是一种对水的亲和力极大而对土壤几乎没有亲和力、在非光照条件下难降解、具有松油气味的有机物，其从地下贮油箱(油库)渗漏并进入地下水源中能造成严重污染(水中MTBE含量达到$2\mu g/L$即有明显的松油气味，对人们的身体健康会产生严重影响，无法饮用)。美国地质调查局在1993和1994年对美国8个城市地下水进行调查发现，MTBE是地下水中含量排第二位的有机化合物(第一位是三氯甲烷)。在美国加利福尼亚，地下贮油箱对地下水的污染是最严重的。1995年末，圣莫尼卡城市管理局检测了该城饮用水井中的MTBE，结果于1996年6月被迫关闭了一些水井，致使这座城市损失了71%的市内水源，约占其耗水量的1/2。

为了解决水荒,不得不从外部调水,一年就要花 3 500 万美元。此外,在美国的湖泊和水库中也发现有 MTBE 的污染,它们来自于轮船的发动机和地表径流,甚至内华达州的高山上也受到它的污染。为此,美国加州以水污染为由,禁止使用 MTBE,美国国家环境保护部门也有类似动作。以 MTBE 替代四乙基铅解决了汽车尾气铅污染等问题,但又出现了水体污染新问题,这不仅说明环境问题的复杂多变性和人类改善环境斗争的长期性、艰巨性,同时说明"更新产品体系"对清洁生产的必要性和迫切性。

在农业生产中,主要的农业生产资料——肥料和农药产品体系同样在不断地更新。肥料产品由单纯的有机肥到化学肥料,极大地提高了农业生产力,特别是粮食产量,据联合国粮农组织估计,发展中国家粮食的增产中 55% 来自于化学肥料。然而,目前普通化学肥料利用率低、浪费巨大、污染严重的问题已成为阻碍农业清洁生产的重要因素之一。在我国,完全放弃化学肥料回归单纯的有机肥料是无法满足 13 亿人口的生活甚至生存需求的。因此,研制开发高效、无污染的"环境友好型肥料",提高肥料的利用率,在保证增产的同时减少肥料损失造成的污染,是当今肥料科技创新的重要任务。近年来,在国家 863 项目支持下,以"控释肥料,生物肥料,有机、无机复合肥料"等为代表的"环境友好型肥料"产品的研制开发为肥料产品的更新提供了有力的技术保障,是今后肥料的发展方向。同样,农药由剧毒、高残留的有机氯和有机磷农药到低毒、高效、低残留的氨基甲酸酯类农药的更新有力地促进了农业清洁生产,目前正朝着环境友好型的植物性杀虫剂的开发应用以及生物防治方向发展。

由此可见,污染的预防不但体现在生产全过程的控制之中,而且还要落实到产品的使用和最终报废处理过程中。对于污染严重的产品要进行更新换代,不断研究开发与环境相容的新产品。

四、改革工艺和设备

工艺是从原材料到产品实现物质转化的基本软件。一个理想的工艺是:工艺流程简单,原材料消耗少,无(或少)废弃物排出,安全可靠,操作简便,易于自动化,能耗低,所用设备简单等。设备的选用是由工艺决定的,它是实现物料转化的基本硬件。改革工艺和设备是预防废物产生、提高生产效率和效益、实现清洁生产最有效的方法之一,但是工艺技术和设备的改革通常需要投入较多的人力和资金,因而实施时间较长。

工艺设备的改革主要采取如下四种方式:

1.生产工艺改革

开发并采用低废或无废生产工艺和设备来替代落后的老工艺,提高生产效率和原料利用率,消除或减少废物,这是生产工艺改革的基本目标。例如:采用流化床催化加氢法代替铁粉还原法旧工艺生产苯胺,可消除铁泥渣的产生,废渣量由 2500 kg/t 产品减少到 5 kg/t 产品,并降低了原料和动力消耗,每吨苯胺产品蒸汽消耗可由 35 t 降为 1 t,电耗由 220 kW·h 降为 130 kW·h,苯胺收率达到 99%。

采用高效催化剂提高选择性和产品收率,也是提高产量、减少副产品生产和污染物排放量的有效途径。例如:北京某合成橡胶厂生产丁二烯的丁烯氧化脱氢装置原采用钼系催化剂,由于转化率和选择性低,污染严重,后改用铁系 B—02 催化剂,选择性由 70% 提高到 92%,丁二烯收率达 60%,且大大削减了污染物的排放,见表 6-1 和表 6-2。

表 6-1　丁烯氧化脱氢废水排放对比(以生产 1 t 丁二烯计)

催化剂名称	废水量 (t/t)	COD (kg/t)	—C=O (kg/t)	—COOH (kg/t)	pH 值
铁系 B—02 催化剂	19.5	180	12.6	1.78	6.32
钼系催化剂	23	220	39.6	30.6	2~3

表 6-2　丁烯氧化脱氢废气排放对比(以生产 1 t 丁二烯计)

催化剂名称	废气排放量 (m^3/h)	CO (m^3/h)	CO_2 (m^3/h)	烃类 (m^3/h)	有机氧化物 (kg/h)
铁系 B—02 催化剂	1 974	12.83	268.71	12.37	0.04
钼系催化剂	4 500	319	669	54.5	139.7

在工艺技术改造中采用先进技术和大型装置,以期提高原材料利用率,发挥规模效益,在一定程度上可以帮助企业实现减污增效。

需要强调的是,废物的源削减应与工艺开发活动充分结合,从产品研发阶段起就应考虑到减少废物量,从而减少工艺改造中设备改进的投资。1991 年,美国一家大型化工厂改进了其烯烃生产工艺,不仅消除了对甲醇的需求,而且每年削减苯和甲醇的排放量 68.1 t。该厂重新设计了生产装置,并且将裂解炉气干燥器的位置调整到预冷却器的前方,这一工艺改革措施消除了在预冷器中加入甲醇,以防止水合物的形成,并且使未受甲醇污染的苯可返回到生产工艺中使用。该项目投资 700 万美元,但每年节省甲醇费用仅 25 万美元,按照这种投资偿还率,如果不考虑减少苯对员工和社区的污染危害则很难实施。但是,如果将这一方案结合到新装置设计中,则新增投资很少即可实现。

2. 改进工艺设备

可以通过改善设备和管线或重新设计生产设备来提高生产效率,减少废物量。如优选设备材料,提高可靠性、耐用性;提高设备的密闭性,以减少泄漏;采用节能的泵、风机、搅拌装置等。例如:北京某石油化工厂乙二醇生产中的环氧乙烷精制塔原设计采用直接蒸汽加热，废水中 COD 负荷很大；后来改用间接蒸汽加热，不但减少了废水量和 COD 负荷，而且还降低了产品的单位能耗，提高了产品的收率，每年减少污水处理费用 20.8 万元，节约物料消耗 31.17 万元，经济效益和环境效益十分显著。

波兰 Ostrowiec 钢铁厂生产的钢铁制品最后一道工序是进行表面处理和涂饰。原来采用压缩空气枪进行喷涂，其涂料利用率低、废料产生量大、污染严重。该厂对喷涂工序开展了废料审计工作，试图通过改革工艺和改进管理达到提高喷涂质量、减少涂料消耗以及降低污染物排放量的目的。审计结果表明，改变现状的关键在于替代目前使用的压缩空气喷枪。压缩空气喷枪和较为先进的高压喷枪、静电喷枪工作性能比较及高压喷枪和静电喷枪的经济指标测算见表 6-3 和表 6-4。波兰这家企业通过采用比较先进的喷枪，明显地降低了涂料的消耗，提高了物料的利用率，减少了废料的排放和处理费用，降低了成本，改进了质量，改善了劳动条件和企业的形象，得到这些综合效益投资很小，而且这些投资在很短的时间内即可收回。

表 6-3　三种喷枪的工作性能比较

性能指标	压缩空气喷枪	高压喷枪	静电喷枪
喷涂效率（%）	30～50	65～70	85～90
涂料用量（m^3）	8.0	6.8	5.6
溶剂用量（m^3）	6.5	1.6	1.6
废料量（kg）	2 400	1 400	500

表 6-4　高压喷枪和静电喷枪的经济指标测算

	高压喷枪	静电喷枪
投资（美元）	4 800	13 000
节省费用（美元/年）	38 500	39 400
投资回收期（月）	1.5	4

3. 优化工艺控制过程

在不改变生产工艺或设备的条件下进行操作参数的调整，优化操作条件常常是最容易而且最便宜的减废方法。大多数工艺设备都是采用最佳工艺参数（如温度、压力和加料量）设计的，以取得最高的操作效率，因而在最佳工艺参数下操作，避免生产控制条件波动和非正常停车，可大大减少废物量。

以乙烯生产为例，由于设备管理不好或者公用工程（水、电、蒸汽）可靠性差以及各种设备、仪表性能不佳等原因，会导致设备运转不稳定，甚至局部或全部停车。一旦停车，物料损失和污染均十分严重。30×10^4 t/a 规模的乙烯设备每停车 1 次，火炬排放的物料约为 1 000 t（以原料计），直接经济损失约 40 万元；如按照产品价值计算间接经济损失,则可达700万元。从停车到恢复正常生产期间,各塔、泵等还会出现临时液体排放,增加废水中油、烃类的含量,有毒有害物质含量也会成倍增加。

4. 加强自动化控制

采用自动控制系统调节工作操作参数,维持最佳反应条件,加强工艺控制,可增加生产量、减少废物和副产品的产生。如安装计算机控制系统监测和自动复原工艺操作参数,实施模拟结合自动设定点调节。在间歇操作中,使用自动化系统代替手工处置物料,通过减少操作失误,降低产生废物及泄漏的可能性。

中国经济发展中普遍存在技术含量低、技术装备和工艺水平不高、创新能力不强、高新技术产业化比重低、能耗高、能源消费结构不合理、国际竞争力不强等问题,这些问题已经成为制约中国经济可持续发展的主要因素,亟需利用高新技术进行改造和提升。在改革工艺和设备中首先应分析产品的生产全过程,将那些消耗高、浪费大、污染严重的陈旧设备和工艺技术替换下来,通过改革工艺和设备,使生产过程实现少废化或无废化。

五、生产过程的科学管理

有关资料表明,目前的工业污染约有30%以上是由于生产过程中管理不善造成的,只要加强生产过程的科学管理、改进操作,不需花费很大的成本,便可获得明显减少废弃物和污染的效果。在企业管理中要建立一套健全的环境管理体系,使环境管理落实到企业中的各个层次,分解到生产过程的各个环节,贯穿于企业的全部经济活动中,与企业的计划管理、生产管理、财务管理、建设管理等专业管理紧密结合起来,使人为的资源浪费和污染物排放减至最小。

主要管理方法如下:

(1)调查研究和废弃物审计。摸清从原材料到产品的生产全过程的物料、能量和废弃物产生的情况,通过调查,发现薄弱环节并改进。

(2)坚持设备的维护保养制度,使设备始终保持最佳状况。

(3)严格监督。对于生产过程中各种消耗指标和排污指标进行严格的监督,及时发现问题,堵塞漏洞,并把群众的切身利益与企业推行清洁生产的实际结合起来进行监督、管理。

六、物料再循环和综合利用

工业生产中产生的"三废"污染物质从本质上讲,都是生产过程中流失的原材料、中间产物和副产物。因此,对"三废"污染物进行有效的处理和回收利用,既可以创造财富,又可以减少污染。开展"三废"综合利用是消除污染、保护环境的一项积极而有效的措施,也是企业挖潜、增效截污的一个重要方面。

在企业的生产过程中,应尽可能提高原料利用率和降低回收成本,实现原料闭路循环。在生产过程中比较容易实现物料闭路循环的是生产用水的闭路循环。根据清洁生产的要求,工业用水组成原则上应是供水、用水和净水组成的一个紧密的体系。根据生产工艺要求,一水多用,按照不同的水质需求分别供水,净化后的水重复利用。我国已经开展了一些实用的综合利用技术,如小化肥厂冷却水、造气水闭路循环技术,可以大大节约水资源,减少水体热污染;电镀漂洗水无排或微排技术,实行了漂洗水的闭路循环,因而不产生电镀废水和废渣;利用硝酸生产尾气制造亚硝酸钠;利用硫酸生产尾气制造亚硫酸钠等。

此外,一些工业企业产生的废物,有时难以在本厂有效利用,有必要组织企业间的横向联合,使废物进行复用,使工业废物在更大的范围内资源化。肥料厂可以利用食品厂的废物加工肥料,如味精废液COD很高,而其丰富的氨基酸和有机质可以加工成优良的有机肥料。目前,一些城市已建立了废物交换中心,为跨行业的废物利用协作创造了条件。

七、必要的末端处理

在目前技术水平和经济发展水平条件下,实行完全彻底的无废生产是很困难的,废弃物的产生和排放有时还难以避免,因此需要对它们进行必要的处理和处置,使其对环境的危害降至最低。此处的末端处理与传统概念的末端处理相比区别如下:

(1)末端处理是清洁生产不得已而采取的最终污染控制手段,而不应像以往那样处于实际上的优先考虑地位。

(2)厂内的末端处理可作为送往厂外集中处理的预处理措施,因而其目标不再是达标排放,而只需要处理到集中处理设施可以接纳的程度。

(3)末端处理重视废弃物资源化。

(4)末端处理不排斥继续开展推行清洁生产的活动,以期逐步缩小末端处理的规模,乃至最终以全过程控制措施完全替代末端处理。

为实现有效的末端处理,必须开发一些技术先进、处理效果好、投资少、见效快、可回收有用物质、有利于组织物料再循环的实用环保技术。目前,我国已经开发了一批适合国情的实用环保技术,需要进一步推广。同时,有一些环保难题尚未得到很好的解决,需要环保部门、有关企业和工程技术人员继续共同努力。

第三节 清洁生产实施的政策法规保障

中国清洁生产的实践表明,现行条件下,由于企业内部存在一系列实施清洁生产的障碍约束,要使作为清洁生产主体的企业完全自发地采取自觉主动的清洁生产行动是极其困难的。单纯依靠培训和企业清洁生产示范推动清洁生产,其作用也不能保证清洁生产广泛、持久地实施。通过政府建立起适应清洁生产特点和需要的政策、法规,营造有利于调动企业实施清洁生产的外部环境,将是促进中国清洁生产向纵深发展的关键。自 1993 年我国开始推行清洁生产以来,在促进清洁生产的经济政策和产业政策的颁布实施以及相关法律法规建设方面取得了较快的发展,为推动我国清洁生产向纵深发展提供了一定的政策法规保障。

一、促进清洁生产的经济政策

经济政策是根据价值规律,利用价格、税收、信贷、投资、微观刺激和宏观经济调节等经济杠杆,调整或影响有关当事人产生和消除污染行为的一类政策。在市场经济条件下,采用多种形式和内容的经济政策措施是推动企业清洁生产的有效工具。经济政策虽然不直接干预企业的清洁生产行为,但它可使企业的经济利益与其对清洁生产的决策行为或实施强度结合起来,以一种与清洁生产目标一致的方式,通过对企业成本或效益的调控作用有力地影响着企业的生产行为。

1. 税收鼓励政策

税收手段的目的在于通过调整比价和改变市场信号,以影响特定的消费形式或生产方法,降低生产过程和消费过程中产生的污染物排放水平,并鼓励有益于环境的利用方式。由于产品的当前价格并没有包括产品的全部社会成本,没有将产品生产和使用对人体健康和环境的影响包括在产品价格中,通过税收手段,可以将产品生产和消费的单位成本与社会成本联系起来,为清洁生产的推行创造一个良好的市场环境。运用税收杠杆,采用税收鼓励或税收处罚等手段,促进经营者、引导消费者选择绿色消费。

我国为加大环境保护工作的力度,鼓励和引导企业实施清洁生产,制定了一系列有利于清洁生产的税收优惠政策,主要包括:

(1) 增值税优惠。企业购置清洁生产设备时,允许抵扣进项增值税额,以此来降低企业购买清洁生产设备的费用,刺激清洁生产设备的需求;对利用废物生产产品和从废物中回收原料的企业,税务机关按照国家有关规定,减征或者免征增值税。

(2) 所得税优惠。对企业投资采用清洁生产技术生产的产品或有利于环境的绿色产品的生产经营所得税及其他相关税收,给予减税甚至免税的优惠。允许用于清洁生产的设备加速折旧,以此来减轻企业税收负担,增加企业税后所得,激活企业对技术进步的积极性。

(3) 关税优惠。对出口的清洁产品,实施退税,提高我国环保产品价格竞争力,开拓海外市场;对进口的清洁生产技术、设备实行免税,加快企业引进清洁生产技术和设备的步伐,消化吸收国外先进的技术。如对城市污水和造纸废水部分处理设备实行进口商品暂定税率,享受关税优惠。

(4)营业税优惠。对从事提供清洁生产信息、进行清洁生产技术咨询和中介服务机构采取一定的减税措施。促进多功能全方位的政策、市场、技术、信息服务体系的形成,为清洁生产提供必要的社会服务。

(5)投资方向调节税优惠。在固定资产投资方向调节税中,对企业用于清洁生产的投资执行零税率,提高企业投资清洁生产的积极性。如建设污水处理厂、资源综合利用等项目,其固定资产投资方向调节税实行零税率。

(6)建筑税优惠。建设污染治理项目,在可以申请优惠贷款的同时,该项目免交建筑税。

(7)消费税优惠。对生产、销售达到低污染排放限值的小轿车、越野车和小客车减征一定比例的消费税。

2.财政鼓励政策

财政政策是世界各国推行清洁生产的重要手段,通常采用优先采购、补贴或奖金、贷款或贷款加补贴的形式鼓励企业实施清洁生产计划项目。我国企业,特别是中小型企业,在推进清洁生产项目的过程中最大的障碍是资金问题。由于资金缺乏,致使许多企业即使找到实现减污降耗的先进技术和改造方案也无法付诸实施。因此,采取积极的财政政策,帮企业在一定程度上解决技改资金问题,对加速我国清洁生产的实施具有关键性的作用。目前,我国在财政方面对清洁生产主要采取以下鼓励政策:

(1)各级政府优先采购或按国家规定比例采购节能、节水、废物再生利用等有利于环境与资源保护的产品。一方面通过对清洁产品的直接消费,为清洁生产注入资金;另一方面,通过政府的示范、宣传、鼓励和引导公众购买、使用清洁产品,从而促进清洁生产的发展。

(2)建立清洁生产表彰奖励制度,对在清洁生产工作中做出显著成绩的单位和个人,由政府给予表彰和奖励。

(3)国务院和县级以上各级地方政府在本级财政中安排资金,对清洁生产研究、示范和培训以及实施国家清洁生产重点技术改造项目给予资金补助。

(4)政府鼓励和支持国内外经济组织通过金融市场、政府拨款、环境保护补助资金、社会捐款等渠道依法筹集中小型企业清洁生产投资资金。开展清洁生产审核以及实施清洁生产的中小型企业可以向投资基金经营管理机构申请低息或无息贷款。

(5)列入国家重点污染防治和生态保护的项目,国家给予资金支持;城市维护费可用于环境保护设施建设;国家征收的排污费优先用于污染防治。

二、促进清洁生产的其他相关政策

1.对中小型企业实施清洁生产的特别扶持政策

中小型企业实施清洁生产可获得国家的特别扶持,主要包括:

(1)企业产业范围若符合《中小企业发展产业指导目录》的内容,可以向"中小企业发展专项资金"申请支持。

(2)生产或开发项目若是"具有自主知识产权、高技术、高附加值,能大量吸纳就业,节能降耗,有利于环保和出口"的项目,可以向"国家技术创新基金"申请支持。

(3)企业的产品若符合《当前国家鼓励发展的环保产业设备(产品)目录》的要求,根据具体情况,可以获得相关的鼓励和扶持政策支持,如抵免企业所得税、加快设备折旧、贴息支持或补助等。

(4)对利用废水、废气、废渣等废弃物作为原料进行生产的中小型企业,可以申请减免有关税赋。

2. 对生产和使用环保设备的鼓励政策

原国家经贸委和国家税务总局联合先后发布公告,公布了第一批(2000年)和第二批(2002年)《当前国家鼓励发展的环保产业设备(产品)目录》,包括水污染治理设备、空气污染治理设备、固体废弃物处理设备、噪声控制设备、节能与可再生能源利用设备、资源综合利用与清洁生产设备、环保材料与药剂等八类。

相关的鼓励和扶持政策包括:

(1)企业技术改造项目凡使用目录中的国产设备,按照财政部、国家税务总局《关于印发(技术改造国产设备投资抵免企业所得税暂行办法)的通知》(财税字〔1999〕290号)的规定,享受投资抵免企业所得税的优惠政策。

(2)企业使用目录中的国产设备,经企业提出申请,报主管税务机关批准后,可实行加速折旧办法。

(3)对专门生产目录内设备(产品)的企业(分厂、车间),在符合独立核算、能独立计算盈亏的条件下,其年净收入在30万元(含30万元)以下的,暂免征收企业所得税。

(4)为引导环保产业发展方向,国家在技术创新和技术改造项目中,重点鼓励开发、研制、生产和使用列入目录的设备(产品);对符合条件的国家重点项目,将给予贴息支持或适当补助。

(5)使用财政性质资金进行的建设项目或政府采购,应优先选用符合要求的目录中的设备(产品)。

3. 对相关科学研究和技术开发的鼓励政策

国家对相关科学研究和技术开发的鼓励政策和促进措施主要包括:

(1)遵照《中华人民共和国清洁生产促进法》,各级政府应在各个方面对清洁生产科学研究和技术开发提供支持,包括制定相应的财税政策、提供相关信息、组织科技攻关等。

(2)国家和行业科技部门,应将阻碍清洁生产的重大技术问题列入国家或行业科研计划,组织跨行业、跨部门的研究力量进行联合攻关或直接从国外引进此类技术;国家有关部门应针对行业清洁生产技术规范、与清洁生产相关的科研成果及引进的清洁生产关键技术,组织有关专家进行评价、筛选,为清洁生产的企业减少技术风险。

(3)国家应促进相应研究和开发的支持及服务系统的建设,加强、改进信息的搜集与交流、各类标准的制定与实施、科研设备的配置等。

(4)国家应努力推动技术成果的转化,推进科技成果的产业化。

(5)国家应通过有效的政策措施,鼓励企业消化吸收国外的先进技术和设备,提高清洁装备的国产化水平。

4. 对国际合作的鼓励政策

当前,我国在经验缺乏、资金也不十分充裕的条件下,通过国际合作,学习国外的先进经验,吸引外资和国外的先进技术,开展清洁生产,是一条行之有效的途径。为此,《中华人民共和国清洁生产促进法》第六条提出,国家鼓励开展有关清洁生产的国际合作。在具体的国际合作方面,合作类型包括各种多边及双边合作,合作方式可以多种多样,如合作开发、技术转让、培训、建立机构、资金支持、政策与法律支持等。

近年来,国家在鼓励清洁生产领域的国际合作方面做了很多工作,从中央政府到地方政府,都对这一领域的合作予以广泛的关注,促进了多边以及双边合作的广泛开展。例如:联合国环境规划署参与、世界银行贷款支持的"中国环境技术援助项目清洁生产子项目"(B-4项目)、世界银行赠款的JGF项目——"中国乡镇企业废物最小化管理体系的建立研究"、中加清洁生产合作项目以及亚洲银行资助的清洁生产项目等,都对推进我国清洁生产工作发挥了重要作用。

三、我国现行环境和资源保护法规对清洁生产的保障

从形式意义上看,除了1999年10月通过的《太原市清洁生产条例》外,在2002年6月29日九届全国人大常委会通过《中华人民共和国清洁生产促进法》之前,我国并没有专门性的清洁生产立法。但从实质意义上看,我国有关环境、能源与科技发展等许多法律制度中,已经或多或少地包含了引导清洁生产的内容。

《中国环境与发展十大对策》(1992年)强调了清洁生产,要求建设项目技术起点要高,尽量采用能耗物耗小、污染物排放量少的清洁工艺。1993年10月第二次全国工业污染防治工作会议的重要内容就是实现"三个转变",推行清洁生产。《中国21世纪议程》(1994年)将清洁生产列为重点项目之一。《中华人民共和国国民经济和社会发展"九五"计划和2010年远景目标纲要》中把推行清洁生产作为一项重要的环境保护措施。《国家环境保护"九五"计划和2010年远景目标》中明确提出,将"结合技术进步,积极推行清洁生产"作为工业污染防治的主要任务之一。

1987年颁布实施并在1995和2000年两次修订的《大气污染防治法》、1996年修订并实施的《水污染防治法》和1995年(2005年修改)颁布实施的《固体废物污染环境防治法》等环境污染防治法律法规,均明确提出实施清洁生产的要求,规定发展清洁能源,鼓励和支持开展清洁生产,尽可能使污染物和废物减量化、资源化和无害化。如《大气污染防治法》第9条规定,国家对大气污染防治技术的研究推广予以鼓励,并鼓励和支持清洁能源的开发;第19条对严重污染大气环境的落后生产工艺和设备的淘汰进行了严格规定;第25、26和34条对清洁能源的使用和支持鼓励做了规定。又如《固体废物污染环境防治法》第4条规定:"国家鼓励支持清洁生产,减少固体废物的产生量。国家鼓励、支持综合利用资源,对固体废物实行充分回收和合理利用,并采取有利于固体废物综合利用活动的经济、技术政策和措施。"此外,《固体废物污染环境防治法》第3、17、26、27、30条以及《水污染防治法》的第11、22和23条等都规定了有关清洁生产的内容。

《节约能源法》(1997年)力图推动节能技术和工艺设备的采用,提高能源利用率,促进国民经济向节能型转化,同时减少污染物,禁止新建耗能过高的工业项目,淘汰耗能过高的产品、设备。《国务院关于环境保护若干问题的决定》(1996年)中明确规定,所有建设和技术改造项目,要提高技术起点,采用能耗物耗小,污染产生量少的清洁生产工艺。《建设项目环境保护管理条例》(1998)规定:工业建设项目应当采用能耗物耗小、污染物产生量少的清洁生产工艺。1997年4月国家环境保护局制定的《关于推行清洁生产的若干意见》,对结合现行环境管理制度的改革、推行清洁生产,提出了基本框架、思路和具体做法。

在推行清洁生产时,我国将其与工业产业结构、产品结构的调整相结合,要求在制定产业政策时,严格限制或禁止可能造成严重污染的产业、企业和产品,要求工业企业采用能耗物耗小、污染物产生量少的有利于环境的原料和先进工艺、技术和设备,采用节约用水、用能、用地的生产方式。1995年以后,修改的《大气污染防治法》、《水污染防治法》和制定的《固体废物污染环境防治法》、《环境噪声污染防治法》中,都明确规定了严格限制或禁止生产、销售、使用、进口严重污染环境的落后工艺和设备。《国务院关于环境保护若干问题的决定》(1996年)和1996年9月经国务院同意、国家环境保护总局发布的《关于贯彻〈国务院关于环境保护若干问题的决定〉有关问题的通知》,作出对严重污染的"十五小"企业实行取缔、关闭或责令停产、转产的"关、停、禁、转、改"的规定。

四、《中华人民共和国清洁生产促进法》及其基本内容

2002年6月29日《中华人民共和国清洁生产促进法》经九届全国人民代表大

会常务委员会通过,自 2003 年 1 月 1 日起施行。该法是目前世界上第一部以推进清洁生产为目的的法律,该法的实施具有重要的意义,它把经济、社会的可持续发展用法律的形式固定下来,明确规定了政府推行清洁生产的责任,对企业提出实施清洁生产的要求,并对企业实施清洁生产给予支持鼓励。本法共分六章四十二条,主要内容如下:

第一章,总则。本章明确了实施清洁生产的目的,主要是提高资源的利用率,减少和避免污染物的产生,保护和改善环境,保障人体健康,促进经济和社会可持续发展。界定了清洁生产的定义:"本法所称清洁生产,是指不断改进设计,使用清洁的能源和原料,采用先进的工艺技术和设备,改善管理、综合利用等措施,从源头削减污染,提高资源利用效率,减少或者避免生产、服务和产品使用过程中污染的产生和排放,以减轻或者消除对人类健康和环境的危害。"国家鼓励和促进清洁生产,各级政府应把清洁生产纳入国民经济和社会发展计划以及环境保护、资源利用、产业发展、区域开发等规划。国家鼓励开展有关清洁生产的科学研究、技术开发和国际合作,组织宣传普及清洁生产知识,推广清洁生产技术。

第二章,清洁生产推行。第二章提出了国家应制定有利于实施清洁生产的财政税收政策、产业政策、技术开发和推广政策,县级以上人民政府应合理规划本行政区的经济布局,调整产业结构,发展循环经济,促进企业在资源和废物综合利用等领域进行合作,实现资源的高效利用和循环使用。各级政府的有关行政主管部门,应组织并支持建立清洁生产信息系统和技术咨询服务体系,向社会提供有关清洁生产的方法、技术、工艺和设备。国家对浪费资源和严重污染环境的落后生产技术、工艺设备和产品实行限期淘汰制度,支持清洁生产的示范和推广工作。教育行政主管部门,应把清洁生产技术和管理课程纳入有关高等教育、职业教育和技术培训体系。培养清洁生产管理和技术人员,提高国家工作人员、企业经营管理者和公众的清洁生产意识,加强对清洁生产实施的监督。

第三章,清洁生产实施。首先,对新、改、扩建项目进行环境影响评价提出了要求,要求项目在原料使用、资源消耗、资源综合利用以及污染的产生与处置进行分析论证,优先采用资源利用率高以及污染物产生量少的清洁生产技术、工艺和设备;要求企业在进行技术改造过程中,采用无毒、无害或低毒、低害的原料,替代毒性大、危害严重的原料;采用资源利用率高、污染产生量少的工艺和设备,替代资源利用率低、污染物产生量多的工艺和设备;对生产过程中产生的废物、废水和余热进行综合利用或者循环使用;采用能够达到国家或者地方规定的污染物排放标准和污染物总量控制指标的污染防治技术。

本章对矿产资源的勘查、开采,做出明确规定,要求采用有利于合理利用资源、保护环境和防止污染的勘查、开采方法和工艺技术,提高资源利用水平。

企业应当对生产和服务过程中的资源消耗以及废物的产生情况进行监测,并根据需要对生产和服务实施清洁生产审核。企业根据自愿原则,通过环境管理体系认证,提高清洁生产水平。

第四章,鼓励措施。国家建立清洁生产表彰奖励制度,对在清洁生产中做出显著成绩的单位和个人,由政府给予表彰和奖励,对使用废物生产产品和从废物中回收原料的,税务机关按照国家有关规定,减征或者免征增值税。企业用于清洁生产审核和培训的费用可以列入企业的经营成本。

第五章,法律责任。对污染物排放超过国家或地方规定的排放标准或经地方人民政府核定的污染物排放总量指标的企业,使用有毒、有害原料进行生产或者在生产中排放有毒、有害物质的企业,应定期实施清洁生产审核。如不实施清洁生产审核或不如实报告审核结果的,地方政府环保行政主管部门应责令其限期改正,拒不改正的要处以十万元以下罚款。

第六章,附则。

五、我国现行的环境管理制度与清洁生产

我国环境管理制度经过了近30年的发展和不断完善,基本形成了适合我国国情的一整套行之有效的管理制度。但整体来看,污染物"末端治理"、达标排放的政策贯穿于环境管理的各项制度之中:执行环境影响评价制度和"三同时"制度的主要目的在于,使一切新建、改建、扩建及技术改造项目的污染控制措施的设计者能够根据生产设计给定的污染物排放状况设计满足达标排放要求的处理设施;在定量考核中规定污染控制的达标率指标;限期治理是对严重影响环境质量的重点污染源施加的强制性的限期达到排放标准的措施;污染物集中控制即在特定区域内根据污染源的布局,寻求合理的末端处理策略,以便达到更加经济有效的目的;而排污许可证制度则是以确保区域环境质量为目标而确定排污总量,对各污染源下达允许排放的指标。相对于"浓度控制"而言,许可证"总量控制"是一个巨大的进步,但仍未跳出污染物"末端治理"的圈子。

我国工业污染防治需要"转变传统发展模式,积极推进清洁生产,走可持续发展道路",同样,环境管理制度必须跳出污染物"末端治理"的圈子,贯彻"全过程控制"思想,才能从根本上扭转生态环境恶化的局面,实现环境和经济协调发展。

1. 环境保护规划制度与清洁生产

环境保护规划是对一定时间内环境保护目标、任务和措施的规定。根据《环境保护法》第十一条规定:"县级以上人民政府环境保护行政主管部门,应当会同有关部门对管辖范围内的环境状况进行调查和评价,拟订环境保护规划,经计划部门综合平衡后,报同级人民政府批准实施。"在现行的环境保护规划中,侧重于对规划范围内污染治理方案进行比选,但对各污染企业工艺过程缺乏分析,缺乏清洁生产工艺建议。因此，在环境保护规划中贯彻清洁生产理念应成为今后规划的重点。

2. 环境影响评价制度与清洁生产

环境影响评价是针对项目的工程特征和环境特征进行评价，预测项目建成后对环境可能造成不良影响的范围和程度，从而规定避免污染、减少污染和防止破坏的对策，为项目实现优化选址、合理布局、最佳生产设计提供科学依据。建设项目的环境影响评价作为一项环境管理制度在我国实行以来，对新污染的控制和老污染治理起到了积极的作用。

多年来，环境影响评价工作重点放在对污染源排放的污染物的治理方案上或达标排放的污染物对外环境的影响预测上，而对生产过程中如何节能、减污、降耗以及生产全过程的污染控制即清洁生产则评价甚少，为使环境影响评价在我国社会主义现代化建设中发挥其应有的作用，应用环境影响评价制度来促进清洁生产的实施，需要在以下几方面加强和改进：

(1) 对建设项目的整体情况予以评价，包括其原材料、生产方案和重要工艺，废物的排放量和排放方式，特别重视对环境容量的评价，按总量控制的要求进行审批、验收。

(2) 明确制度的适用范围，特别是对"环境影响"的认定要有科学统一的标准。

(3) 完善公众参与评价的程序和机制，加强大型区域开发、自然开发、工程建设评价的可操作性。

(4) 仿效国外的有关制度，评价者应当对环境影响报告书中提及的建设项目中的多个环节，在运用"最佳可行技术"的基础上，提供详尽可行的替代方案(包括不行动方案)。

3. "三同时"制度与清洁生产

"三同时"制度是我国最早的环境管理制度，早在1973年第一次全国环境保护会议审查通过的《关于保护和改善环境的若干规定(试行)》中就已提出，并在1979年颁布的《中华人民共和国环境保护法》(试行)和1989年颁布的《中华人民共和国环境保护法》中对"三同时"制度从法律上进行确认，实施30多年以来，在环境保护工作中发挥了巨大作用。

完善该制度的主要方向是对其强制性加以变更，根据不同情况区别对待。具体做法是，如果企业在生产和产品使用中采用新材料、新工艺降低了对环境的影响而达到环境标准，可以少建或不建环保设施，以便节约更多的资金应用于生产和技术开发，同时鼓励企业减少排污，提高污染治理的积极性。

4. 排污收费制度与清洁生产

我国的排污收费制度是在20世纪70年代末期，根据"谁污染谁治理"的原则，借鉴国外经验,结合我国国情开始实施的。我国的排污收费制度规定,在全国范围内对污水、废气、固体废物、噪声、放射性等各类污染物的各种污染因子,按照一定标准收取一定数额的费用,并规定排污费可以计入生产成本,排污费专款专用,主要用于补助重点排污源治理等。

结合清洁生产,2003 年 7 月 1 日实行的《排污费征收使用管理条例》对原有排污收费制度进行了完善,与原有排污收费制度相比具有如下改变:

(1)提高收费标准。收费标准逐步提高到等于或适当高于治理费用和运转费用。

(2)改变收费依据。逐步实现由单因子收费向多因子收费的转变,静态收费向动态收费的转变。此外,特别要注意的是,"总量控制"取代"浓度控制"是必然的趋势。"总量控制"下应当实施排污即收费、超标排污属于违法并加重收费制度,而在实行"浓度控制"下,应当变现有的超标排污收费为达标排污即收费、超标排污加倍收费并予以处罚。在现阶段"浓度控制"与"总量控制"并存的情形下,对于排污费的收费依据应当遵循灵活处理、区别对待、逐步到位的原则。

(3)改变排污费无偿使用和贷款豁免的做法,实行排污费有偿使用,提高环保专项基金贷款利率,真正实现"污染者付费"的原则。

(4)扩大征收面,把如恶臭物质、部分工业固体废弃物、二氧化碳、生活垃圾、生活污水等也列入收费项目。

5. 限期治理制度与清洁生产

限期治理是以污染源调查、评价为基础,以环境保护规划为依据,突出重点,分期分批地对污染危害严重、群众反映强烈的污染物、污染源和污染区域采取的限定治理时间、治理内容及治理效果的强制性措施。这是一种完全的污染"末端治理"管理制度,但进一步完善该制度,加强对污染企业的强制污染治理力度,使采用落后工艺和设备生产的企业在污染治理中需要付出较高成本,有利于促使企业采用先进工艺和设备,实现清洁生产。

(1)制定和颁布有关该制度的具体实施和管理方法,使该制度的有关规定具体明确统一,增加可操作性。

(2)限期治理的对象要转向完不成排污总量削减指标或超总量排污的企事业单位,以解决分散处理与集中控制的矛盾。

(3)加强该制度的强制性和惩罚性,善于运用罚款手段,从另一方面加强企业预防污染的压力,以增强该制度在生产、服务全过程中的减污作用。

(4)改变限期治理中项目不分大小、按行政管辖关系由政府分级管理的做法,而以有利于制度的全面推行、有利于环境总体质量的改善、有利于环境监督管理为原则,来调整环境管理职权的划分,扫除管理体制上的障碍。

6. 排污许可证制度与清洁生产

排污许可证制度以改善环境质量为目标,以污染物总量控制为基础,规定排污单位许可排放什么污染物、许可污染物排放量、许可污染物排放去向等。完善这一制度,应当做到:

(1)应将清洁生产的思想充分融入许可证的审批和发放工作中,不但要求达标排污,而且对于申请进行的开发建设、生产销售活动中所使用的原材料、工艺流程、废物回收也提出严格的要求,进行全面审查。

(2)总体上应结合总量控制和污染集中控制,建立一个区域性的闭合系统,真正实现许可证这一"支柱"制度对于清洁生产的推动作用。

(3)在实行总量控制的前提下,可以引入排污权交易制度,促使污染者加强生产管理并积极采用对环境有利的先进的清洁生产工艺技术。从我国在6个城市进行的"大气排污交易政策"的试点来看,排污权交易制度在我国应从立法上得以确认,特别在水污染和大气控制方面,对适用范围、交易规则、监督管理、违法责任等内容均应做出明确具体的规定。

7. 污染物集中控制制度与清洁生产

污染集中控制是在一个特定的范围内,为保护环境所建立的集中治理设施和采用的管理措施,是强化环境管理的一种重要手段。该制度在污染防治战略和投资战略上带来了重大转变,有助于调动社会各方面治理污染的积极性,有利于集中人力、物力、财力解决重点污染问题,有利于节省防治污染的总投入,有利于采用新技术,提高污染治理效果,有利于提高投资利用率,加速有害废物资源化。

完善该项制度的方向也在于变更其强制性,具体做法如下:

(1)在污染源相对集中、污染物相似、能实现规模效益的区域,应优先考虑集中控制,对不宜集中处理或集中处理有困难的特殊污染物,仍以分散处理为主。

(2)已建成了污染物集中控制设施的区域,新建项目可以不必建处理设施或只建预处理设施,已建成的项目其污染物可以纳入集中控制的区域,经申请,环保部门应允许其停止运转污染物治理设施。

(3)污染物集中处理实行有偿服务,排污单位按照处理量多少、污染物成分及处理难易程度筹集建设资金和缴纳处理费,已缴纳处理费的单位可以不再缴纳排污费。

(4)该制度实施时还应当注意掌握环境容量及新建项目增加的排污量,按总量控制的要求进行审批、验收。

第四节　企业实施清洁生产的障碍及对策分析

一、我国清洁生产实施现状

清洁生产是世界各国最近 20 多年来工业污染防治经验的结晶。自从联合国环境规划署工业与环境规划中心提出清洁生产概念并积极推行清洁生产以来,美国、德国、丹麦、荷兰、英国、加拿大、澳大利亚和日本等国都兴起了清洁生产浪潮,并获得了很大成功。同世界上其他致力于清洁生产的国家一样,中国也一直在向企业宣传清洁生产的概念并积极进行实践。十几年来,中国实施清洁生产的实践取得了较大的进展,主要表现在如下几方面:

1. 确立清洁生产地位,颁布有关法律法规

自 1993 年 10 月在上海召开的第二次全国工业污染防治会议上,国务院、国家经贸委及国家环境保护总局的高层领导提出清洁生产的重要意义,明确了清洁生产在我国工业污染防治中的地位以来,其后的环境法律、法规均体现了清洁生产思想,增加了促进和倡导清洁生产的条文,2003 年 1 月 1 日起施行的《中华人民共和国清洁生产促进法》为推进我国清洁生产的全面实施提供了法律保障。

2. 企业示范

自 1993 年以来,在环保部门、经济综合部门以及工业行业管理部门的推动下,全国共有 24 个省、自治区、直辖市已经开展或正在启动清洁生产示范项目,涉及的行业包括化学、轻工、建材、冶金、石化、电力、飞机制造、医药、采矿、电子、烟草、机械、纺织印染以及交通等行业,取得了良好的效果。

3. 培训

截至 2000 年 5 月,国内通过不同途径已组织了 550 个清洁生产培训班,共有 16 000 多人次接受了清洁生产培训。其中,举办清洁生产审计员基础课程培训班 11 期,培训清洁生产外部审计员 240 名;清洁生产基础知识培训班 80 期,培训学员约 5 000 人;企业清洁生产内审员培训班 450 期,培训学员 10 000 人次。通过多种培训和示范,使不同层次的管理者了解了清洁生产,清洁生产技术人员也获得了专门的清洁生产知识和技能。

4. 机构建设

到 2000 年末,全国已建立了 21 个行业或地方的清洁生产中心,包括:1 个国家级中心;4 个工业行业中心:石化、化工、冶金和飞机制造业;16 个地方中心:北京市、上海市、天津市、陕西省、黑龙江省、山东省、江西省、辽宁省、内蒙古自治区、新疆维吾尔自治区、甘肃省、呼和浩特市、太原市、咸阳市、长沙市和本溪市。

二、实施清洁生产的主要障碍

尽管我国近 10 年来有不少重点企业在清洁生产方面进行了许多有益的探索，起到了一定的示范作用，但由于存在"环境意识不强、对清洁生产认识不深、资金不足、信息相对闭塞、技术水平较低、缺乏完善的政策体系支持"等多方面的障碍，阻碍了清洁生产的全面推行。归纳起来，清洁生产的实施在我国主要存在如下障碍：

1. 观念障碍

首先，由于环境问题爆发在时间上的滞后性和在空间上的广泛性，容易麻痹人们的环境意识，淡化包括广大消费者在内的全民清洁生产意识的培养，致使作为清洁生产主体的企业缺乏来自清洁生产方面的压力（如强大的舆论压力、消费者抵制非清洁产品的市场压力等；其次，企业管理者和经营者对清洁生产存在诸多认识误区使实施清洁生产缺乏内在动力。企业管理者和经营者误将清洁生产等同于单纯的环保措施，对清洁生产在可持续发展中的重要作用和对增强企业综合竞争力的作用缺乏足够的认识；有的企业担心清洁生产的介入会打破原有的生产程序和操作习惯，增加管理难度；有的企业将清洁生产当成了企业的包袱，当作获得"绿色通行证"的权宜之计。企业员工对清洁生产认识不足、满足工作现状、管理者担心清洁生产导致亏损等原因使企业缺乏促使清洁生产的合力，缺乏群策群力的技术支持。

2. 组织管理障碍

企业实施清洁生产涉及部门多，协调工作困难。清洁生产涉及企业生产和经营管理的各个环节，而在清洁生产实施过程中往往由企业环保部门实际操作，缺乏对各部门统一协调的执行力。由于没有建立明确针对清洁生产的职责机构和规章制度，致使不少企业在清洁生产审计后期处于松散、停滞、无人过问的状态。

3. 技术障碍

技术不足是企业推行清洁生产的"瓶颈"障碍。设备陈旧、工艺落后是我国能耗高、资源浪费、污染严重的一个重要原因。在陈旧的设备上朽木雕花是企业清洁生产遇到的一个重要技术障碍和困扰企业进行清洁生产投资的棘手问题，也是企业出现片面重技改思想倾向的技术根源。特别对于广大中、小企业而言，自主开发能力和采用高新技术的能力很弱，而又缺乏在现有技术经济条件下的实用清洁生产技术。此外，企业对清洁生产技术、清洁产品和废物供求信息不足，进一步限制了企业清洁生产的推行。

4. 经济障碍

资金不足是企业推行清洁生产的根本障碍。清洁生产虽然会给企业带来可观的经济、环境效益，但实现清洁生产，方案的实施均需要一定的资金投入，而许多企业由于经济效益不佳，资金缺乏，因而无法推行；而一些已经开展清洁生产的企业，绝大多数只是停留在实施一些无费或低费方案上,因而很难实现持续清洁生产。

此外,清洁生产的投、融资渠道不畅,部分企业连年技改,贷款庞大,利息负担重,也是清洁生产实施的又一经济障碍。

5. 政策原因

我国经济发展中的环境和资源的价值长期被低估或忽视,这样导致企业长期低廉或无偿使用资源与环境而无需承担相应的成本和代价,不仅虚夸了经济增长,扭曲了企业的生产和经营行为,还影响了企业开展清洁生产的积极性。另外,我国排污收费政策不合理。由于我国排污收费标准较低,收到的费用不足以治理污染物;同时,又由于收费中"讨价还价"问题的存在,结果使得企业缴纳排污费要比治理废弃物"合算"得多,这就在很大程度上挫伤了企业开展清洁生产的积极性,同时也留下了收费者和排污者共享环境"地租"的隐患。

此外,激励机制和约束机制相对滞后,影响清洁生产的进程。我国促进清洁生产的宏观和微观政策远未形成体系,有关清洁生产的产业政策、财税、金融乃至行政表彰与鼓励政策的建立及完善相对滞后,以法律法规为标志的清洁生产约束机制的配套建设也相对滞后。这在一定程度上,制约了企业管理理念的更新,生产、经营方式的转变,影响了清洁生产的进程。

三、推动清洁生产实施的对策

1. 加强宣传教育和人员培训

针对普遍存在的环境问题滞后性,清洁生产意识淡漠等问题,应充分运用电视、报纸、广播等媒体,有计划地做一些科普宣传。在学校教育,特别是中小学教育中,增加环境保护和经济、社会可持续发展的内容,扫除"环境盲",形成全社会保护环境、节约资源的道德风尚。通过宣传使人们明确其自身行为的环境效应;特别是要对具有决策职责的"一把手"进行环境意识、清洁生产意识的宣传与教育,使其认识到"为官一任,造福一方",不应只顾及眼前的、暂时的政绩、业绩,而要考虑长远的、关系子孙后代的利益,并将可持续发展思想自觉运用到经济、社会的决策中去。在全国上下形成一种厉行节约、循环使用、爱护环境的良好习惯,为清洁生产的开展奠定意识基础。

扩大宣传范围,增加公众对清洁生产概念的了解。通过宣传争取企业的理解、支持和合作。宣传对象还应包括银行及金融机构,必须使他们了解清洁生产及经济回报、较低的债务风险和信贷风险,把清洁生产列入他们的贷款要求中。

进行岗位示范培训,提高职工的技能,特别是对企业领导人员和工程设计人员、清洁生产审核人员的培训尤为重要。

2. 建立专门的清洁生产领导机构,协调和指导清洁生产活动

企业高层领导要直接参与清洁生产推行工作,组建专门的清洁生产领导机构,

由企业主要领导亲自负责,并设立专职人员,指导清洁生产的开展。

在企业清洁生产专门机构人员的组成上,要求各专业人才都要有。这些人员要熟悉企业生产工艺,对清洁生产的内涵和技术方法比较了解,由此组成的领导机构才能正常发挥其指导功能。由企业负责人牵头清洁生产专门机构,才能有效地协调企业各个部门之间的关系,使企业清洁生产顺利实施。

3. 调动一切因素,解决技术难题

针对技术障碍,首先要在企业内部发动各方面技术力量,集思广益,调动企业干部、职工的积极性,大家一起献计献策。应加快企业技术和管理人才的培养,建立人才的引进与流动机制,提高企业的技术创新能力和管理能力,如建立清洁生产技术信息网络,加强企业与科研机构的横向联系,并广泛进行国际合作,开发先进的清洁生产技术、提高自身的技术开发与应用能力并提高管理水平。同时,在清洁生产技术的研制上,亦应充分发挥专利制度的作用,保护专利者的知识产权,从而在技术的转让和采用上,很好地适应逐渐完善的市场机制。其次,可以聘请有关技术专家,帮助调研国内外同行业的先进技术,了解发展趋势,通过引进、消化吸收和再创新等步骤,寻求解决技术难题的办法。

此外,政府鼓励和支持清洁生产技术开发,组织科技攻关对于解决清洁生产技术难题同样具有重要作用。

4. 广辟资金渠道,多途径解决经济障碍

首先,要积极进行企业内部挖潜,积累资金;其次,在制定投资计划时,应考虑清洁生产方案;第三,优先实施低费、无费方案,并获得效益;第四,通过各种无息、低息环保项目贷款获取资金。

此外,国家在外部环境上应通过产业政策、金融和税收政策为企业推行清洁生产开辟更广泛的融资渠道,如辽宁省清洁生产中心,通过国际合作建立了清洁生产周转金的转向资金,通过周转金贷款审批制度的建立,极大增强了金融机构和企业参与清洁生产的内在动力,为清洁生产市场驱动机制的建立和健全迈出了坚实的一步。

5. 完善相应的政策激励机制和法律法规规范机制,推动持续清洁生产

推进清洁生产的发展,必须要有良好的政策激励和严格的法律规范,并严格执法。我国在现阶段,《清洁生产促进法》已确立了一些具有法律效力的鼓励措施,如对从事清洁生产研究、示范和培训,实施国家清洁生产重点技术改造项目,列入国务院和县级以上地方人民政府同级财政安排的有关技术进步专项资金的扶持范围;对利用废物生产产品的和从废物中回收原料的,税务机关按照国家有关规定,减征或者免征增值税;企业用于清洁生产审核和培训的费用,可以列入企业经营成本等,关键在于加大执行力度,确保这些措施落到实处,使企业的清洁生产行动对

社会和企业都带来实实在在的效益。同时,在法律、法规方面,除了要严格执行《环境保护法》、《清洁生产促进法》外,还必须有针对性地加强和完善各行业生产中一切约束不利于生态环境建设的法律、法规建设,使破坏环境、滥用资源者承担应有的责任,付出应有的代价,这是推进清洁生产广泛、深入发展的根本保证。只有在加强和完善环境保护和清洁生产的法律、法规环境下,人们才能逐渐摒弃那些不利于环境建设的落后的生产技术、生产工艺和不利于环境保护、有害于消费者身心健康的产品,从而大大地加快清洁生产的发展进程。

思考题

1. 简述清洁生产推行和实施的原则。
2. 为什么说资源的综合利用是推行清洁生产的首要方向?
3. 如何通过"改进产品设计、创新产品体系"来促进清洁生产的实施?
4. 举例说明工艺和设备的改革是实现清洁生产最有效的方法之一。
5. 企业清洁生产意义上的科学管理包括哪些方面的内容?
6. 为什么在现有经济技术条件下废弃物的综合利用和污染的末端治理是清洁生产必要的实施手段?与传统的污染末端治理相比有何本质区别?
7. 目前我国有哪些促进清洁生产的政策?
8. 我国现行环境和资源保护法规对清洁生产有哪些法律保障?
9. 简述《中华人民共和国清洁生产促进法》的基本内容。
10. 我国现行的环境管理制度对促进清洁生产有哪些方面的作用?如何完善?
11. 清洁生产的实施在我国主要存在哪些障碍?如何克服这些障碍促进我国清洁生产的持续健康发展?

第七章 清洁生产工艺

第一节 环境污染控制的模式

人类在开发利用环境资源、创造物质财富的过程中,也对自己的生存环境产生了诸多不利影响,进而产生了一系列的环境问题,如大气污染(温室效应、沙尘暴)、水污染(藻化、盐化)、土壤污染(沙漠化、重金属污染)等,这些严重阻碍了经济的可持续发展,也为人类的文明进步带来不利影响,这就是环境污染所带来的问题。

一、环境污染的定义与类型

(一)环境污染的定义

环境保护法关于环境的定义为:它是指影响人类生存和发展的各种天然的和经过人工改造过的自然因素的总体,包括大气、水、海洋、土地、矿藏、森林、草原、野生动物、自然遗迹、自然保护区、风景名胜区、城市和乡村等。

环境污染是指由于某种物质或能量的介入,使环境质量恶化的现象。环境污染既可由人类活动引起,如人类生产和生活活动排放的污染物对环境的污染;也可由自然的原因引起,如火山爆发释放的尘埃和有害气体对环境的污染。环境保护中所指的环境污染主要是指人类活动造成的污染。

(二)环境污染的类型

环境污染的类型,按环境要素可分为大气污染、水体污染和土壤污染等;按污染的性质可分为生物污染、化学污染和物理污染;按污染物的形态可分为废气污染、废水污染、固体废物污染以及噪声污染、辐射污染等;按污染产生的来源可分为工业污染、农业污染、交通运输污染和生活污染等;按污染物的分布范围,又可分为全球性污染、区域性污染和局部污染等。

为了使可持续发展战略进一步持续下去,保证人类的生存和发展,对环境污染的处理措施已经不仅仅是控制,更重要的是预防,防止人类以及农业发展赖以生存的水圈、大气圈、生物圈和土壤圈等生态环境因素受到破坏。

二、废弃物的定义、来源和分类

在讨论如何制定废弃物削减或污染预防计划之前,首先需给出污染物,也就是对废弃物的定义、来源和分类做一些了解。

通常倾向于认为废弃物是生产过程结束后剩下的一种固态物品。实际上，废弃物的问题不仅局限于此，它还包括在生产过程中和使用产品过程中对能源或水的浪费等。因此，在讨论废弃物时，必须关注它的全部内容。例如：家庭饮料罐的循环利用计划对保护自然资源和减少垃圾占用土地等都是非常有利的，但如果驾车几千米去处置放在收集箱里的一些报纸、空罐、玻璃或塑料瓶会造成汽车、汽油等资源的很大浪费，在做这些事情时消耗的资源，加上把这些收集起来的废弃物送到各个处理中心所需的资源，可能超过不扔掉它们而节省下来的资源。让食品坏掉是一种浪费，因为食品在生产过程中消耗资源和能源。减少包装就可以减少纸、金属、玻璃和塑料等在食品包装上的应用，但被浪费食品的价值可能比避免包装的价值高好多倍。

一般这样描述工业废弃物：它们来自制造过程，不能在企业内部被直接使用，而被弃置或排放到环境中。它们可能是某一个工艺过程或某一个企业的废弃物，但它们对于其他企业可能还有价值。例如：来自钢铁厂的失去效能的酸洗液是钢铁工业公认的废弃物。但在其他领域中，它作为中性化剂和凝结剂有很大的潜力，问题是将这些废弃物销售和运输到潜在用户的成本较高，因而常使其应用变得不经济。因此，工业产品可能是废弃物，也可能是可以使用的资源，这取决于它的数量和市场的可获得性。废弃物不一定是真正废弃物，关于废弃物有一个很好的定义：废弃物是放错位置的资源。

农业方面每年都产生大量的废弃物，但其中大部分没有得到充分利用。农业废弃物是农业生产、农产品加工、畜禽养殖业和农村居民生活排放的废弃物的总称。它主要包括农田和果园残留物（如秸秆、杂草、落叶等），牲畜和家禽的排泄物及畜栏垫料，农产品加工的废弃物和污水，人粪尿和生活废弃物。农业废弃物如果任意排放，不仅造成农村生活环境的污染，而且会污染农业水源，影响农业产品的品质，危害农业生产。

三、污染预防

（一）污染预防的定义

污染预防是用来描述生产技术和战略的术语。其目的是消除或减少废弃物的产生。对污染预防的定义为：使用物质的、过程的或操作的方法在源头上减少或消除污染物或废弃物的产生。它包括减少有害物质、能源、水和其他资源使用的行为，也包括通过保护自然资源或更有效地利用他们来保护自然资源的行为。因此，污染预防既包括改进农业、工业生产过程，使废弃物的产生量降至最低，也包括保护有限的资源，实现可持续发展的概念。

污染预防的范围包括产品的改变、过程的改变、操作方法的改变。实行污染预防的主要前提是,不产生废弃物比实施广泛的废弃物处理计划以保证废弃物不对环境质量造成威胁更有意义。

(二)污染控制模式

目前,无论农业生产,还是工业生产都对环境有一定的影响,这种影响有正面的,也有负面的。当然,负面的应该阻止,这种阻止有政策性的,也有非政策性的,如技术革新或改进设备阻止负面影响等。不同行业的污染途径和污染程度不同,因此其相应的污染控制模式也各有差别。

1. 工业污染控制模式

常用的废弃物处理模式有末端处理废弃物模式和源头削减废弃物模式。

(1)末端处理废弃物模式:工业污染控制的对象主要是生产末端的"三废"(废气、废水和废渣),这种处理存在着费用高昂、资源浪费严重、难以有效消除污染排放等诸多缺陷。

(2)源头削减废弃物模式:清洁生产通过对产品设计、原料选择、技术革新、设备更新、工艺改造、生产过程产物内部循环利用等环节的全过程控制,可以提高物质转化、提高资源利用率、最大限度地减少废弃物的生成和排放,因而是工业生产污染资源化、减量化、无害化的源头控制模式。

2. 农业污染控制模式

农业污染控制模式实质是在农业生产全过程中,通过生产和使用对环境友好的"绿色"农用化学品(化肥、农药、地膜等),改善农业生产技术,减少农业污染的产生,减少农业生产及其产品和服务过程对环境和人类的风险。农业废弃物主要是有机物,多层次合理利用农业废弃物,如饲草的过腹还田、鸡粪处理后作为部分猪饲料、利用作物秸秆和粪便制取沼气、沼渣养蚯蚓、渣液当作肥料等,是当今生态农业研究和推广的重要内容之一。

3. 城市生活垃圾污染控制模式

目前,坑填焚烧和堆肥等技术已经得到普遍采用。20世纪80年代以来,利用垃圾生产能源和回收再生技术也得到发展,采用高温处理后的生活垃圾,以其组分的物理属性,利用比重与体积原理,经机械设备分拣、分类、分级以及水、气处理后综合利用,达到彻底消化生活垃圾、净化环境、变废为宝的目的。

无论是哪一种污染预防,都要从污染的全过程控制,依靠科技进步大力发展清洁生产,遵循四个原则:减量、恢复、回收和回用,合理利用资源,减少污染物排放,以点源治理与集中控制相结合,以集中控制优先等来减少环境的污染。

第二节　农业清洁生产技术

农业清洁生产技术体系是国家急需的农业技术之一,在长期的农业生产中,人们为追求单位面积农作物产量的提高,大量使用农药、化肥、地膜等农用化学品,导致了农业自然资源的退化和农业环境的污染,同时有机肥中的大量兽药和饲料添加剂残留也是导致农业生态环境恶化的主要原因之一,因此,随着防治农业面源污染的艰巨性和迫切性增加,大力开发以新型环境友好的化肥、农药以及农膜为主体的农业清洁生产技术体系,必将对中国农业的可持续发展产生深远影响。

一、现有农业生产存在的问题

(一)化肥的使用及其环境问题

化肥是现代农业生产的重要物质基础,是农业增产的重要保证。国内外诸多学者研究认为,粮食产量的增加与化肥的投入量密切相关,增施化肥可以对农业增产起到30%～65%的作用。但是,我国农村在化肥使用量上存在明显的过量施用现象。据资料显示,近20年来,我国化肥使用量超过世界平均水平的1倍多,而化肥利用率只有30%～40%,其余60%～70%的化肥进入到环境,造成环境污染。中国工程院院士刘更另说,中国用世界上7%的耕地养活了世界上22%的人口,然而我们却用了世界上35%的化肥。如此大量盲目施用化肥已经成为对化肥资源的一种掠夺性开发,不仅难以推动粮食增产,反而破坏了土壤的内在结构,造成土壤板结,地力下降。有关资料表明,建国初期,我国大部分土地有机质含量是7%,现在下降至3%～4%,流失速度是美国的5倍。这种土壤肥力下降现象和长期过量单一施用化肥是密切相关的。

此外,化肥的过量使用导致我国农业面源污染问题日益突出。据对我国25个湖泊的调查,水体全氮均超过了富营养化指标,某些蓝藻、绿藻等藻类的异常增殖,致使水体透明度下降,溶解氧降低,严重地影响了水生生物的生存环境。通过对太湖污染源的调查表明,来自农村面源的总氮排放量占该地区总氮排放量的36.11%,其中化肥流失占农村污染源的58.15%。

(二)农药的使用及其环境问题

农药包括杀虫剂、杀菌剂、除草剂、植物生长调节剂等。农药的使用是提高农作物单位面积产量的重要措施之一。据联合国粮农组织统计,世界谷物生产每年因虫害损失14%,病害损失10%,草害损失11%,农药的使用可以挽回15%～30%的农作物产量损失。农药大量使用的同时也带来一系列严重问题,据统计,每年我国杀虫剂有效成分的使用量达30万t左右,其中仅有15%作用于靶标,30%残留在作物上,其余部分则进入了土壤和包括地下水、江河湖海等在内的各种水系。目前,我国不同程度遭受农药污染的农田面积已达 934 万 hm^2,对动植物的品质与进出口贸易产生了极为不良影响。我国虽然于 1983 年禁止了滴滴涕、六六六等有机氯的生产和使用,但至今仍可以从各种环境和动植物产品中检出,例如:2001 年江苏省质量监督局对南京市 30 批次茶叶监督检查结果显示,合格率虽比 2000 年上升了 22.8%,但仍有 40% 不合格,其中有两批滴滴涕含量超标,其含量高达我国卫生标准的 12 倍。由于食用农药污染的蔬菜导致中毒的报道更是屡见不鲜。

(三)地膜的使用及其环境问题

2005 年 7 月 8 日《中国投资》报道:据农业部统计,中国每年地膜覆盖面积已达 1 200 万 hm^2 以上,地膜的年需求量 5 万 t 以上,占世界第一位。但是,由于忽视了废旧地膜的回收和处理,土壤中地膜平均残留量约为 60 kg/hm^2,平均残留率约为 20%。其中,残留地膜污染较重的有上海、北京、天津、新疆、黑龙江和湖北等省(市、区),残留量达 90~135 kg/hm^2。

过量使用农用地膜且未及时清除,不仅造成农田土壤物理性状变劣、作物生长受阻、产量和品质下降,而且白色地膜,尤其是残膜易被牲畜误食而造成牲畜中毒乃至死亡。这种现象被人们形象地称之为"白色污染"。

(四)污水灌溉和农用固体弃废物造成的环境问题

污水灌溉为农业开辟了水、肥资源,有利于农作物产量的提高,同时也处理了污水。据统计,到 1998 年为止,我国污水灌溉面积达到 361.8 万 hm^2,占全国灌溉总面积的 7.3%。但是,有些地区的工业废水和生活污水大多数是未经处理的原生污水或经一级处理后的污水,其中含有大量的污染物质(病原体、无机污染物和有机污染物),有的不符合《农田灌溉水质标准》。工业、农业和生活中产生的各种固体废弃物,有的含有丰富的 N、P、K 和有机质,可作为有机肥料资源,如畜禽粪便、糖厂滤泥、城市垃圾和城市污泥等;有的具有独特的理化性质,可作为土壤改良剂,如粉煤灰等,它们不同程度地在农业生产上得到了广泛利用,但这些农用固体废弃物往往含有较高的重金属和毒性有机物,因尚未有限制标准或因管理不善,已对农业环境和农产品造成了一定的污染。另外,由于含 Cu 和 Zn 生长剂、杀菌剂的大量使用,当前畜禽粪便中的有毒有害(如部分重金属、兽药和饲料添加剂残留等)含量往往较高,农用时尤其需要注意。

二、实施农业清洁生产的措施和途径

所谓农业清洁生产,是指把污染预防的综合环境保护策略,持续应用于农业生产过程、产品设计和服务中,通过生产和使用对环境温和(environmentally benign)的绿色农用品(如绿色肥料、绿色农药、绿色地膜等),改善农业生产技术,减少农业污染物的产生,减少生产及服务过程对环境和人类的风险性。如何推进农业清洁生产,主要有如下措施和途径。

(一)管理方面

工业的清洁生产已积累了多年的管理经验,农业清洁生产可以借鉴这些宝贵的经验。但农业清洁生产在管理上应有自己的特色。应大力加强在法律法规健全、政策研究制定、机构建设、试点示范、宣传教育和培训以及国际合作等方面的工作。尤其要注意加强政府的干预作用,强化政府的宏观调控职能,做好清洁生产技术的推广工作。

(二)肥料(化肥)的生产和施用

为达到农业清洁生产的目的,肥料(化肥)的生产和施用,应做好如下几方面的工作。

(1)加强研制和生产各种对环境温和的新剂型肥料(绿色肥料),如多元无机复合肥、作物专用复合肥、有机无机复合肥、缓释肥料、微生物肥料等,研制和生产能够根据作物不同生长期的需求来调控肥料中养分的释放和供应,使其与作物生长的营养需求同步的新型控释肥料。

(2)在新剂型的绿色肥料尚未研制成功或尚未广泛使用之前,对现有化肥品种的施用尤其要注意施肥技术的改进。

(3)肥料的施用应与其他农业措施相结合。如修筑堤坝、科学种植、合理灌溉等措施,均有利于减少肥料流失提高肥料利用率。

(三)农药的生产、使用与有害物质的综合防治

为了避免农药对环境的污染和人畜的危害,研制和使用对环境温和的绿色农药应该是21世纪农药发展的主流。同时,有害物质的综合防治(IPM)工作将更加深入人心,并得到全面展开。

(1)化学农药应向高效、高纯度、低毒(对非靶标生物的毒性低、影响小)、低残留(在动植物体内和环境中易分解)、多样化作用机制和缓释的化合物及其剂型方向发展。

(2)由生物发掘和细菌发酵工程开发的对环境更温和的生物农药的生产和使用,应逐渐取代化学农药。但这一转化过程可能还需要相当长的时期。

(3)农药概念的内涵和外延将会发生变化,以杀死有害个体来达到防治目的的传统观念和农药剂型将逐渐淡化,转而强调对有害生物的生长发育和繁殖过程的影响、控制和调节,研制和推广使用非杀生性农药,如昆虫生长调节剂、昆虫性引诱剂、去虫驱避剂等,使有害生物得到较好的抑制,而有益生物得到有效保护,以维持良好的生态平衡。

(4)研究科学的施药技术应受到高度重视。农药剂型—施药方法—施药机械—作物种类—耕作方式紧密结合在一起的施药技术将成为研究和推广的重点。

(5)基因工程技术对农药的应用提出新的挑战,包括作物的转基因抗虫策略、害虫的转基因遗传防治策略和天敌的转基因增效策略。

(6)种植可对有害物质产生抗性的作物、利用自然天敌和加强栽培管理(混作、轮作、作物残渣清除等管理)的生态综合防治技术将被提上重要日程。

(四)地膜的生产与使用

为了解决农用地膜对农业环境的污染问题,要加强研制和推广使用对环境温和的可降解地膜。在使用技术上,采取改变农业作业方式,增加农膜的回收率;严格执行塑料地膜标准,保证塑料地膜的厚度,以达到一定的回收强度,便于使用后清除;采用防老化、易回收塑料地膜;开发回收地膜再生技术,将回收的废地膜生产成为合适的深加工产品。

三、农业清洁生产的关键技术

(一)合理施用肥料

合理施用化肥,充分利用有机肥,做到无机与有机相结合,这有利于减少环境污染,实现农业清洁生产。

(1)改进施肥技术:提高肥料利用率,减少化肥施用量,应大力推行配方施肥、测土施肥、诊断施肥等先进的平衡配套施肥技术;试验和推广卫星地理定位施肥技术;由化肥浅施技术改为深施技术,并根据化肥剂型的特征来确定是采用分期多次性的施肥技术,还是一次性的施肥技术,同时施用硝化抑制剂、脲酸抑制剂等;大力推广应用控释肥等新型肥料,提高肥料利用率。只有这样,才可减少化肥施用量,从而减少环境污染。

(2)广辟有机肥源:城镇人粪尿和有机废弃物及大、中型畜禽场的粪便是重要的大宗有机肥源,应充分利用,变废为肥,化害为利。农户各家各户的猪、牛、羊粪,鸡、鸭、鹅屎,瓜皮果壳,地面上的树叶及河塘沟泥等,均是良好的有机肥,只要广为收集、合理利用,对实现作物高产高效十分有利。

(3)发展生物养地:播种绿肥、扩种豆类作物,是持续培肥地力、缓解化肥供应不足的生物养地措施。这一措施在广大农村均适用,且增产效果显著。南方冬季播种绿肥紫云英、油菜、蚕豆等,春、夏季种植大豆、花生、绿豆、豇豆等,在一定程度上有利于减少化肥用量,对减少生产成本、保护农业生态环境具有显著作用,值得在广大农村推广。

(4)推广秸秆还田:作物秸秆是一种数量多、来源广、可就地利用的优质肥源。它具有补充和平衡土壤养分、增加土壤新鲜有机质、疏松土壤、改善土壤理化性状和提高土壤肥力的作用,秸秆分解时所产生的有机酸能促进土壤中难溶性磷酸盐转化为弱酸溶性醋酸盐,提高其有效性。秸秆还田是缓解当前有机肥源短缺、钾肥资源不足的一项有效措施。

秸秆还田有以下几种形式：①秸秆直接覆盖；②秸秆耕翻还田；③秸秆过腹还田，即秸秆先作饲料喂畜养禽，再以禽畜粪便肥田，实行农牧结合，实现农牧双丰收；④秸秆氨化及快速堆沤等。

(5) 利用沼肥肥田：许多研究和生产实践表明，沼气发酵残留物中，无论是沼液或沼渣，均含有丰富的有机质、腐植酸和氮、磷、钾等营养成分，以及多种氨基酸、活性酶类物质、生长素、抗生素等。这些净化后的有机肥料和微量元素若能被广泛施用，对改良土壤、提高肥力、饲养禽畜都将收到理想效果。如就氮而言，1 t 沼渣相当于 35 kg 碳酸氢铵化肥，所以今后如用沼渣制作专用肥，将沼液制作添加剂或调配成生化农药，用于大田底肥、追肥、温室滴灌及叶肥喷施或饲养禽畜，均可减少化肥和农药用量，且增加土壤有机质，提高农作物和肉蛋产量，减少环境污染。

(6) 肥料的无害化处理：人畜禽粪尿、生活垃圾、作物秸秆等，如不经处理直接投入农田使用，往往会成为扩散和反复传染植物、动物及人体病原或寄生虫的传染载体，因此必须对其进行"无害化处理"。现在通常采用的方法是高温堆肥和沼气发酵，这种处理有两个作用：①可大大减少各种病原和寄生虫的数量及种类；②使有机肥中的养分有效化，适合于农业利用。

高温堆肥，只要物料中有机质超过 25%，碳氮比为 20～30 就可以顺利进行。在堆肥过程中一般 4～6 d 即可发热，肥堆温度 >50℃ 保持 5～7 d 或 >60℃ 保持 3 d，就能很好地完成无害化处理。堆肥达到预定温度，主要微生物、寄生虫和害虫病菌可有效地被杀死。沼气发酵是另一种无害化处理方法。在沼气厌氧发酵中，会产生 NH_3，有很强的杀菌作用，厌氧条件对于寄生虫卵等也有很好的杀死作用，并且沼气可以利用，因而这是一种很好的方法。

(7) 大力发展生物肥料：生物肥料或称微生物肥料，是指一类含有微生物的特定制品，应用于农业生产中，能够获得特定的肥料效应，在这种效应的产生中，制品中的活微生物起关键作用。微生物肥料一般包括根瘤菌肥料、固氮菌肥料、解磷微生物肥料、硅酸盐细菌肥料、光合细菌肥料、芽孢杆菌制剂、分解作物秸秆制剂、微生物生长调节剂、复合微生物肥料类等。其作用在于：①可增进土壤肥力；②协助农作物吸收营养；③增强作物抗病、抗虫和抗旱能力；④可减少化肥使用量，提高作物品质；⑤可节约能源，降低生产成本。与化学肥料相比，微生物肥料在生产时所消耗的能源要少得多；⑥使用微生物肥料不仅用量少，而且由于它本身的无毒、无害，因而不存在环境污染的问题。可见，在生产实践中，应大力提倡发展微生物肥料。

(二) 减少农药用量

在农业生产实践中，通过生态控制病虫害，可以有效地减少农药使用量，从而达到保护农业生态环境的目的。其关键技术如下：

(1) 以虫治虫:利用昆虫防治害虫的方法很多。如赤眼蜂防玉米螟,七星瓢虫捕食棉蚜等。广东省从20世纪50年代就开始系统地研究利用赤眼蜂防治甘蔗螟虫;70年代以来,广东省又大面积释放赤眼蜂防治稻纵卷叶螟,取得了很好的效果,卷叶螟卵的被寄生率为67%~83%。在东北、华北等地利用松毛虫赤眼蜂防治玉米螟也获得成功,基本上代替了化学防治,降低了化学农药施用量,有效地防止了农药污染。

农田蜘蛛是农作物害虫主要的捕食性天敌,主要捕食稻叶蝉和稻飞虱。蜘蛛种类多、数量大,具有良好的治虫特征,还能保护其他天敌。20世纪70年代后期,湖南省有计划地进行稻田保护蜘蛛试验,面积发展到6.67万 hm^2 以上,取得了良好的防治稻叶蝉和稻飞虱的效果。在保护蜘蛛的农田内,蜘蛛数量逐年上升,保护3年以上的农田基本不用农药防治。

(2) 以草治虫:广东省东莞市农科院将白花草引入柑橙园种植,不仅有效地增大了地面覆盖,起到了保土增肥、防晒保温、调节果园小气候、促进柑橙生长的作用,而且由于白花草对柑橙红蜘蛛的天敌印绥螨繁殖有利,既节省了农药,又达到了控制红蜘蛛的效果,同时提高了柑橙的食用质量。

(3) 以微生物治虫:利用细菌、真菌、病毒、立克次体、拮抗体、原生动物等各种微生物防治虫害,是常见的生态控害技术。由于这些微生物对人畜和高等植物无害,且繁殖快、用量少、不污染环境,被害物不产生抗性,也不危害天敌,是一种很有发展前途的生物防治途径。

目前,我国用于生物治虫的细菌制剂主要有苏云金杆菌类的青虫菌、杀螟杆菌、松毛虫杆菌、武汉杆菌等。每年生产的苏云金杆菌达1 000余t,主要用于防治粮、棉、油、烟、茶、麻、果树、园林等农作物和树木上的鳞翅目害虫,防治效果一般为80%~90%。真菌制剂白僵菌广泛应用于防治玉米螟、大豆食心虫和松毛虫等,效果明显。如玉米心叶期使用颗粒剂一次,防治效果可达80%~90%。

(4) 以脊椎动物治虫:脊椎动物中主要是鸟、禽、蛙和鱼等动物,是人类能直接利用的良好天敌资源。将鸡、鸭等家禽放入农田中,可以取食各种害虫。如一只成年鸡在棉田一天可以分别吃掉金龟子、夜蛾、造桥虫、棉铃虫和红铃虫几十到上百个,能有效地防治棉田害虫。安徽省利辛县某村采用放鸡食虫的生物防治方法,使棉田害虫得到控制。

有关试验表明,在稻田放养美国青蛙约每15 000头/hm^2,可成功地控制稻田害虫,避免了大量使用农药,保护了生态环境,节省了除虫费用。美国青蛙是一种适应性较强的蛙类,适宜稻田人工养殖,且食量大、捕虫效果好。生产的水稻和美蛙均属无公害食品,商品价值较高。可见,稻田养蛙取得显著的经济效益和生态效益,值得广泛推广。同样,稻田养鱼、养鸭等均具有良好效果,宜在生产中广为应用。

(5) 以菌治病：防治作物病害的微生物主要有细菌、放线菌和真菌等。①应用细菌防治作物病害最成功的是澳大利亚用土壤中分离的放射土壤杆菌 K84 菌株防治桃树等果树及林木冠瘿病，其防治效果达 90% 以上，先后在澳、法、美、意、新西兰、葡萄牙等 10 多个国家大面积推广应用成功，被誉为植物（作物）病害生物防治史上的里程碑；②放线菌用于防治作物病害的成功例子很多，我国最早的是 20 世纪 50 年代从苜蓿根系获得的 5406 放线菌，试验后用于防治棉花病害、水稻烂种、小麦烂种等多种病害，取得显著效果。我国研产的井冈霉素用于防治水稻纹枯病已有十多年的历史，取得了极大的成就；③一些真菌（如木霉菌）用来防治作物立枯病、幼苗摔倒病和葡萄等作物的灰霉病，腐生性镰刀菌用来防治一些作物的枯萎病，均取得了良好的效果。

(6) 以草治草：利用高密度地种植对人类有经济价值的草类来抑制农田杂草，不仅可有效减轻草害，还能不用或少用除草剂，有利于保护生态环境。广东省种植具有适应性强、繁殖速度快、优质高产和多次利用的白花草，可有效地抑草生长，起到了"生物除草，以草治草"的作用，从而保护了当地的农业生态环境。

(7) 农业防治病、虫、草害：综合运用耕作、栽培、施肥、品种、灌溉等农业手段对农田生态环境进行管理，可行之有效地控制病、虫、杂草危害，对节省农药、降低成本、保护生态环境均有利。如合理密植可防治东亚飞蝗的发生和危害；轮作可切断土传性病害传播，棉田实行麦棉间作套种，可明显减轻棉铃虫危害等。

(8) 开发无公害农药：利用现代生物技术和其他高新技术，开发出那些在生产、加工、储运过程中比较安全，在实际使用中防效显著，可控制目标生物种群，残留毒害低微，不易对人畜、有益生物、环境质量造成明显不良影响的无公害农药，将是新世纪农药发展的方向，也是生态控害的重要目标。

无公害农药一般可分为矿质农药、动物源农药、微生物农药、植物性农药、化学合成的无公害农药等。大量研究和生产实践表明，科学合理的加工技术，是发展无公害农药品种和制剂的一条重要途径；科学正确的农药使用方法和技术，是发挥无公害农药潜力的基础保证；无公害农药的研究和发展，应仍以植物性农药和微生物性农药为主要领域，生物工程技术将成为无公害农药研究和发展的最主要途径。

（三）科学使用地膜

科学使用地膜应采取改变农业作业方式，增加农膜的回收率；开发回收地膜再生技术，将回收的废地膜生产成为合适的深加工产品；开发降解塑料地膜等。

(1) 适时揭膜技术：传统做法揭膜大多在作物收获后进行，新的揭膜技术将揭膜的时间改为收获前，并针对不同的农作物筛选出不同的最佳揭膜期。这种农业新技术被称为适时揭膜技术。适时揭膜技术的好处是不仅能提高塑料地膜的回收率,减少塑料地膜对农田土壤的污染而且可以提高农作物产量。其技术要点是:对塑料地膜栽培的玉米,海拔 1 000 m 以上地区采用侧膜栽培技术(即将塑料地膜覆盖在作物行间,作物栽培在地膜两侧,一般在玉米大"喇叭口期"揭膜),即在玉米移栽到大田 80 d 或在 7 月中旬连续 5 d 日平均气温稳定在 17℃ 以上时揭膜;在海拔 1 000 m 以下的地区采用全覆盖塑料地膜栽培的玉米一般在拔节期揭膜,即在玉米出苗后 45 d 或在 5 月中旬揭膜。对塑料地膜栽培的棉花,在现蕾期揭膜或在 6 月底 7 月初揭膜。选定最佳揭膜期后,具体的最佳揭膜时间最好选定在雨后初晴,此时土壤较为湿润,两边压在土里的塑料地膜用力一拉即可拉出,可提高塑料地膜的回收率。

采用适时揭膜技术,可同时获得良好的生态效益、社会效益和经济效益。

(2)选择耐老化易回收的塑料地膜:提高塑料地膜的强度、耐老化性能和使用寿命,可以减少塑料地膜使用后的破损。选择既可方便回收又可多次使用的塑料地膜,不仅是防治塑料地膜污染的有效途径之一,也有利于节约资源和能源。

(3)严格执行现行塑料地膜标准:塑料地膜的厚度直接关系到保温、保湿、耐老化性能。塑料地膜过薄,强度过低,且易于老化,会造成难以回收、大量残留农田的后果。中国塑料加工协会在调查研究的基础上,与农业部门协调,于 1993 年制定了强制性的有关塑料地膜的标准——农用聚乙烯吹塑地面覆盖薄膜国家标推,目的主要是保证塑料地膜的厚度,以保证一定的强度,便于农民在栽培的农作物收获后揭膜,提高塑料地膜的回收率。

(4)研制可降解地膜:为了彻底解决农用地膜对农业环境的污染问题,要加强研制和推广使用对环境温和的可降解地膜,对环境温和的可降解地膜降解和灰化后的产物对环境和农产品无害,且一般可分为三类:生物可降解地膜、光可降解地膜和光、生物双降解地膜。可以相信随着科学技术的发展和广大科技工作者的努力,适合我国广大农民需求的可降解地膜一定会尽早研制成功。

第三节 工业清洁生产技术

一、工业污染防治的主要任务

工业污染防治的主要任务是把削减工业污染物排放总量作为工业污染防治的主线,实施工业污染物排放全面达标工程,促进产业结构调整和升级。当前,我国工业污染防治的主要任务是:

(1)严格控制新污染。基本建设和技术改造项目,必须严格执行国家产业政策和环境保护法规,采用清洁生产工艺和设备,合理利用自然资源,并通过"以新带老",做到增产不增污或增产减污。

（2）巩固和提高工业污染源主要污染物达标排放成果。以污染负荷占全国工业污染65％的企业为重点，推行污染物排放全面达标，工业污染源排放的各种污染物要达到国家或地方排放标准。全面实施排污申报登记动态管理，在重点地区推行许可证制度。实施污染物排放总量控制定期考核和公布制度。

（3）淘汰污染严重的落后生产能力。综合运用法律、经济和行政手段，结合国家工业生产总量调控目标，关闭产品质量低劣、浪费资源、污染严重、危害人民健康的厂矿，淘汰落后设备、技术和工艺。开展经常性执法检查，防止关停企业死灰复燃。禁止被关闭淘汰企业的落后生产装置和设备向西部地区转移。

（4）大力推行清洁生产。结合产业结构调整，提倡循环经济发展模式，采用高新适用技术改造传统产业，支持企业通过技术改造，节能降耗，综合利用，实行污染全过程控制，减少生产过程中的污染物排放。开展清洁生产审计，在多个行业和多个城市开展清洁生产示范，建立清洁生产示范企业。大力推行节能、节水，实施重点行业的能耗和用水定额标准。积极开展ISO14000环境管理体系和环境标志产品认证，在国家经济开发区全面开展ISO14000的活动，创建若干个ISO14000国家高新技术示范区，建设若干个国家生态工业示范园区，提高企业环境管理水平和国际竞争能力。开展上市公司的环境绩效评估和环境信息公告。

二、重点行业的污染防治

（1）煤炭行业：煤炭行业以改善煤炭结构为导向，限制开采高硫煤，着力提高优质煤比重。加大煤炭清洁利用技术研究开发力度，大力发展煤炭洗选、型煤、动力配煤、水煤浆、煤炭气化和液化，逐渐提高煤炭洁净利用水平和利用效率。抓好劣质煤和煤矸石的综合利用，开展利用煤层气资源，逐步限制直接使用原煤，发展配煤产业。加强矿区环境综合整治，以土地复垦为重点，建立各种类型的矿区生态建设示范基地，逐步形成与生产同步的生态恢复建设机制。2005年，大中型煤矿矿井水重复利用率已达到60％以上。

（2）电力行业：电力行业以削减二氧化硫排放量为重点，优化电源布局，促进西电东输，控制东部地区新建燃煤电厂，限制"两控区"新建燃煤电场，禁止在大中城市市区和近郊新建、扩建燃煤电厂（热电联产除外）。调整电源结构，积极发展水电和坑口大机组火电。压缩小火电，关停和替代老旧机组，适度发展核电，鼓励热电联产和综合利用发电，因地制宜发展风力、太阳能、生物质能等新能源和可再生能源发电。新建燃煤电场发电要采取低氮燃烧方式，并同步建设脱硫设施，积极推动现役火电机组脱硫。国家在脱硫资金和政策上要予以有力支持：①制定不同地区发电环境保护折价标准；②国家对电厂脱硫项目给予资金支持；③保证脱硫电厂优先并网；④提高二氧化硫排污收费标准，以调动企业脱硫的积极性；⑤加快采用洁净煤技术。2005年，电力行业氧化硫排放量比2000年削减了10％～20％。加强燃煤电厂环境监督管理,燃煤燃油机组必须安装烟气在线监测装置。2005年,燃煤电厂平均供电煤耗比2000年降低了 $15\sim 20$ g/(kW·h),废水回用率达到60%,已满灰场全部复垦。

(3)冶金行业:结合钢铁产量总量调控和结构调整,继续加大取缔小规模炼焦厂、小规模钢铁厂等小型企业,淘汰平炉、倒焰式焙烧炉、小高炉、小烧结、小转炉、化铁炼钢等落后工艺和设备,大力推动以清洁生产为中心的技术改造,积极采用干熄焦、炉外精炼和高效连铸等先进技术,全面推广余能、余压、余热和废气、废水、废渣的综合利用。2005年,大中型企业吨钢综合能耗降到0.8 t标煤以下,吨钢耗新水量降到16 m^3 以下,烟(粉)尘、二氧化硫等主要污染物排放量降低10%。逐步调整冶金工业的地区布局,首都和重要旅游城市、风景名胜城市及严重缺水地区的钢铁企业要严格控制生产规模,逐步压缩生产能力。

(4)有色金属行业:继续关停土冶炼,淘汰落后工艺和落后企业。鼓励企业采用新技术装备,进行高技术起点的技术改造和清洁生产,提高工艺废气、废水、废渣综合利用率。2005年,工业用水重复利用率提高到85%,单位产品能耗下降3%~5%,重点冶炼加工企业环保设施达到国际先进水平,粗铜冶炼硫回收率达到95%,粗铅冶炼硫回收率达到90%。大型预焙槽电解铝吨铝排氟量降到1 kg以下。除有重点地开发中西部地区有色金属矿资源外,严格限制新上有色金属冶炼和加工项目;东中部地区大中城市内的有色金属冶炼企业,要按照城市环保要求,大幅度削减污染物排放量。

(5)石油和化工行业:石油和化工行业以结构调整和清洁生产为重点,关闭污染严重的小化工企业,逐步淘汰高毒、高污染的甲胺磷、对硫磷、甲基对硫磷、久效磷和磷胺等有机磷农药,淘汰工艺落后、污染严重、附加值低的染料、涂料品种。按照履行国际公约进程,逐步禁止生产和使用持久性有机污染物质,淘汰臭氧层耗损物质,发展替代品。发展高浓度、缓施化肥和高效低毒低残留农药。到2005年,高浓度化肥占化肥总产量的比例达到65%,低毒农药比例达到55%。低污染涂料比例达到40%。加快技术进步,推行清洁生产,节能节水,降耗减污。加强石油开采的污染防治和生态保护,取缔小油井和土炼油,逐步关闭炼油能力100万t/a以下炼油厂,按照防治大气污染要求提高油品品质。大力发展天然气工业,优化能源结构。

(6)建材行业:逐步淘汰机立窑、立波尔窑、中空窑等落后工艺,禁止新建、扩建立窑生产线,鼓励发展新型干法窑外分解大型水泥项目,使新型干法水泥产量的比重达到20%以上。淘汰引上工艺、平拉工艺、小型格法工艺等落后玻璃工艺,发展"洛阳浮法"玻璃技术,使浮法玻璃产量的比重达到80%以上。大力开展废弃物综合利用,发展新型墙体材料,在大中城市强制淘汰黏土实心砖。

(7)轻工行业:关闭污染严重、技术落后、不符合经济规模的小制浆厂、小制革厂、小酿造厂、小糖厂等,淘汰落后工艺和落后生产能力,加大重污染行业的结构调整和污染治理力度。造纸行业要从调整原料结构入手,大力发展木浆,积极利用废纸浆,降低非木浆比重,压缩草浆。对重污染行业实施规模政策,企业最低规模:木浆纸厂年产10万t,新建、扩建化学木浆规模年产30万t,化机木浆10万t,草浆3.4万t,其他非木浆生产线5万t;制革新建、扩建年产10万张(折牛皮);啤酒年产3万t。积极开发和推广无磷洗涤产品。禁止生产锌、汞电池。停止一次性发泡塑料餐具生产和销售。建立废旧电器回收制度。限制轻工产品的过度包装。完成汽车空调、烟草、电冰箱(含冷柜)、工商制冷4个行业和哈龙1211等臭氧损耗物质(ODS)的淘汰,实现氟氯烃(CFCs)50%的替代目标。大力推广环境标志产品认证,推动发展节能、低噪、无毒、无污染的环保型轻工产品。

三、典型工业行业清洁生产工艺技术

对于我国来说,实施清洁生产要以节能、降耗、减污为目标,以技术和管理为手段,通过对生产全过程的排污审计,筛选并实施污染防治措施,从而达到防治工业污染、提高经济效益的双重目的。具体来说,实现清洁生产有两个要点:①提高物料转化过程的资源效率,即从原料投放到废弃物排出整个过程的有效产出;②组织生产过程的环境意识,即从产品开发到市场售后服务,都要关注产品的生产和使用对环境的影响。所以,清洁生产主要是针对各种产品和生产过程对环境的不利影响,以实现污染预防为目标,研究、开发并实施各种环境友好工艺和技术。

(一)制革工业清洁生产

制革工业清洁生产首先是指避免产生废物;其次是最低限度地使用化学品和能源,使产品在其生产生命周期中减少对人体和环境的危害。

1.制革生产工艺

制革工业使用的原料主要有牛皮、猪皮、羊皮、马皮、鹿皮等。制革工艺主要包括准备、鞣制和整饰三道工序。

(1)准备工段:指原料皮从浸水到浸酸之前的工序操作。其作用在于除去制革加工不需要的各种物质,使原料皮恢复到鲜皮状态,除去表皮层、皮下组织层、毛根鞘、纤维间质等物质,适度松散真皮层胶原纤维,使裸皮处于适合鞣制状态。

(2)鞣制工段:包括鞣制和鞣后湿处理两部分。铬鞣工艺一般指鞣制到加油之前的工序操作。它是将裸皮变成革的过程,铬初鞣后的湿铬鞣革称为蓝湿革,需经过湿处理,以增强革的粒面紧实性,提高柔软性、丰满性和弹性,并染色赋予革特殊性能。

(3)整饰工段:包括皮革的整理和涂饰,属于皮革的干操作工段,指在皮革表面施涂一层天然或合成的高分子薄膜的过程,常辅以磨、抛、压、摔等机械加工,以提高革的质量。

2.制革工业的清洁生产技术

(1)提倡原皮冷冻保存和鲜皮加工。

(2)低盐保藏:采用浸渍盐腌法或其他无污染保存方法。严格控制使用卤代有机化合物及其他对环境有害的防腐剂,推广使用可生物降解的防腐剂。

(3)低硫化物及低COD排放的脱毛方法。

(4)高效浸灰和低氨氮脱灰:利用化学及生物助剂来提高浸灰效果、循环利用浸灰液取代石灰石的加工工艺。

(5)无盐浸酸:降低鞣制过程中盐的用量,采用无盐浸酸(非膨胀酸浸酸)法、高pH值或不浸酸铬鞣工艺和各种改进工艺。

(6)高吸收铬和少铬鞣剂:推广白湿皮工艺,采用无污染的化工材料预鞣、剖白湿皮。采用高吸收铬鞣及其他替代性鞣制材料进行鞣制,在复鞣过程中不用或少用含铬复鞣剂,取缔使用铬酸盐的二浴和变型二浴法鞣制工艺。

(7)严禁使用禁用的偶氮染料,进一步提高加脂剂的吸收率:严禁使用国际上禁用的含23种致癌芳香胺基团的染料,使用新型复鞣、加脂材料,提高皮革对加脂剂的吸收,减少废弃加脂材料的排放;慎用富含双键的加脂剂及其他氧化剂,避免三价铬被氧化成六价铬。

(8)推广使用环保型涂饰材料:推广使用新型水溶型或水乳型涂饰材料,替代溶剂型涂饰材料,减少甲醛及其他有害挥发物质的使用。

(9)减少助剂对环境的污染:用非卤化物表面活性剂代替卤化物表面活性剂,用易降解的助剂代替不易降解的助剂,以减少废水中COD和BOD的排放量及处理的难度。

(10)提倡节水工艺,加强浸灰、铬鞣工序的废液循环利用:尽量使用经二级生化处理的水替代新鲜水用于生产、厂区环境保洁、绿化等。

(二)纺织印染工业清洁生产

1.行业概况

近几年,我国印染行业快速发展,多元化投资大量涌入,在全球的产能份额持续上升,已成为世界印染业中规模最大的国家。但随之而来的水污染问题也不容小觑。由于印染加工工艺的要求,印染布在加工过程中需要消耗大量的水,同时排放污水。按2003年全国印染行业印染布生产量计算,印染行业年排放印染废水约16亿m^3,水平均重复利用率不到10%;其次为废气、废渣和噪声污染。其中,废气主要为锅炉燃烧产生的废气及相应的废渣;噪声也是对于大型纺织厂而言。纺织工业废水处理常用的流程为一级好氧处理工艺,最近,一些大型纺织生产厂采用了二级厌氧-好氧技术。经厌氧-好氧处理后,废水的COD和BOD去除率可分别达到70%和95%。

大多数中小型纺织厂没有生物处理设施。只有在一些厂中采用了沉淀或一级处理,以减少废水中悬浮固体的浓度和一部分BOD。一些中小型纺织厂还采用了化学处理法,如絮凝。必须强调的是,化学处理法由于要加入化学药剂,其成本一般较高。工业生产实践表明,单纯用化学法处理纺织工业废水很难达到排放标准。

2. 纺织印染行业实行清洁生产的途径

在过去的20年中,相对于变化的产品和市场而言,我国纺织工业的工艺特征并没有发生多大变化。而提高纺织行业竞争力的一个重要因素是要不断采用新技术,在提高产品产量和质量的同时降低环境污染。自1996年10月以来,由于我国的执法部门加强了对纺织厂和染料厂废水的管理和执法,大量中小型纺织企业因污染问题被迫关闭。同时,ISO14000环境标准的实施也对纺织企业,尤其是出口型纺织企业采用环境无害化技术产生了推动力。

目前,对工艺技术的要求包括如下几点:

(1)柔性生产,以适应市场变化。

(2)提高产品质量。

(3)降低成本,靠改善管理系统和生产工艺的自动化,而不是靠单纯扩大生产规模。

在进行环境无害化技术转让时,需要考虑到上述要求。

据估计,通过实施环境无害化技术和优化管理系统及操作控制,大约可节水20%～30%,同时削减COD15%～50%。废水经过厌氧处理后,COD和BOD可进一步分别减少60%～70%和95%。

随着我国纺织原料结构的改变和新原料、新染料、新助剂的使用,印染行业排放废水的水量和水质也将发生变化,从总体上看,今后废水的生物可降解性能将降低,应重视研究新的治理方法。

纺织印染行业是排污大户,同时也存在推进清洁生产和应用环境无害化技术的诸多途径和机会。可以通过工艺设计和替代化学药剂削减废水中有毒物质的数量和浓度,通过水和化学药剂的回收与再利用实现废物减量化。

(1)改革工艺。纺织印染行业可能进行的工艺改造如下:

①设备的改进与控制。加强工艺和单元操作的计算机控制、以卧式水洗代替立式水洗、使用水和化学药剂计量装置。

②减少加工工序,采用逆流清洗,如短流程染色。

③采用转移印花工艺,以减少废水污染,同时削减水耗和染料消耗,取消气蒸或烘干等后处理工序。

④采用热熔染色,降低盐和染料的消耗,减少废物产生,降低水耗和能耗,同时

提高产品质量。

⑤能源管理,包括能量回收、控制蒸汽质量和均匀度,防止蒸汽过量等。

(2)原材料替代。在浆纱工艺中用变性淀粉取代聚乙烯醇和原淀粉;用甲酸替代乙酸;改用纤维活性染料;染色单元使用控制泡沫的表面活性剂。

(3)废物削减、回收和利用。上浆剂和丝光处理的废碱液,用化学混凝方法和超滤技术回收合成浆料,采用双效蒸发器回收碱液;回收洗毛工艺产生的油脂。

当前,我国的纺织印染行业正在进行全行业的结构调整,环境无害化技术的应用将为企业摆脱困境开辟出一条新路。

(三)冶金工业清洁生产

1. 行业概况

改革开放以来,冶金工业取得了很大的发展,同时通过强化环境管理,行业实现了增产减污,为国民经济建设做出了应有的贡献。但是,钢铁工业是资源型工业,能耗、物耗大,环境污染比较严重。我国同世界上先进国家的水平相比,存在着相当大的差距。就全行业整体水平而言,仍然处于高投入、低产出、重污染、低效益的粗放型生产状况。

目前,我国钢铁行业存在的主要问题有以下几个方面:①钢铁工业结构不合理;②工艺技术水平和经济效益不高;③产品不适应市场竞争的需要;④结构性矛盾突出;⑤市场竞争日益激烈,集中体现在品种质量、产品成本及劳动生产率和环境污染问题所构成的综合竞争力的压力。面对新世纪的到来,行业的可持续发展,正面临着市场与环境的双重严峻挑战。同时,也表明实施清洁生产的迫切性和重要性。

2. 行业清洁生产指导思想

(1)以实施可持续发展战略为宗旨,促进和提高对清洁生产的认识,转变观念,促进行业经济增长和污染防治方式的转变。

(2)紧密结合行业结构调整,将实施清洁生产贯彻始终。行业清洁生产以围绕发展新技术为中心,节能为重点,减污与增效并重为原则。加快淘汰落后的工艺设备,积极推广节能降耗和环境保护新技术。提高整体工艺装备水平和工艺技术水平,改进并加强管理,以求得较大幅度的降低能耗、物耗和改善环境面貌。

(3)企业是实施清洁生产的主体。企业实施清洁生产要与强化企业管理相结合、与企业技术进步相结合、与建立环境管理体系相结合、与污染物总量控制和污染物达标排放相结合、与资源综合利用相结合,将污染预防贯穿于生产全过程。

(4)与企业所在地实施清洁生产工作密切配合,使企业生产发展同地方经济建设、环境保护协调一致。

3. 冶金行业优先实施的清洁生产技术

(1)高炉喷煤技术。

(2) 淘汰模铸,发展连铸,提高连铸比。

(3) 一火成材改造技术。

(4) 加快发展宽带热连轧机和薄板坯连铸、连轧生产线,大力推进连铸坯热送热装技术。

(5) 二次能源回收利用技术等。

(四) 食品发酵工业清洁生产

1. 行业概况

我国的食品与发酵工业有生产厂几万家,组成了 60 多个独立的生产部门,这些生产厂依据规模、所在地和隶属关系,分别归属轻工总会、工商局或地方政府。这些厂家在不同行业,甚至是同行业的不同厂家之间所使用的原料和技术流程彼此之间差异很大。发酵工业主要包括酒精、味精和啤酒三个分行业。

2. 生产工艺过程

(1) 原料准备:酒精、啤酒及味精生产的原料准备包括清除沙粒及其他杂物,把薯干、玉米、高粱、大米等粉碎,然后进行蒸煮。

(2) 糖化:酒精、啤酒、味精生产的糖化工艺中,先加入淀粉酶将淀粉分子变小;然后,将糖化酶加入到溶液中,60 ℃保温 30 min。糖化酶将淀粉转化成可发酵糖。糖化醪在进入发酵罐前先要冷却到 30~40 ℃。

(3) 发酵:酒精发酵过程涉及发酵醪的冷却、酵母的加入以及 2、3 天的发酵三个过程。发酵罐中加入酵母可以把糖转化为乙醇和二氧化碳。发酵温度控制在 25~35 ℃。一个普通的酒精发酵过程一般包括 26~28 ℃ 的初发酵、28~30 ℃ 的发酵和 26~28 ℃ 的后发酵三个阶段。发酵过程产生的热量需要冷却,产生的二氧化碳要排放到大气中去。

(4) 蒸馏:有几种不同的蒸馏方法可供选择。我国企业一般使用二塔或三塔蒸馏法。发酵醪进入粗馏塔进行粗蒸馏,酒糟留在蒸馏塔的底部,而后被送入收集池。精馏的目的是分离水、低沸点的酒精(乙醇)和高沸点杂醇油。水留在精馏塔的底部,杂醇油留在塔的中部。乙醇蒸气由顶部流出,经冷却后冷凝成乙醇。低沸点的其他不凝性气体则被排放到大气中。

(5) 过滤:啤酒和味精的发酵过程中的悬浮酵母和杂质通过过滤去除。

(6) 提取:味精生产发酵母液通过冷冻等电点的方法提取谷氨酸。

(7) 提纯:味精生产的精制部分包括中和、脱色、结晶和干燥。

(8) 罐装:啤酒充入 CO_2 气体后罐装。

3. 环境影响

我国有大量的酒精和味精生产厂家位于偏远地区,并靠近大的水体。它们产生的废水通常直接排入环境。

由于工厂以及操作方法的不同,通常每生产 1 t 味精需用 4~4.5 t 大米,生产 1 t 酒精需用 3~3.5 t 玉米。其中,只有占原料 60%的淀粉能被用来发酵生产酒精和味精,其他剩余的蛋白质、脂肪、碳水化合物、纤维素则作为废物被丢弃了,这些被丢弃的剩余物质不仅引起严重的环境问题,还造成资源的严重浪费,例如:味精行业每年要产生 200 万 m^3 废渣,酒精行业每年产生 4 350 万 m^3 酒糟,生产过程中还要耗费大量的水进行冲洗、冷却、提取等操作。

污染来源包括粉碎、提取、泵送、蒸发、结晶、废糖蜜的储存和输送;通气操作过程中的渗漏、逃液、超负荷以及违章操作。地板冲洗、锅炉洗涤、锅炉房的操作等都能引起环境污染。

4.清洁生产工艺的需求

酒精类饮料和烹调食品在我国的食品结构中占很大的比重,并且人均消费量增长迅速,对环境,特别是对水体构成严重污染。

国家对食品与发酵工业废水排放的控制越来越严格。面对这种形势,为了减少原料、水、能源的消耗和废水的排放,食品与发酵工业要求采用清洁生产工艺。对于食品与发酵行业来说,减少用水量和废水排放量,同时回收其中有用的副产品是改善环境状况和提高企业经济效益非常有效的途径。

废水中的有用物质被回收后,食品与发酵工业对环境造成的影响可以大大减轻。为了经济合理地处理废水,应将不同类型的废水分开处理。食品与发酵行业环境无害化技术需求见表 7-1。

表 7-1　食品与发酵行业环境无害化技术需求

清洁生产工艺	目的
循环利用冷却水	减少水和能量的消耗
分开不同类型的废水	提高水的回用,易于副产品回收
从酒糟和废母液中回收副产品	尽可能降低 BOD 和 COD,获得经济效益
使用新的营养盐(如用液态氨代替尿素)	提高发酵产量、降低成本
更新热交换器	节约能量、水和蒸汽,提高冷却水回用
更新分离器	提高产量获得高价产品
建立水处理厂(如厌氧工程)	降低污染负荷,生产生物气体(甲烷)

根据工厂的实际技术水平,引用清洁生产工艺,最多可以节约 40%的用水量。另一方面,回收副产品后,酒糟水和废水的 COD 可以降低 50%左右;废水经过生物处理后,污染负荷可以进一步减少 90%左右。

(五)熔体造粒法制造尿基复合肥清洁生产技术

1.复合肥概况

现代农业对化学肥料的要求不仅仅数量要足,而且适用性要好。为了满足用户的要求并获得更好的经济效益,一般对基础肥料(如磷铵、尿素和氯化钾等)进行二次加工制成复合(混)肥。复合(混)肥是近代化肥发展的必然趋势,在化肥工业发达的国家已占化肥总用量的70%～80%。由于复混肥具有养分综合,便于科学配肥,省工、省时,肥效显著等优点而得到快速发展

2003年我国氮肥产量2 879万t,尿素实物产量3 630万t,尿素已占我国氮肥总产量的60%。以尿素为氮源制N、P、K三元复合(混)肥也日益受到重视,单一养分尿素用于二次加工生产高浓度复混肥的数量在逐步增大,高浓度尿基复合(混)肥料生产技术的进步已显得非常重要,主要表现在以下几个方面:

(1)市场。随着尿素生产能力的扩大,尿素产品已从买方市场转到卖方市场,并且尿素市场波动大,许多尿素生产企业由于市场的变化造成开工率不足,企业经济效益较差,急需进行产品结构调整,而调整的主要方向是发展高浓度尿基复合(混)肥。

(2)化肥利用率。众所周知,尿素产品单独施用,由于其溶解度大,易造成淋溶、挥发损失,化肥利用率较低,仅为30%左右;而发达国家尿素利用率可达60%左右,差距较大。实践证明,将单一养分适当配制制成复合(混)肥料施用,则由于养分N、P、K产生的联合效应,一般较单一养分施肥可使作物增产10%～15%。换句话说,复合(混)肥的施用,提高了化肥利用率。

(3)价格。从国内外各种化肥的比价来看,按单一养分比较,氯化钾(MOP)价格最低,重钙(TSP)、尿素(U)、磷铵(MAP或DAP)居中,复合(混)肥料(NPK)价格最高,国外的价格比例大体是1∶1.65∶2,而国内则约为1∶1.5∶1.9,即以尿素为原料生产复混肥料,企业经济效益可提高25%～27%。

(4)技术。常用复混肥工艺生产高浓度尿基复混肥料,特别是制造高氮比的尿基复合(混)肥料时,造粒、干燥操作弹性比较低,有时操作会变得非常困难,产品的颗粒及外观较差,颗粒强度低,结块现象严重。

(5)发展方向。发展高浓度复合(混)肥料是一个世界性的发展趋势,并符合我国化肥工业发展的产业政策。

综上所述,高浓度尿基复合(混)肥的生产和技术进步将成为我国复合(混)肥料发展的一个热点,并成为各尿素生产厂关注的焦点。

但由于尿素熔点低(132.7 ℃),含尿素肥料的临界相对湿度和软化温度都比较低,给生产、操作带来诸多困难,制约了尿基复合(混)肥的发展。

2. 熔体造粒法的生产工艺

团粒法复合肥料的技术自20世纪80年代以来已推广应用。近年来,根据尿素生产厂家生产复合(混)肥的实际情况,全力开发了料浆法、塔式尿基复合(混)肥料等新的生产工艺技术,现将NPK颗粒复合(混)肥的清洁生产工艺叙述如下:

熔体造粒工艺的特点是物料处于高温熔融状态，含水量很低且可流动的熔体直接喷入冷媒（冷媒通常是空气或熔体物料不溶解的液体，如矿物油等）中，物料在冷却时固化成球形颗粒，或者可流动的熔体喷入机械造粒机内的返料粒子上，使之在细小的粒子表面涂布或黏结成符合要求的颗粒。溶液的蒸发或浓缩固然需要消耗能量，但在能量利用方面远较干燥颗粒产品有效，更何况在某些生产工艺中还可以充分利用反应热来蒸发部分甚至全部水分；一般的造粒工艺，干燥机通常是造粒装置中最大的而且也是最昂贵的设备，熔体造粒工艺无需干燥，节省了投资和能耗。

熔体造粒法制复合肥技术最早应用于磷酸一铵（MAP）、硝酸磷酸铵（APN），尿素磷酸铵（UAP），在这些生产方法中，可以加入钾盐或其他固体物料生产颗粒状 NPK 复合（混）肥产品。按造粒方式的不同，熔体造粒法制复合肥工艺主要可分为：造粒塔喷淋造粒工艺、油冷造粒工艺、双轴造粒工艺、转鼓造粒工艺、喷浆造粒工艺、盘式造粒工艺和钢带造粒工艺等。

造粒塔喷淋造粒工艺应用最早、最广泛的是单一氮肥（如尿素、硝酸铵等）的造粒，现已扩大到氮磷及氮磷钾复合肥料的造粒。荷兰斯塔米卡本公司曾用造粒塔喷淋造粒工艺生产硝酸磷酸铵钾；挪威海德鲁用造粒塔喷淋造粒制尿素磷酸铵及尿素磷酸铵钾。该工艺的一个特殊要求是，氯化钾必须磨得细，以防止造粒喷头的孔眼堵塞，并且需要将其预热到足够高的温度，以防止混合时熔融物冷却。我国上海化工研究院报到了以熔融尿素、磷酸一铵、氯化钾等为原料，造粒塔喷淋造粒制尿基 NPK 复合肥的生产技术，并实现了工程化，其原则工艺流程如图 7-1 所示。该技术利用熔融尿素和磷酸一铵、氯化钾可以形成低共熔点化合物的特点，将粉状磷酸一铵、氯化钾、添加剂等各自加热后，加入熔融尿素中，通过反应生成流动性良好的 NPK 共熔体，再通过专用喷头喷入复合肥造粒塔，在空气中冷却固化成颗粒，获得养分分布均匀、颗粒性状较好的复合肥料。产品规格有：24-12-12、23-11-11 和 24-0-24 等。与常用的复混肥制造工艺相比，熔体造粒工艺具有以下优点：

（1）直接利用尿素浓溶液，省去了尿素溶液的喷淋造粒过程，以及固体尿素制复混肥料时的破碎操作，简化了生产流程。

（2）熔体造粒工艺充分利用原熔融尿素的热能，物料水分含量很低，无需干燥过程，大大节省了能耗。

（3）可以生产高氮复合肥，最高氮含量产品为颗粒尿素的生产。

（4）合格产品颗粒百分含量很高。

（5）颗粒表面光滑、圆润，不结块，具有较高的市场竞争力。

（6）操作环境好，无三废排放，属清洁生产工艺。

（7）熔体造粒装置基建投资和操作费用通常比常规的固体配料蒸汽造粒装置

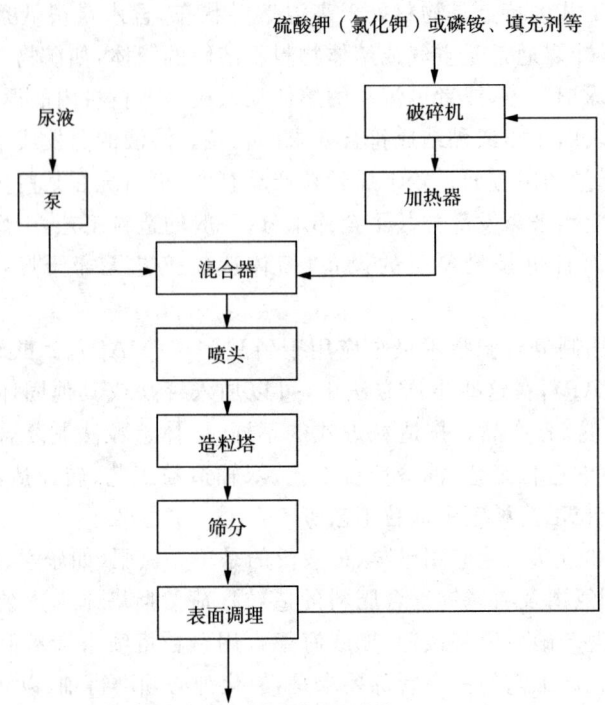

图 7-1　造粒塔喷淋造粒制尿基复合肥原则工艺流程框图

要低,生产规模大的装置更是如此。

思考题

1. 简述污染控制的模式。
2. 试论工业废弃物的资源化途径。
3. 试论农业废弃物的资源化途径。
4. 工业清洁生产工艺的特点是什么?
5. 农业清洁生产工艺的特点是什么?

第八章 循环经济

第一节 循环经济的起源

一、循环经济的产生

"循环经济"(Circular Economy)一词最早是美国经济学家 K·鲍尔丁在 20 世纪 60 年代提出生态经济时提到的。他受到宇宙飞船的启发,用来分析地球经济的发展。他认为,宇宙飞船是一个孤立无援、与世隔绝的独立系统,靠不断消耗自身原存资源,最终它将因资源耗尽而毁灭。唯一使之延长寿命的方法就是实现宇宙飞船内的资源循环。同理,地球经济系统如同一艘宇宙飞船,尽管地球资源系统大得多,地球寿命也长得多,但只有实现对资源循环利用的循环经济,地球才能得以长存。受循环经济的启发,1972 年,以美国麻省理工学院教授米都斯(Denis Meadows)为首,由美国、德国、挪威等一批西方科学家组成的"罗马俱乐部"发表的研究报告《增长的极限》提出了人类经济增长的极限问题。《增长的极限》第三章中专门有《人均资源利用》一节,以说明资源循环问题。循环经济拓宽了 20 世纪 80 年代的可持续发展研究,把循环经济与生态系统联系起来。在联合国世界环境与发展委员会撰写的报告《我们共同的未来》中专门写了《公共资源管理》一章,探讨了通过管理来实现资源的高效利用、再生和循环。

20 世纪 70 年代,世界各国关心的问题仍然是污染物产生后如何治理以减少其危害,即环境保护的末端治理方式。80 年代,人们注意到采用资源化的方式处理废弃物,思想上和政策上都有所升华。但对于污染物的产生是否合理这个根本性问题,是否应该从生产和消费源头上防止污染产生,大多数国家仍然缺少思想上的认识和政策上的举措。由于种种因素的限制,直到 20 世纪 90 年代,人们认识到传统经济尤其工业经济所走的道路是自然资源—产品和用品—废物排放。设计者仅着眼于中间环节,即产品的质量和成本,而很少顾及自然资源何时枯竭以及废物排放对环境所造成的后果。这是一种以"高开采、低利用、高排放"为特征的线性经济。与线性经济相伴随的是造成地球资源大量开采和破坏,产生大量废物,浪费资源并污染环境,导致自然环境恶化。通过对传统经济发展模式的反思,人们逐步认识到:必须改变过去那种"增长型"经济为"储备型"经济;要改变传统的"消耗型经济"，而代之以"休养生息"的经济；实行福利量的经济，摒弃只着重于生产量的经济；建立既不会使资源枯竭，又不会造成环境污染和生态破坏、能循环使用各种物资的"循环式"经济，以代替过去的"单程式"经济。面对全球人口剧增、资源短缺、环境污染和生态破坏的严峻形势，随着人类对生态环境保护和可持续发展的理论认识的深入发展，源头预防和全过程治理来替代末端治理成为各国环境与发展政策的真正主流，人们在不断探索和总结的基础上，提出以资源利用最大化和污染排放最小化为主线，逐渐将清洁生产、资源综合利用、生态设计和可持续消费等融为一体的循环经济战略。

1998年我国引入循环经济概念，确立"3R"原理的中心地位；1999年从可持续生产的角度对循环经济发展模式进行整合；2002年从新兴工业化的角度认识循环经济的发展意义；2003年将循环经济纳入科学发展观，确立物质减量化的发展战略；2004年，提出从不同的空间规模（城市、区域和国家层面）大力发展循环经济。

二、循环经济的内涵

所谓循环经济，就是运用生态学规律来指导人类社会的经济活动，是以资源的高效利用和循环利用为核心，以"减量化、再利用、再循环"为原则，以低消耗、低排放、高效率为基本特征的社会生产和再生产模式，其实质是以尽可能少的资源消耗和尽可能小的环境代价实现最大的发展效益。与传统经济相比，循环经济倡导的是一种与环境和谐的经济发展模式。它要求把经济活动组织成一个"资源—产品—再生资源"的反馈式流程，其特征是低开采、高利用、低排放。所有的物质和能源要能在这个不断进行的经济循环中得到合理和持久的利用，以把经济活动对自然环境的影响降低到尽可能小的程度。也可以说，循环经济是按照生态规律利用自然资源和环境容量，实现经济活动的生态化转向。循环经济的技术经济特征可以概括为以下几点：

(1)提高资源利用效率，减少生产过程的资源和能源消耗。这是提高经济效益的重要基础，也是污染排放减量化的前提。

(2)延长和拓宽生产技术链，将污染尽可能地在生产企业内进行处理，减少生产过程中的污染排放。

(3)对生产和生活用过的废旧产品进行全面回收，可以重复利用的废弃物通过技术处理进行无限次的循环利用。这将最大限度地减少初次资源的开采，最大限度地利用不可再生资源，最大限度地减少造成污染的废弃物的排放。

(4)对生产企业无法处理的废弃物集中回收、处理，扩大环保产业和资源再生产业的规模，扩大就业。

三、循环经济的科学基础

循环经济的发展离不开自然科学和社会科学学科基础支撑，概括起来主要与以下几门学科的发展密不可分。

(一)生态学

生态学是研究生物与环境之间的一门学科,循环经济学是研究人类仿照自然界物质代谢、循环、共生等规律,并用以安排经济活动的。英国学者坦斯利 A. G. Tansley 1936 年提出生态系统的概念,强调在一定自然地域中生物与生物之间,生物有机体与非生物环境之间功能上的统一。一个生态系统,包括生物有机体及其周围一切空间和所有直接或间接影响生物有机体的环境;对生物的生长、发育、繁殖、形态特征、生理功能和地理分布等有影响的环境条件,即生态因子。生态系统的规律可以总结为:整体、协调、循环、再生等。这些生态规律已经被应用于农业、工业等领域的循环经济实践中。

(二)经济学

从经济学诞生之日起,资源配置,特别是稀缺资源的配置就是其研究对象之一。在生态环境逐渐稀缺的条件下,经济学将研究的对象拓展到生态环境。随着经济学的发展以及对资源、环境问题的关注,逐步形成了资源经济学、环境经济学两门分支学科。

1. 资源经济学

资源经济学认为,经济的本质是人将自然资源转换为生存资料。资源有社会资源和自然资源之别。社会资源包括人力、知识、信息、科学、技术以及累积起来的资本及社会财富等,其最大特征是累积性和可变性。自然资源包括土地、森林、草原、降水、河流湖泊、能源、矿产等,其本质特征是有限性,且其中一些资源是不可再生的。与循环经济研究有关的资源经济学内容包括供求关系、价格和税收对供求关系的影响等。能否形成产业之间的"废物变原料"的联系,最终由资源经济学决定。

2. 环境经济学

各国政府推进循环经济的发展,与普遍存在的外部性问题密切相关。福利经济学告诉我们,如果一种商品的生产或消费会带来一种无法反映在市场价格中的成本,就会产生一种"外部性效应"。外部性是指一些产品的生产与消费会给不直接参与这种活动的企业或个人带来有害或有益的影响。其中有益的影响称为"外部经济性",否则就是"外部不经济性"。生态环境属于公共产品。作为公共产品的环境,由于消费中的非竞争性往往导致"公有物悲剧"——过度使用,由于消费中的非排他性往往导致"搭便车"心理——供给不足。通过发展循环经济,在提高自然资源利用效率的同时,也可以达到、消除外部不经济性保护环境的目的。

(三)产业生态学

产业生态学,是在自然生态学基础上发展起来的一门学科。1997 年耶鲁大学和麻省理工学院合作，出版了全球第一本《产业生态学杂志》。该主编 Reid Lifset 在发刊词中提出："产业生态学是一门迅速发展的系统科学分支,它从局部、地区和全球三个层次上系统地研究产品、工艺、产业部门和经济部门中的能流和物质流,其重点是研究产业界在降低产品生命周期中的环境压力的作用。"产业生态学试图仿照自然界的物质循环,通过企业间的系统耦合,使产业链显示生态链的性质,实现物质循环利用和能量的多级传递、高效产出和资源的永续利用。

（四）生态经济学

生态经济学是一门跨社会科学（经济学）与自然科学（生态学）的边缘学科。生态经济学是一门研究再生产过程中,经济系统与生态系统之间的物质循环、能量转化和价值增值规律及其应用的科学。生态环境已经从单纯自然意义上的人类生存要素转变为社会意义上的经济要素,有两层含义：①符合人类生活需要的良好生态环境已经短缺,拥有良好的环境已经成为人们追求幸福的目标之一。②自然生态环境对于废弃物的吸纳能力已经或接近饱和,局部地区甚至已经超载,继续利用它进行生产就必须再生产出新的环境容量,因而需要投入资金进行"建设(生态恢复和污染治理)",良好的生态环境已成为劳动的"产品"。换句话说,良好的生态环境已经具有了两重特征,即从生活的角度看是目标,从生产的角度看已经变成生产要素和条件。

第二节　循环经济的基本原则

一、实施循环经济的基本原则

循环经济最基本的原则可概括为"3R"原则,即减量化（Reduce）、再利用（Reuse）和再循环（Recycle）。也有人进一步提出增加再生（Renewable）、替代（Replace）和恢复重建（Recovery）三个原则称为所谓"6R"原则。

（一）减量化原则

减量化原则要求减少进入生产和消费过程中物质和能源流量,特别是控制使用有害、有毒物质,属于输入端方法,又叫减物质化,即必须将重点放在预防废物产生而不是产生后治理。在生产过程中,通过减少单位产品的原料使用量和重新设计制造工艺来节约资源、能源和减少排放,如光纤技术能大幅度减少电话传输线中对铜线的使用。避免过度包装。在消费中,人们可以减少对物品的过度需求,例如：在保证需要的原则下,减少人们所要买的东西,不铺张浪费,就会大大降低垃圾的产生量。消费者可以选择包装物较少和可循环的物品,购买耐用的高质量物品而不是一次性物品等。这样,既减轻了对自然资源的压力,又减少对废物处理的压力。

（二）再利用原则

再利用原则要求产品和包装容器能够以初始形式被多次使用和反复使用，它属于过程性方法，目的是延长产品和服务的时间强度。

人们尽可能多次以及尽可能以多种方式延长使用所购买的东西，防止物品过早成为垃圾。在生产中，对许多零配件制定统一标准或生产方以便捷的方式提供零配件，使产品因个别零配件损坏，不需要整体抛弃，只需要换个别零件即可正常使用，如汽车、电视机、计算机等能非常容易和便捷地升级换代，而不必更换整个产品。任何一种物品在抛弃之前，应该检查和评价一下它在家中或单位里再利用的可能性。当然，确保再利用的简易方法是对物品进行修理而不是频繁更换。也可以将可用的但自己已不喜欢或可维修的物品返回旧货市场体系供别人使用或无偿捐献自己不需要的物品。

（三）再循环原则

再循环原则，也称资源化原则，是通过把废物再次变成资源，以减少最终处理量，最大限度利用资源，它属于输出端方法。

所谓资源化是指把已完成使用价值的物质返回到工厂，经处理后再融入新的产品之中。资源化能够减少人们对垃圾填埋场和焚烧场的压力，制成使用能源较少的新产品。资源化有两种：一种是原级资源化，即将消费者遗弃的废弃物资源化后形成与原来相同的新产品，如将废纸生产出再生纸，废玻璃生产玻璃，废钢铁生产钢铁等，这是最理想的方式；另一种是次级资源化，即废弃物变成与原来不同类型的新产品，如废金属、废木材、废玻璃作为添加物生产其他产品。原级资源化利用再生资源比例高，一般原级资源化在形成产品中可以减少 20%～90% 的原生材料使用量；而次级资源化利用再生资源比例低，次级资源化减少的原生物质使用量通常只有 25% 左右。与资源化过程相适应，消费者和生产者均应提高循环经济的意识，生产和购买使用再生资源制成的产品，使循环经济的整个过程实现闭合。

实施循环经济应该以物质利用"减量化、再利用和再循环"为原则，实现资源、能源的最有效利用，降低环境负荷，其目的是促进经济、社会的可持续发展。

应该指出的是，所谓"减量化、再利用和再循环"只是原则，不是实现循环经济过程中的全部要素。应该注意到，实施循环经济是有成本的，需要技术进步、相应的投资，而且还有运行成本；实施循环经济的主体是各种不同类型的经济单元（企业），企业的存在不能离开资金流动，因此实施循环经济也是建立在资金流动基础上的。实施循环经济不仅要注意成本、资金要素，而且还必须注意连接物质、能量循环利用在时间和空间配置上的可能性和合理性。在各类循环过程中，物质、能量的有效利用不能脱离时间、空间要素，没有时间、空间概念的循环过程是难以想象的。从而可以看出，实施循环经济是以"减量化、再利用和再循环"为基本原则，在一定条件下将物质、能量、时间、空间、资金等"五要素"有效地整合在一起的技术与经济问题。

在实施、推进循环经济的过程中，也必须注意到对"循环经济"而言，发展经济仍是主导性的，经济的合理性是物质、能量以及各类废弃物循环利用的边界条件。循环经济首先是经济，是建立在物质、能量以及排放、废弃物循环流动基础上的，是有时间—空间概念的经济，是有成本概念的经济。经济效益的大小又是循环经济的目标函数，而物质、能量等的有效、合理循环是手段、途径。推进循环经济必须充分重视环境效益、社会效益与经济效益的协同，并择其易行者先行之。

二、循环经济基本原则的优先顺序

"3R"原则在循环经济中的作用、地位并不是并列的。循环经济不是简单地通过循环利用实现废弃物资源化，而是强调在优先减少资源、能源消耗和减少废物产生的基础上综合运用"3R"原则。循环经济的根本目标是要求在经济流程中系统地避免和减少废物，而废物再生利用只是减少废物最终处理量的方式之一。德国在1996年颁布的《循环经济与废物管理法》中明确规定：避免产生—循环利用—最终处置。首先，要减少源头污染物的产生量，因此产业界在生产阶段和消费者在使用阶段就要尽量避免各种废物的排放；其次，是对于源头不能削减又可利用的废弃物和经过消费者使用的包装废物、旧货等要加以回收利用，使它们回到经济循环中去；只有当避免产生和回收利用都不能实现时，才允许将最终废物（称为处理性废物）进行环境无害化处置。以固体废弃物为例，循环经济要求的分层次目标是，通过预防减少废弃物的产生；尽可能多次使用各种物品；完成使用功能后，尽可能使废弃物资源化，如堆肥、做成再生产品等；对于无法减少、再使用、再循环或者堆肥的废物进行无害化处置，如焚烧或其他处理；最后剩下的废物在合格的填埋场予以填埋。

"3R"原则的优先顺序是，减量化—再利用—再循环（资源化）。减量化原则优于再使用原则，再使用原则优于再循环利用原则，本质上再使用原则和再循环利用原则都是为减量化原则服务的。

减量化原则是循环经济的第一原则，其主张从源头就应有意识的节约资源、提高单位产品的资源利用率，目的是减少进入生产和消费过程的物质流量、降低废弃物的产生量。因此，减量化是一种预防性措施，在"3R"原则中具有优先权，是节约资源和减少废弃物产生的最有效方法。

再使用原则优于再循环利用原则，它是循环经济的第二原则，属于过程性方法。依据再使用原则，生产企业在产品的设计和加工生产中应严格执行通用标准，以便于设备的维修和升级换代，从而延长其使用寿命；在消费中应鼓励消费者购买可重复使用的物品或将淘汰的旧物品返回旧货市场供他人使用。

再循环利用原则本质上是一种末端治理方式,它是循环经济的第三原则,属于终端控制方法。废物的再生利用虽然可以减少废弃物的最终处理量,但不一定能够减少经济活动中物质和能量的流动速度和强度。再循环利用主要有以下特点:①依据再循环利用原则,为减少废物的最终处理量,应对有回收利用价值的废弃物进行再加工,使其重新进入市场或生产过程,从而减少资源的投入量;②再循环利用是针对所产生废物采取的措施,仅是减少废物最终处理量的方法之一,它不属于预防措施而是事后解决问题的一种手段,在减量化和再使用均无法避免废物产生时,才采取废物再生利用措施;③有些废物无法直接回收利用,要通过加工处理使其变成不同类型的新产品才能重新利用。再生利用技术是实现废弃物资源化的处理技术,该技术处理废弃物也需要消耗水、电和化石能源等物质,所需的成本较高,同时在此过程中又产生了新的废弃物。

第三节 循环经济与绿色 GDP

一、传统国民经济核算体系的缺陷

在对传统发展模式的反思中,人们达成了共识,要协调人与自然的关系,实现可持续发展,必须改变过去的发展模式,重新审视生态环境和资源的价值。同时,传统国民经济核算体系的缺陷也引起了人们的注意。环境经济学家认为,传统的国民经济核算体系(SNA)的缺陷主要体现在以下几方面:

(1)没有真实反映环境预防费用,甚至把防止环境被经济活动侵占及恢复、补偿费用纳入国民经济核算体系中的增加部分,有悖于经济发展的可持续要求。

(2)没有考虑自然资源存量的消耗与折旧,在促进经济发展的同时,忽视了环境资源资本的减少和损失。

(3)没有体现环境退化的损失费用,没有考虑到环境容量的价值、状况及趋势对人类生存和发展的影响,以及由于环境恶化(尤其污染)引起的损失费用。我国长期以来形成的资源耗竭、生态破坏、环境恶化等局面,在很大程度上源于传统国民经济核算的不足和缺陷。土地荒漠化、水土流失、生物多样性减少、森林生物量减少、生态功能衰减的严峻现实,一次次把我们引入对国民经济核算理论的深刻思索之中。

在此背景下,人们提出了生态经济时代国民经济核算体系中自然资源核算的体系和内容。该理论认为,生态环境、资源,不仅要有存量资本的核算,亦须有流量资本的核算;不仅有实物形态的核算,亦必须完善价值形态的核算;不仅须有生态资源分类的核算,亦须有经济、社会和环境资源的综合核算。在此基础上,形成了生态社会国民经济核算体系(新 SNA),确认了自然资源的效用与价值。通过开展绿色GDP核算,能够真实地反映国民经济的净增长;有利于引导人们转变观念,增强环境资源保护意识;有利于把经济效益、社会效益和环境效益有机地结合,实现工业经济的转轨变型。

二、绿色GDP的内涵

(一)绿色GDP概念与由来

国际上对现行国民经济核算体系改革的探索始于20世纪60～70年代,最早是由一些经济学家提出来的,日本、美国、挪威等国政府也相继进行了有关研究。研究水平处于领先地位、研究成果影响较大的是联合国和世界银行。1993年联合国统计机构出版的《综合环境经济核算手册》(简称SEEA)中,提出了生态国内产出(简称EDP,经环境调整的国内生产净值)的概念,即现在我们所称的绿色GDP。

绿色GDP(国内生产总值)是指从GDP中扣除自然资源耗减价值与环境污染损失价值后的剩余的国内生产总值。简单地讲,就是从现行统计的GDP中扣除由于环境污染、自然资源退化、教育低下、人口数量失控、管理不善等因素引起的经济损失成本,从而得出真实的国民财富总量,即绿色GDP是现行GDP扣除自然资源和环境成本之后的国内生产总值。自然资源和环境成本主要包括以下几个方面:

(1)对自然资源的破坏和生态环境污染所造成的直接损失。

(2)为减少环境污染、恢复生态平衡所支付的经济支出。

(3)由于过度开采和大量消耗导致自然资源枯竭所产生的负面影响。

(4)由于环境污染而导致的社会负效应,社会医疗方面的支出,污染对人们的危害,人们对健康、幸福感的降低等。

GDP代表着目前世界通行的国民经济核算体系,是衡量一个国家发展程度的统一标准。对于任何国家来说,经济增长都是非常重要的。但是,经济增长势必消耗资源,经济增长也往往对环境产生负面影响。GDP是反映经济发展的重要宏观经济指标,但它并没有反映经济发展对资源环境所产生的负面影响。而绿色GDP就是在GDP的基础上,扣除经济发展所引起的资源耗减成本和环境损失的代价。因此,它在一定程度上反映了经济与环境之间的相互作用,是反映可持续发展的重要指标之一。

(二)绿色GDP与传统GDP的关系

建立起绿色GDP核算之后,并不是要取消GDP。原因有三个方面:①GDP是非常重要的宏观经济指标,它在判断宏观经济运行状况、制定宏观经济政策、检验宏观经济政策的合理性等方面具有非常重要的作用;②GDP是绿色GDP的基础,没有GDP就不可能有绿色GDP;③只有将绿色GDP与GDP进行比较时,才能清楚地看出资源耗减成本和环境损失的代价。但是,绿色GDP必然会取代GDP。首先,GDP只从市场经济角度计量了经济生产活动的最终成果,不论从生产、分配角度,还是从支出角度,GDP 未考虑与经济生产活动密切相关的自然要素的投入与产出。绿色 GDP 则从人类社会生产活动、生存与发展的更完整、更科学的角度,从经济与自然的相互促进、相互制约有机联系的角度,考虑了经济要素和自然要素,考虑了经济成本投入与资源环境成本投入,考虑了经济生产要素的分配与自然要素的分配。其次,绿色 GDP 的计量单位在具体操作上更具有灵活性,在计量单位上可使用混合单位,即经济计量采用货币单位,资源环境成本的计量使用实物量单位。在估价方法上,不仅有市场估价法,还有非市场估价法。

三、绿色 GDP 的核算

(一)绿色 GDP 核算的内容

绿色国民经济核算是逐步由资源环境实物量核算—资源环境价值量核算—资源环境与经济综合核算来实现的,核算内容包括土地、矿产、森林、水、海洋五大资源核算及污染治理、生态建设两大环境核算。确定优先领域,逐步开展资源环境的全要素核算是绿色 GDP 核算的基本实现途径。

(二)绿色 GDP 的主要核算方法

目前国际上绿色 GDP 核算模式大致有三种:

第一种是依据环境的价值变化对 GDP 进行调整,尽可能维持现有国民经济指标体系的概念和原则,在此基础上将环境损益因素加入 GDP 指标。

第二种是为环境资源单独建立账户,在不改变现有国民经济核算体系的情况下,加入资源环境核算卫星账户(第二账户),提供相关数据,联合国(SEEA)就是这种思路。

第三种则抛开以往 GDP 概念,重新建立一套国民财富核算体系。

针对我国目前资源耗竭和环境退化问题并存的现状,采用联合国推荐的 SEEA 模式比较适宜。

1. 生产法

生产法是指在各产业部门的总产出中扣除中间投入,这里的中间投入是指各产业部门生产中所消耗的经济资产和自然资产。用公式表示为:

$$绿色 GDP = \sum(各部门总产出 - 中间投入 - 非生产自然资产使用 + 固定资本消耗)$$

其中,非生产自然资产使用=属于经济资产的非生产自然资产的使用+不属于经济资产的其他非生产自然资产的使用。

2. 支出法

支出法是根据生态国内产出(EDP)的最终使用结果进行计算的,包括消费和积累两部分,计算公式为:

$$\text{绿色 GDP} = \text{最终消费} + \text{总积累} + (\text{出口} - \text{进口})$$

其中总积累＝生产资产的积累＋非生产自然资产的积累－其他非生产自然资产的存量减少。

值得注意的是,在上述两个公式中,均涉及自然资产,而自然资产中最难核算的就是环境。由于资源环境大多属于非货币化交易,而且造成的结果具有滞后性。因此,在难以通过市场行为确定其价格的情况下,对资源的增减、环境变化的估计只能采用虚拟方法。1993年SEEA理论提出了四种有效的虚拟方法：

(1)维护成本法。维护成本法从维护成本的角度出发,为保持环境的数量和质量不变所花费的成本。

(2)市场估价法。该方法从市场角度将其商品化,以现期经济活动对自然环境的利用量和相应的市场价格为基础,计算自然资源与环境的经济价值。

(3)住户意愿法。它从居民的角度考虑,主要是指人们为将来的健康和福利,愿意承担的改善资源环境的费用；

(4)持续收入法。在现行的国民经济核算体系下,资源开采部门的净收入就是其销售收入与开采费用的差值。这部分净收入还可再分为两部分：①资源耗减费用,②真实收入。持续收入法的计算原则是将自然资源视为永久的收入来源,即资源销售收入的有限性,作为耗减费用从净收入中扣除的部分,应再投资到资源产业或其他产业中去。这样,为保证资源收入永久性,资源开采部门在有限的开采期限内,每年得到的净收入的现值之和,应等于从开采之时起的无限期内每年由该资源产生的真实收入的现值之和。

(三)绿色GDP核算在国外的实践

从20世纪70年代开始,联合国和世界银行等国际组织在绿色GDP核算的研究和推广方面做了大量的工作。1973—1982年,联合国开始研究环境统计的方法,并编写了《环境统计资料编制纲要》。1983—1988年,联合国统计署与世界银行环境局、美国环保局合作,正式开展了环境与资源核算的研究工作,初步探讨了资源与环境核算同国民经济核算体系的关系问题。

挪威1978年就开始了资源环境的核算。重点是矿物资源、生物资源、流动性资源(水力),环境资源,还有土地、空气污染以及两类水污染物(氮和磷)。为此,挪威建立起了包括能源核算、鱼类存量核算、森林存量核算,以及空气排放、水排泄物(主要是人口和农业的排泄物)、废旧物品再生利用、环境费用支出等项目的详尽统计制度,为绿色GDP核算体系奠定了重要基础。芬兰借鉴挪威的方法,建立了自然资源核算框架体系。其资源环境核算的内容有森林资源核算、环境保护支出费用统计和空气排放调查,最重要的是森林资源核算。森林资源和空气排放的核算采用实物量核算法,环境保护支出费用核算采用价值量核算法。

1990年，墨西哥在联合国支持下将石油、各种用地、水、空气、土壤和森林列入环境经济核算范围，将这些自然资产及其变化编制成实物指标数据，再通过估价将各种自然资产的实物量数据转化为货币数据。这样，可以在传统国内生产净产出（NDP）基础上，得出了石油、木材、地下水的耗减成本和土地转移引起的损失成本，进一步还可以得出环境退化成本。与此同时，在资本形成概念基础上还产生了两个净积累概念：经济资产净积累和环境资产净积累。印度尼西亚、泰国、巴布亚新几内亚等国纷纷仿效墨西哥的方法，开始实施绿色GDP核算。

联合国统计署于1993年发布的《综合环境经济核算手册》（SEEA），是关于绿色国民经济核算比较权威的指导性文件，它为建立绿色国民经济核算、自然资源账户和污染账户提供了一个共同框架。这是自然资源核算和环境核算的起步阶段，既考虑了可持续发展的因素，又沿袭了以往的核算方法。2001年6月，经过修订的《综合环境经济核算手册》（SEEA2000）出版，概述了综合环境经济核算体系的基本概念，运用含有虚拟数据的表、公式说明环境保护支出数据的编制方法，以及实物和货币形式的生产资产及非生产资产账户的编制方法，详细阐述了森林资源、土地资源、地下资产、水产资源和空气污染的核算方法。初步确立了经济环境综合核算的实施步骤。2003年，再次修订《综合环境经济核算手册》，经联合国统计委员会批准，由联合国、欧洲委员会、国际货币基金组织、经济合作与发展组织和世界银行等国际组织联合发布，是综合环境经济核算的最新权威文献。《综合环境经济核算手册(2003)》系统总结了环境经济核算实践，依托国民经济核算体系，它对综合环境经济核算体系进行了全面阐述，提出了核算中所应用的分类和更加具体的核算原理，系统检验了不同核算内容的可行性及其应用价值，详细说明了将资源耗减、环境保护和环境退化等问题纳入国民经济核算体系的概念、方法、分类和基本准则，构建了环境经济核算的基本框架，为进一步规范世界各国绿色国民经济核算体系提供了指南。

在此过程中，各国政府日益重视环境与资源问题，并着手进行有关绿色GDP核算研究。目前，美国、加拿大、法国、英国、德国、挪威、芬兰、韩国、日本、菲律宾、印度尼西亚、巴西等20多个国家的政府和研究机构均开展了大量的研究和数据测算。

（四）绿色GDP核算在中国的应用

中国开展绿色国民经济核算的研究始于20世纪80年代。通过一系列重大课题的研究与实践，从总体来看，中国绿色国民经济核算体系的构建研究已具有了一定的基础。近10年来，国家环境保护总局和国家统计局在有关绿色国民经济核算，尤其是环境与资源核算方面开展了许多研究工作。

(1)20世纪80年代，中国环境科学研究院开展全国环境污染损失和生态破坏损失的评估,这是中国第一次系统地开展环境污染损失的估算研究。

(2)1990年完成《中国典型生态区生态破坏经济损失及其计算方法》的研究,应用生态定位站的长期观测数据,结合一些实地调查资料,推动了这一方面的研究。

(3)1998年与世界银行合作,采用世界银行"真实储蓄率"的概念,开展了真实储蓄率的核算以及在山东烟台和福建三明两个城市进行了试点。

(4)2000年开始,与世界银行合作,开展中国环境污染损失评估方法研究,研究并计划开展两个省市的试点。

(5)2001年,国家统计局将重庆作为全国唯一的试点城市开展资源环境核算试点。

(6)2003年开始,国家环境保护总局与国家信息中心合作,开展建立国家中长期环境经济模拟系统研究以及环境经济投入产出核算表。

(7)2004年开始,国家统计局和国家环境保护总局成立绿色GDP联合课题小组,积极进行研究和试验。经过10个省(市、自治区)的试点,目前,我国绿色GDP的基本理论框架已经构筑出来,提出了构建我国基于环境的绿色国民经济核算体系的总体原则,建立了环境实物量核算、环境价值量核算、环境保护投入产出核算和经环境调整的绿色GDP核算四个具体的核算框架。

(五)开展绿色GDP核算的难点

绿色GDP是个庞大的系统工程,在实际核算中将遇到很多困难,主要有以下几大难题:

1.开展绿色GDP核算,存在技术上的难题

技术上的难题最突出地表现在两个方面:①资源环境方面的损失难以量化;②健康方面的损失难以确定。GDP所依据的是资源的交易价格,如砍伐一片树木,把它卖掉,有了交易价格,才可以纳入GDP;开采一种矿产,进行交易后,也可以纳入GDP。而绿色GDP则不同,它需要对环境损失进行统计,由于环境损失没有进入交易,也不可能进入交易,需要估算。但估算却难以形成统一的、举世公认的标准。同样,健康方面的损失更难估算。由于我们难以分清哪些疾病是由于环境污染所造成的,哪些不是,因而难以确定哪些是污染所造成的健康损失。并且,人的健康方面的损失是渐进的,隐蔽的,有的需要几年甚至几十年才能发现,怎么去核算,的确是个技术上的难题。

2.开展绿色GDP核算,存在观念上的障碍

构建和实施绿色GDP核算体系,需要我们重新审视和评估现有的经济增长。按照绿色GDP核算法,现行GDP在扣除自然成本和社会成本之后,得出的国内净产出和国民净福利,许多地区的国内生产总值会大大减低。有些严重污染地区还

可能出现负值。这种结果,可能使很多人想不通。尤其是这些地区的领导人,他们靠所在地区的GDP增长速度来得到褒奖或提升。一旦改变了经济增长的衡量标准,他们的切身利益必将受到损害,从而形成一股压力来阻碍绿色GDP核算的开展。

3. 开展绿色GDP,存在理论上的难题

绿色GDP核算,需扣除传统GDP中对人们生活质量降低的因素,而生活质量的评估特别难以估计和统一。福利经济学对生活质量的评价涉及"幸福"、"福利"等。绿色GDP既然是以福利经济学为理论基础,就不可回避地要对"幸福"、"福利"做出解释,而这些解释偏偏就分歧多、争议大、主观色彩浓。因此绿色GDP概念本身就带有虚拟性和主观性,因而目前很多专家和学者提出的许许多多绿色GDP的核算指标和计算公式尚无法统一。

此外,绿色GDP核算是一个系统工程,需要环保、统计、卫生、农业、城建等多个相关部门之间的通力合作,这也增加了实施的难度。

(六)绿色GDP核算的局限性

虽然绿色GDP是在GDP核算的基础上,通过相应的环境数据调整而得到,并且在核算国内生产总值方面有着很强的综合性、代表性、真实性,但其许多方面仍需采用虚拟的方法。由于这个虚拟的方法暂时还无法形成统一的定论,这样一来,势必会影响到世界各国GDP值的可比性,也就是说,如果各国计算的方法不一致的话,那么各国在比较GDP的高低、评价经济发展的好坏方面也就失去了意义。

另外,即使采用绿色GDP核算体系,仍有相当一部分GDP无法通过绿色GDP来体现,因为这部分GDP几乎与环境污染、自然生态平衡以及资源的过度开采无关。

第四节　循环经济的实施与发展

一、实施循环经济的框架

循环经济具体体现在经济活动的三个重要层面上,分别通过运用"3R"原则实现三个层面的物质闭环流动。

(一)企业层面(小循环)

1992年世界工商企业可持续发展理事会(WBCSD)向环境与发展会议提交的报告《变革中的历程》提出生态经济效益的新概念。在共同的生态经济效益理念下,他们有力地推动了循环经济在企业层次上的实践。它要求组织企业生产层面上物料和能源的循环,从而达到污染排放的最小量化。WBCSD提出,实施生态经济效益的企业应该做到:

(1)尽力减少产品和服务中的物料使用量。
(2)减少产品和服务中的能源使用量。
(3)减少有害、特别是有毒物质的排放。
(4)促使和加强物质的循环使用。
(5)最大限度地利用可再生资源。
(6)设计和制造耐用性高的产品。
(7)提高产品与服务的服务强度。

厂内物料循环是循环经济在微观层次的形式,厂内废物再生循环有下列几种情况:

(1)将工艺中流失的物料回收后仍作为原料返回原来的工序之中,如造纸厂"白水"中回收纤维再作纸浆。

(2)将生产过程中生成的废物经适当处理后作为原料或原料替代物返回原生产流程中。如铜电解精炼中的废电解液,经处理后提出其中的铜再返回到电解精炼流程中;许多工艺用水,经初步处理后可回到原工艺中。

(3)将某一工序中生成的废料经适当处理后用于另一工序中。

美国杜邦化学公司是实施企业循环经济的一个典型例子。20世纪80年代末,当时居世界大公司500强第23位的杜邦公司,开始循环经济理念的实验。公司的研究人员把循环经济三原则发展成为与化工生产相结合的"3R制造法",以少排放以至零排放废弃物,改变了只管资源投入,而不管废弃物排出的生产理念。通过改变、替代某些有害化学原料,生产工艺中减少化学原料使用量,回收本公司产品的新工艺等方法,到1994年,该公司已经使生产造成的废弃物减少了25%,空气污染物排放量减少了70%。同时,从废塑料和一次性塑料容器中回收化学原料、开发耐用的乙烯材料"维克"等新产品,达到了在企业内循环利用资源、减少污染物排放,局部做到零排放的成果。

(二)区域层面(中循环)

一个企业内部循环毕竟有局限性,因此,鼓励企业间物质循环,组成"共生企业"就成为必然趋势。1989年在通用汽车公司研究部任职的福罗什和加劳布劳斯提出了"工业生态系统"的思想,他们在《科学美国人》杂志上发表题为《可持续发展工业发展战略》的文章,提出了生态工业园区的新概念,要求在企业与企业之间形成废物的输出输入关系,其实质是运用循环经济思想组织企业共生层次上的物质和能源的循环。20世纪80年代末90年代初,一种循环经济的"新工厂"——科技工业园区就应运而生了,即按照工业生态学的原理,通过企业间的物质集成、能量集成和信息集成,形成企业间的工业代谢和共生关系,建立工业生态园区。

1993年起,生态工业园区建设逐渐在各国推开。为了推动这一工作,美国总统可持续发展委员会(PCSD)专门组建了生态工业园区特别工作组,此外除了早期的丹麦卡伦堡,在加拿大的哈利法克、荷兰的鹿特丹、奥地利的格拉兹等地也出现了类似的计划。此外,奥地利、法国、英国、意大利、瑞典、荷兰、爱尔兰、日本、印度尼西亚、菲律宾、印度等国都在开展生态工业园区的建设。

丹麦小镇卡伦堡近郊的科技工业园区以生态型生产而著称,是目前世界上最典型、最成功的。卡伦堡生态工业园区是在企业之间实现循环生产,即通过科技工业园区把不同的工厂联结起来,形成网络循环,使得一家工厂的废气、废热、废水、废渣等成为另一家工厂的原料和能源。这个科技工业园区的主要企业是火电厂、炼油厂、制药厂和石膏板厂。这四个企业形成一个生产链,一个企业通过贸易方式利用其他企业生产过程中产生的废弃物作为自己生产中的原料,还减少了新原料的投入,形成生产发展和环境保护的良性循环。

我国从 1999 年开始基于循环经济理念的生态工业示范园区的建设。首先启动广西贵港国家生态工业(制糖)示范园区的规划建设,除广西贵港之外,主要还有:南海国家生态工业园区;包头国家生态工业示范园区;石河子国家生态工业示范园区;长沙黄兴国家生态工业示范园区;鲁北国家生态工业示范园区以及辽宁省在鞍山、本溪、大连、抚顺、阜新、葫芦岛、沈阳等 8 市实施的循环经济试点。目前,我国海南、黑龙江、吉林、浙江、山东和福建等省已提出建设生态省的规划;辽宁提出了循环经济省的规划;天津、贵阳和南京等市已提出要建设循环经济生态型的城市。

我国最典型的一个案例就是广西贵港国家生态工业(制糖)示范园区。该园区以上市公司贵糖(集团)股份有限公司为核心,以蔗田系统、制糖系统、酒精系统、造纸系统、热电联产系统、环境综合处理系统为框架,通过盘活、优化、提升、扩张等步骤,建设生态工业(制糖)示范园区。

在区域层次上除建立生态工业园区式的工业生态系统(Industrial Ecology)外,还有生态农业园和生态园区(生活小区)等。

我国生态住宅园区也已启动试点,建设部于 2001 年提出《绿色生态住宅小区建设要点与技术导则》,为创造接近自然生态的生活环境,对绿色生态住宅的绿化面积、植物品种和数量、绿化工程建设、废物的管理和处置系统等做了规定。上海市住宅发展局和上海市环境保护局联合研究并进一步细化这一导则,于 2003 年提出了《上海市生态住宅小区技术实施细则(2001—2005)》(试行),对住宅小区的环境规划设计、建筑节能、室内空气质量、小区水环境、材料与资源、生活垃圾管理与收集系统等六个方面提出具体要求和评分。

(三)社会层面(大循环)

目前,发达国家的循环经济已经从 20 世纪 80 年代的微观企业试点到 20 世纪

90年代区域经济的新型工厂——科技工业园区,进入了第三阶段——21世纪宏观经济立法阶段。更有人提出,21世纪应该建立以再利用和再循环为基础,以再生资源为主导的世界经济。早在1986年德国就颁布了《废弃物限制及废弃物处理法》,1991年,德国首次按照循环经济思路制定了《包装条例》,要求德国生产商和零售商对于用过的包装,首先要避免其产生;其次要对其回收利用,以大幅度减少包装废物填埋与焚烧的数量。1996年德国公布更为系统的《循环经济和废物管理法》,把物质闭路循环的思想从包装问题推广到所有的生活废物。规定对废物首先是避免产生,然后是循环使用和最终处置。

2001年4月,日本开始实行八部循环经济法律,即《推进建立循环型社会基本法》、《特定家用电器再商品化法》、《促进资源有效利用法》、《食品循环再生利用促进法》、《建筑工程资材再利用法》、《容器包装再利用法》、《绿色食品采购法》和《废弃物处理法》。目前,已形成以《推进建立循环型社会基本法》为核心和基础,以《废弃物处理法》和《资源有效利用促进法》及5部特定物品回收利用的法律为主体,并辅之以《绿色采购法》等3部法律构成了一个包括11部法律的比较完整的法律体系。《推进建立循环型社会基本法》作为母法,提出了建立循环型经济、社会的根本原则:"根据相关方面共同发挥作用的原则,通过促进物质的循环,减轻环境负荷,谋求实现经济的健康发展,构筑可持续发展的社会。"可以说,这是世界上第一部循环经济法。此外,在美国、北欧、法国、英国、意大利、西班牙、荷兰等发达国家和地区,在新加坡、韩国等高收入的发展中国家都制定了多部单项的资源循环利用和发展循环经济的法律。

在社会层面上,主要是在全社会建立物资循环——针对消费后排放的循环经济,从社会整体循环的角度,发展旧物质调剂和资源回收产业(中国称为废旧物资业、日本称之为社会静脉产业),这样能在整个社会的范围内形成"自然资源—产品—再生资源"的循环经济环路。20世纪90年代起,以德国为代表,发达国家将生活垃圾处理的工作重点从无害化转向减量化和资源化,这实际上是在全社会范围内,在消费过程中和消费过程后的广阔层次上组织物质和能源的循环。其典型模式是德国的双轨制回收系统(DSD)。它针对消费后排放的废物,通过一个非政府组织,接受企业的委托,对其包装废物进行回收和分类,分别送到相应的资源再利用厂或直接返回到原制造厂进行循环利用。DSD系统在德国十分成功地实现了包装废物在整个社会层次上的回收利用。

二、实施循环经济的支持体系

循环经济在本质上是一种生态经济,在发展过程中,既要遵循生态学规律,同时又要遵循经济学规律。违背生态规律的经济增长,必将失去环境资源的支撑;而偏离经济规律的经济活动,也同样难以持久。实施循环经济的支持体系包括技术支撑体系、法律保障体系、政策体系、组织机构、道德与社会文化体系(公众参与)等。

(一)技术支撑体系

1. 循环经济的技术思路

对一个地区而言,首先要对经济系统进行物流分析。循环经济的生态经济效益最终将体现在经济系统的物流变化上,循环经济的经济系统应该尽可能地减少资源输入量,同时减少废物输出量;而线性经济的经济系统则同时具有大量物料输入和大量的废物输出。循环经济的技术思路是要使线性经济两个端点的消耗和排放大幅度降低。一个好的循环经济系统,其物流活动应最大限度控制在本地区内,而交换也尽可能在邻近地区之间,如果可能,物资和能源的输入尽可能来自输出地区的剩余,而不是单纯的索取,从而避免有损于输出地区的自然资源。要避免和减少远距离或国际间物质的交换量。

运用生命周期评价(LCA)理论评估经济系统。作为循环经济技术基础的生命周期研究通常由三个典型部分组成:数据收集、影响分析、改进措施。从循环经济分析,无论是企业、家庭还是城市、国家物资的输出、输入和环境影响分析评估,必须立足于整个过程和整个系统,而不应仅仅涉及其中的一个环节或一个局部。生命周期评价理论就是从摇篮到坟墓进行系统分析。它要求从物质和能源的整个流通过程,即从开采、加工、运输、使用、再生循环、最终处置六个环节,对系统的资源消耗和污染排放进行分析,从而得到全过程全系统的物流情况和环境影响,由此评估系统的生态经济效益优劣。运用生命周期理论可以避免传统线性思维从某一个单独的环节进行环境影响评估的局限。通过完整的物流分析可以发现传统污染治理措施的局限性。例如:废水处理中产生大量污泥,当未能有效处置时,它实际上是将大量污染物从水中转移到地上,许多治理技术在不完整时或多或少存在这种污染转移现象。

技术的选择应该在系统化的基础上考虑。在传统思路中,企业的技术战略往往是各自为政,事实上无论单个技术多么优化、多么清洁都是不够的。换言之,新的技术战略不能简单地建立在就单个技术而论的基础之上,不能简单地局限于部门的技术发展视野之内,而应该在社会总体范围内予以考虑,这样才能达到整体最优化。要实现这一目标,难度往往不在于技术本身,而在于人们的理念和协作精神,部门与部门之间、组织与组织之间、地区与地区之间以至于国家与国家之间的协作关系。欧盟的建立为国家之间的合作树立了典范。

2. 循环经济的技术类型

实施循环经济需要有技术保障,循环经济的技术载体是环境无害化技术或环境友好技术。环境无害化技术的特征是合理利用资源和能源,实施清洁生产,减少污染排放,尽可能地回收废物和产品,并以环境可接受的方式处置残余的废物。环境无害化技术主要包括预防污染的少废或无废的工艺技术和产品技术,但同时也包括治理污染的末端技术。

(1)清洁生产技术:这是一种无废、少废生产的技术,通过这些技术实现产品的绿色化和生产过程向零排放迈进。它是环境无害化技术体系的核心。当然,清洁生产技术不但要技术上的可行性,还需经济上的可盈利性,才有可能实施。它应该体现发展循环经济和环境与发展问题的双重意义。

(2)废物利用技术:通过废物再利用技术实现废物的资源化处理,并实现产业化。目前,比较成熟的废物利用技术有废纸加工再生技术、废玻璃加工再生技术、废塑料转化为汽油和柴油技术、有机垃圾制成复合肥料技术、废电池等有害废物回收利用技术等。

(3)污染治理技术:污染治理技术即环境治理技术。生产及消费过程中产生的污染物质通过废物净化装置来实现有毒、有害废物的净化处理。其特点是不改变生产系统或工艺程序,只是在生产过程的末端(或者社会上收集后)通过净化废物实现污染控制。废物净化处理的环保产业正成为一个新兴的产业部门并迅速发展,主要包括:水污染控制技术;大气污染控制技术;固体废物处理技术;噪声污染防治技术;交通工具(飞机、汽车、船舶等)运行过程中废物治理技术。

3. 国家要大力支持循环经济的技术创新

没有技术上的可行性或在现有技术水平下循环利用资源的成本很高,就没有经济上的可行性,就不可能实现循环经济模式。政府应该大力支持和鼓励循环经济技术体系建设,创造有利于循环经济发展的科研环境。建立循环经济的技术支撑体系。以具有较成熟技术支撑的短缺资源的循环利用为突破口,采取政策诱导和强制技术标准相结合的措施,促进这些资源的循环利用和节约使用。国家可设立专项基金,用于支持循环经济技术研究或引进国外的先进技术,鼓励和帮助企业投入循环经济技术研究。

科技成果转化、高新技术应用和技术市场机制的建立是发展循环经济的核心。在形成与资源、能源供应、交通运输配置、市场销售、环境容量相适应的比较合理的产业布局中,技术的支撑作用不可忽视,尤其是后处理系统,废弃物的回收利用,水、材料的循环利用,生态环境的恢复与保护,人与自然的和谐共存,环环有创新,链链需技术,在循环经济的产业链中打造出核心技术,以核心技术为基础,形成集成技术群,将循环产业化做好、做强、做大。

(1)发挥高技术在传统产业改造和特种循环产业中的特殊作用,例如:采用能量转换和能量倍增的技术路线,用最低能量达到最大效果。

(2)大量采用适用技术,创造出最大技术效能,如垃圾资源再利用技术、农作物秸秆再加工技术、聚合物制乳酸技术、沼气开发利用技术等。

(3)重视工艺技术的推广应用,将工艺技术应用与产品开发工作放在同等重要位置,使工艺技术成果大面积、大范围推广实施,以形成规模循环经济效益。

(4)将节能、节材、节水和环境保护的技术组合式推广应用,将快速成型的集成技术推向市场,提高企业竞争力。

(5)发展循环经济技术集成的产业链、生态链,落户于产业化示范基地、高新技术园区和其他产业化集群中,支持中小企业应用先进适用技术,进入循环产业链中发挥创造性作用。

4. 资源最优化的途径

通过循环经济达到资源最优使用的途径有以下两种:

(1)持久使用资源。通过延长产品的使用寿命来降低资源流动的速度。如果产品的使用寿命延长1倍,那么,就是相应的减少了1/2的废料排放。达到这一目的有如下方法:①要求同类产品的零部件标准化使其与其他机器兼容,一种由许多零部件所组成的产品,设计时难以做到各种零部件的使用寿命都一样,零部件的标准设计可以使钟表、汽车、计算机、电视机及其他产品易损零件可在保证安全的条件下很方便地更换,同时也非常容易进行升级,而不必更换整个机器;②通过规范的维护保养以延长产品的使用寿命;③同一物品使用要求不同的可以分级梯次使用,例如:军用和商用计算机在使用一定时间后可廉价供应给要求相对较低的部门或民用,既可保证各自最佳或合适的使用,又充分利用资源;④向需要的部门转让企业和个人已经过时或不再需要的物品。

(2)集约使用资源。即使产品的利用达到某种规模效应,从而减少由于分散使用导致的资源浪费。一个地区集中供热比地区内各单位分别供热将节约大量投资、能源和运行费用。集约使用的途径可以有:提倡合伙使用或共享使用,例如:科研院所、大学内的大型仪器应对单位内、社会开放使用;偶尔使用的汽车应该供多个驾驶员使用;办公室等基础设施也可以安排让偶尔需要的职员共享;发展租赁业可以加强物品的利用率和周转;要努力设计出多用途而不是单用途的产品,例如:一种机器可以集传真、复印、扫描等功能于一身,且每一种功能的性能不低于传统的单功能机器的功能等。

(二)法律法规保障体系

推动循环经济发展要依靠政策法规作保障。中国虽然制定了一些鼓励开展资源综合利用的政策,但至今还没有这方面的法律,应尽快进行循环经济立法,明确把生态环境作为资源纳入政府的公共管理范畴。推动循环经济也需要社会伦理的规范和支撑;当然,实施循环经济一定需要法律、法规的管制和引导。

目前,我国有许多环境法律、资源管理法律与循环经济有关,但这些法律法规的执行并没有完全到位,在不同的地方,执行情况也不一样。要通过严格执行环保法律法规，促进经济增长方式的转变，为发展循环经济，建设生态省、生态市创造良好的法治环境。发展循环经济是整个国家的需要，有必要加快制定必要的循环经济法规，使循环经济有法可依，有章可循。其中最重要的就是要在借鉴西方发达国家循环经济立法的基础上，循序渐进地构建我国的循环经济法律保障体系。目前，我国已经开始了对循环经济的立法调研工作，为未来循环经济法律法规框架的建立奠定基础，并为《资源综合利用条例》、《循环经济促进法》等法律的出台创造条件。

1. 整合现有的环境保护法律及其制度，使其逐步符合循环型社会的立法要求

我国现行的环境保护法律、法规，尽管其名义目标是保护环境。但严格地说，对建立循环型社会(循环经济)反而是有障碍的。大部分环境法律、法规是针对末端控制(EOP)并以指令性控制(CACS)为主，简单地告诉企业什么该做、什么不该做。这样，企业的环境目标只是实现污染物的达标排放，将污染物从一种类型改变为另一种类型。在这个过程中，往往产生更多其他类型的污染物。因此，应当对不能适应发展循环经济的制度进行修正，逐步扫清建立循环性社会进程中的障碍。

2. 建立规范循环利用行为的法律体系

循环利用是循环型社会经济发展的基本特征，将循环利用资源和恰当处置废弃物法定化是循环型社会法律的必然选择。根据我国具体国情建立规范循环经济的法制体系应当做到：

(1)制定一部循环型社会基本法统领整个循环经济立法，其主要内容可包括：

①循环型社会的法律概念及其他相关术语。

②循环型社会的发展目标，其中包括宏观目标和微观目标、长期目标和短期目标等几个方面。

③促进循环型社会形成的基本原则。

④促进循环型社会建立方面的国家管理和监督，明确管理体制，并具体明确各有关管理机关的职责和权限。

⑤促进循环型社会建立的基本法律制度。

⑥对从事经济活动及其他活动的法人和自然人在促进循环型社会建立方面的基本要求。

⑦促进循环型社会建立方面的科学研究。

⑧违反循环型社会发展法的法律责任等。

(2)根据我国各个行业的循环利用技术水平高低，逐步将建设工程的材料、包装物、家电、汽车等对环境可能产生较大危害的物质纳入循环经济法的调整范围，在这个过程中，政府应当发挥表率作用，立法应首先对政府的绿色采购行为进行规范；最后，根据各地的经济发展水平和技术能力，制定调整循环经济的地方性法律、

法规,以点带面,促进循环经济的发展。

(3)我们还可仿效发达国家的相关立法,在技术条件允许的情况下,要求生产者对其产品承担循环利用的义务,并用经济手段和政策导向鼓励、刺激生产者提高其制造产品的耐用性,但这些立法不可操之过急,只有在技术条件较为成熟的情况下,才能循序渐进地逐步推行。

(三)政策引导体系

政府应综合运用财政税收、投资、信贷、价格等政策手段来引导和调节市场主体的行为。同时,国家也将对一些重大项目进行直接投资或给予一定的资金补贴支持。

早在20世纪80年代,我国政府已经开始重视对工矿企业废物的回收和再利用,提出末端治理的思想,以达到节约资源、治理污染的目的。进入90年代后,又提出了源头治理的思想。1993年,在上海召开的第二次全国工业污染防治会议上,循环经济理论正式在中国亮相。2002年底,《中华人民共和国清洁生产促进法》颁布,并于2003年1月1日开始实施。2003年6月,根据国务院领导的指示,国家中长期科技发展规划战略研究开始启动。规划内容涉及20个相关重点领域和专题。其中,生态建设、环境保护与循环经济科技问题被列为第十个专题。进入2004年,发展循环经济正式成为我国的一项国策,社会各界对此给予了空前的关注,不仅理论性研究成果大量地涌现,各级政府也陆续出台了许多可实际操作的政策。

中央政府对发展循环经济给予前所未有的高度重视。过去我国循环经济发展的推动工作主要是由国家环境保护部门来承担,2004年下半年以来,则改为由宏观调控部门和国家环境保护部门共同承担。国家发展与改革委员会明确表示:"循环经济的理念将贯穿到'十一五'规划的编制工作中,无论是规划纲要,还是各类专项规划、区域规划以及城市总体规划,都将把发展循环经济放在突出的位置。"

根据上述规划,到2010年,我国将建立起比较完善的循环经济法律、法规体系、政策支持体系、技术创新体系和有效的约束激励机制,形成一批具有较高资源生产率、较低污染排放率的清洁生产企业,在重点领域建立和完善资源循环利用体系和机制,为建立资源消耗低、环境污染少、经济效益好的国民经济体系和资源节约型社会奠定基础。

循环经济政策体系应包括三个方面:基本政策、核心政策和基础政策。

1. 基本政策

基本政策是循环经济发展的最根本和普遍适用的指导政策,其目的是确定循环经济在社会经济发展中的战略地位,提出循环经济发展的总体战略目标、步骤、主要制度和措施。根据日本的经验,循环经济基本政策包括基本法和基本计划。

在基本法出台之前,我国可以先发布基本指导文件,如日前国务院发布的《国务院关于加快发展循环经济的意见》。

2. 核心政策

核心政策是直接推动循环经济重点领域的政策,即指生产和消费领域,包括四个重点产业体系——生态工业体系、生态农业体系、绿色服务业体系及废旧资源再利用和无害化处置产业。

3. 基础政策

基础政策是指更大程度为循环经济重点领域实践创造良好制度环境的政策。它包括经济结构调整政策、贸易政策和有利于资源环境保护的产权制度;财政、金融、税收和价格政策;国民经济核算制度、审计制度和干部考核制度等方面。

鉴于我国国情,三种政策层面不可能完全同步进行。基础政策的变革在目前情况下,阻力和难度大,需要漫长的时间。目前,可行的突破口是核心政策。

(四)完善的组织机构保障

1. 发挥政府优势,自上而下推动循环经济发展

西方国家在经济发达的条件下发展循环经济,而我们是在从粗放到集约的过程中发展循环经济。目前,企业发展循环经济主要是考虑经济效益或迫于环保、公众、国际市场的压力;不少地方发展循环经济主要是出于提升城市或地区形象,往往缺少实质性政策措施。因此,需要各级党政官员增强发展循环经济的紧迫感,充分发挥政府的主导作用。

2. 建立完善的废物分类、收集、利用和处置机构

(1)政府负责组建。在我国,废物分类、收集、利用和处置机构(如垃圾填埋场、危险废物处置场等)多由政府负责组建。在一定历史时期(当经济欠发达、公众收入较低且环保意识有待提高时)具有其必要性,由于不是按市场经济法则运行,必然产生弊病。当然,对于危险废物处置由政府负责或有政府监督是必要的。

(2)企业按经济规律回收、利用和处置废物。这类企业各国都有,当然以盈利为目的,通常以个体或小企业为主。对于许多废物可能再生利用成本高而无利可图,他们便不愿处。例如:收集、分类、利用和处置生活垃圾、建筑垃圾、某些工业废物是无利润的,这种情况下需通过政府或其他组织通过收费来弥补其损失,也就是有偿处置。

(3)回收中介机构。非盈利性的社会中介机构可以在政府公共组织和企业盈利性组织之外发挥独特作用。中介机构并不直接处置废物,而是组织机构。如德国DSD是一个专门组织回收包装废物的非盈利的社会中介机构。它由生产厂、包装物生产厂、商业部门和垃圾回收部门联合组成,政府对它规定废物回收利用指标并进行法律监控,而组织内部实施民主管理,在1998年运行过程中出现盈利,在

1999年它将盈利部分返回或减少第二年收费,这是一个成功的组织。

中介机构也可以有其他形式,如日本大阪有一个废品回收情报网络,出版《大阪资源循环月刊》,组织旧货调剂交易会。中介组织使政府、企业、市民相互联系,通过沟通信息、调剂余缺、推动废物减量化运动发展。

(五)公众参与

社会公众参与环境保护和循环经济活动的程度,既标志该社会文明、成熟程度,也是环境保护、循环经济成功的必要保证。环境保护发展的初级阶段主要由政府通过法律、行政方法来控制环境污染;第二阶段是企业逐渐由被动转向主动,并通过市场经济将环境保护提高到新的阶段,但只有全社会民众全部发动起来,尽量减少废物排放,节约而合理使用资源,反复利用资源,环境保护和循环经济才能真正达到完满的第三阶段,例如:一些国家居民主动参与各种环境保护政策、法规、措施的听证会,监督和保证法律、法规的实施,在休息日自动地将自己过剩的物品放在家门口,让其他人选用,其价格低廉且自由交易,这也是一种很好的循环利用资源的方法。

发达国家发展循环经济、保护生态环境的一条重要经验,就是鼓励支持公众参与,许多企业也是在公众环境意识、社会道德和国家环境法律的压力下,推行清洁生产和循环经济的。在对公众、官员和企业领导加强各种环保教育的同时,推动社会公众广泛参与,鼓励支持社会公众维护自身的环境权益,引导社会公众积极参与绿色消费,形成节约资源和保护环境的生活方式和可持续消费模式。

实施循环经济不仅需要政府的倡导,企业的自律和技术的支持。更需要提高广大社会公众的参与意识和参与能力。第一,要充分发挥舆论导向的作用,广泛运用各种宣传工具,加强对发展循环经济重要意义的宣传教育工作,尤其是加强对少年儿童的教育尤为重要,做到以教育影响孩子,以孩子影响家长。以家庭影响社会,不断提高社会公众对实现零排放或低排放社会的意识。第二,要积极引导社会公众绿色消费。鼓励社会公众购买和使用节能、节水、废物再生利用等有利于环境与资源保护的产品,培养他们的清洁生产、清洁消费和反复利用意识,尽量减少废弃物的发生,尽可能减少包装垃圾,对购买的"一次性"易耗品应加强反复使用和多次使用,不要随意丢弃。第三,要定期开展绿化环境、美化家园、净化市容的系列活动。定期发动市民开展公共垃圾收集活动。鼓励市民积极参与废旧资源回收和垃圾减量工作,开展经常性的环保志愿者行动。积极开展创建生态省、国家环保模范市、生态示范区、生态工业园区、绿色村镇和绿色社区的活动,使循环经济的理念更加深入人心,做到持久、深入地发展。

三、循环经济与节约型社会

建设节约型社会,实现可持续发展,是从我国国情出发,总结现代化建设经验,贯彻落实科学发展观的重大举措,是对现代化建设规律认识的深化。随着经济快速增长和人口不断增加,努力缓解资源不足的矛盾,不断改善生态环境,实现可持续发展,成为十分紧迫的任务。

(一)节约型社会的内涵

节约是经济学研究的永恒命题,经济学研究的就是资源存在的稀缺性与资源取舍选择比较利用的节省,如何将稀缺有限的资源通过经济节省利用实现物品效用的最大化和资本收益的最大化。有关节约的狭义概念至少应该是两个层次:①资源不是闲置不用,而是获得充分地利用;②资源的利用经济节省、循环使用,实现最大限度的充分利用,即废弃物越少,利用得越充分。其广义的概念应该是对人的生存发展没有或少有负面影响,有助于和有利于人的生存与发展,包括人与人的和谐、人与社会的和谐、人与自然的和谐,即人们和善相处、社会平和有序、空气清新、水源洁净、生态平衡、环境优美,以人为本、全面发展。

市场经济就是通过节约,最充分地利用稀缺有限的各种资源,实现物品效用和资本收益的最优化与最大化,把人类的节约意识提升到前所未有的新层次。如果不改变传统的高投入、高消耗、低效率的粗放型增长方式,如果不在全社会进一步强化节约资源的意识,经济发展必然会越来越受到资源的制约,生活环境会越来越恶化,将直接影响现代化建设进程。

资源节约型社会是指在生产、流通、消费等领域,通过采取法律、经济和行政等综合性措施,提高资源利用效率,以最少的资源消耗获得最大的经济和社会收益,保障经济、社会可持续发展。建设资源节约型社会,其目的在于追求更少资源消耗、更低环境污染、更大经济和社会效益,实现可持续发展。

"节约"具有双重含义。其一,是相对浪费而言的节约。其二,是要求在经济运行中对资源、能源需求实行减量化,即在生产和消费过程中,用尽可能少的资源、能源(或用可再生资源),创造相同的财富甚至更多的财富,最大限度地充分利用、回收各种废弃物。这种节约要求彻底转变现行的经济增长方式,进行深刻的技术革新,真正推动经济、社会的全面进步。"节约"的这两重含义是内在统一的,必须统筹兼顾,不能片面理解。

(二)加快建设节约型社会的政策措施

建设节约型社会,全面落实科学发展观,紧紧围绕实现经济增长方式的根本性转变,坚持资源开发与节约并重、把节约放在首位的方针,以提高资源利用效率为核心,以节能、节水、节材、节地、资源综合利用和发展循环经济为重点,尽快建立健全促进节约型社会建设的体制和机制,逐步形成节约型的增长方式和消费模式,以资源的高效和循环利用促进经济、社会可持续发展。

根据我国资源紧缺的基本国情,建设资源节约型社会,必须选择一条与发达国家不同的资源组合方式,即非传统的现代化道路,关键在于促进资源的节约,杜绝资源的浪费,降低资源的消耗,提高资源的利用率、生产率和单位资源的人口承载力,以缓解资源的供需矛盾。

1. 要将节约资源提升到基本国策的高度来认识

把建立资源节约型社会的目标纳入国家经济、社会发展规划之中,将"控制人口,节约资源,保护环境"共同作为我国的基本国策,并在实践中推进这一基本国策。不仅要把建立资源节约型社会这一目标纳入国家经济、社会发展规划之中,而且要以此为依据,建立综合反映经济发展、社会进步、资源利用、环境保护等体现科学发展观和政绩观的指标体系,构建"绿色经济"考核指标体系,实现"政绩指标"与"绿色指标"的统一,彻底改变片面追求GDP增长的行为。

2. 大力推进结构调整,加快建立资源节约型产业体系

通过经济杠杆,推动节约资源,倡导符合可持续发展理念的循环经济模式和绿色消费方式,实现经济、社会与资源环境的协调发展,改变"高投入、高消耗、高排放、不协调、难循环、低效益"的粗放型经济增长方式,逐步建立资源节约型国民经济体系。要尽快建立以节能、节材为中心的资源节约型工业生产体系。通过技术进步,改造传统产业和推动结构升级。对高物耗、高能耗、高污染的初级产品出口加以控制,按照新型工业化道路的要求,推进国民经济和社会信息化,促进产业结构优化升级。如在能源、交通、金融等行业大力推进信息化,力争用信息技术降低对能源的消耗。

目前,我国的经济结构仍以工业为主,约占GDP总量的53%,服务业约占34%,而工业产值能耗是服务业的4~5倍;从发达国家和发展中国家情况看,工业所占的比重通常是在20%~40%,服务业占50%~70%。因此,在巩固农业、壮大工业的同时,应把发展服务业提到更加突出的位置上来,努力提高服务业在国民经济中的比重,大力发展旅游、现代物流、信息、金融保险、社区服务等现代服务业,以及会计、律师咨询等资源消耗低、吸收就业多、附加值高的中介服务业。积极发展高技术产业,特别是大力发展并做大、做强信息产业,着力培育一批科技含量高、经济效益好、资源消耗低、环境污染少的产业和产品,降低经济发展对资源的依赖程度。加快先进适用技术改造传统产业的步伐,优化和提升传统产业素质,扭转传统产业对资源的高度依赖性。限制和淘汰浪费资源、污染环境的落后工艺、技术和设备,坚决关闭严重浪费资源、污染环境的企业和生产线。严格项目准入管理,把资源节约、环境保护等作为新建和改扩建固定资产投资工程项目的首要前提条件,并提出土地、能源、水资源利用及污染物排放综合控制的要求。

3. 发展循环经济,提高资源利用效率

循环经济是以资源的高效利用和循环利用为目的,以"减量化、再利用、资源

化"为原则,以低消耗、低排放、高效率为基本特征,符合可持续发展理念的经济增长模式,是对"大量生产、大量消费、大量废弃"的传统增长模式的根本改变。借鉴国内外的先进经验,按照循环经济理念和生态工业模式,运用系统工程的方法,积极探索"资源—产品—再生资源—再生产品"的循环经济发展模式,最大限度地降低资源消耗,最大限度地减少初次资源的开采,最大限度地利用不可再生资源。着力推动循环经济发展,积极鼓励和引导有条件的企业形成循环式的生产模式,促进资源循环式利用。在资源开采环节,大力提高资源综合开发和回收利用率,开发并完善适合我国矿产资源特点的采、选、冶工艺,提高回采率和综合回收率;在资源消耗环节,大力提高资源利用效率,实现能量的梯级利用、资源的高效利用和循环利用,努力提高资源的产出效益;在废弃物产生环节,大力开展资源综合利用,推动不同行业通过产业链的延伸和耦合,实现废弃物的循环利用;在再生资源产生环节,大力回收和循环利用各种废旧资源,积极推进废钢铁、废有色金属等的回收和循环利用。

4. 技术进步,提高资源利用水平

高度重视信息、先进工艺和制造技术在资源开发利用领域的应用,坚持引进技术与消化、吸收、创新相结合,加强资源节约和循环利用技术的科技攻关和产业化。技术攻关重点是加强对节能技术、节水技术、链接技术、新材料技术、生态技术的研究开发,促进技术进步和科技成果的转化,降低能耗、水耗,实现废物转变成资源的链接或进行无害化处理,以可再生资源替代自然资源,提高建设节约型社会的整体技术水平。同时,积极推动关键技术开发和节能降耗产业化示范,推广应用重大节能、节水和资源综合利用技术,重点是燃煤工业锅炉节能、热电联产、余热余能利用、节约和替代石油、建筑节能、农业节水灌溉、海水利用、"三废"综合利用、再生资源回收利用等重大技术改造和创新。

5. 制定激励政策,创新资源节约机制

一是加快推进水、电、石油、天然气等资源性产品价格的市场化进程,建立反映资源稀缺程度和供求关系的价格形成机制,充分发挥市场配置资源的基础性作用。对一些关系民生的资源价格调整,既要充分考虑公众的承受能力和低收入阶层,又要将反映供求关系的信号传达给资源使用者,使其珍惜资源、节约资源。二是进一步建立健全有利于建设节约型社会的财税政策体系,加快制定鼓励生产、使用节能节水产品和节能建筑以及低油耗、低排量车辆的财政税收政策,完善资源综合利用税收优惠政策,调整高耗能产品进出口政策。落实国家有关税收优惠政策,鼓励和支持企业发展符合国家资源节约与综合利用政策的项目和产品,并依法享受减免增值税和所得税等优惠政策。三是建立资源节约与综合利用的专项基金,通过直接投资、资金补助或贷款贴息等多种形式,推动共性瓶颈技术和重点技术的研发推广,支持清洁生产示范企业、项目,以及一些具有重大示范意义的节能、节材、节水资源综合利用项目。积极引导各类金融机构对资源节约与综合利用的重点项目给予贷款支持。

6. 健全法规标准,强化监督管理

必须采取法律、经济和行政等综合手段,促进资源的有序、高效开发和利用。要在资源开采、加工、运输、消费等环节建立全过程和全面节约的管理制度,要健全和完善《节能法》,并加大实施力度;尽快制定《可再生能源法》,推动可再生能源的发展。政府要进行制度设计,建立能源、资源审计制度,与现行的环境评价制度共同构成社会性管理的新框架。①加快建立和完善资源节约与综合利用的法规、标准体系,制定保护稀缺矿产资源、强化建筑节能、推行清洁生产、发展循环经济等法律法规,制定有关行业节能、节材、节水的设计标准;②加快完善资源高消耗行业市场准入标准、节能考核指标体系、重点行业取水定额标准和建筑等行业能效设计规范,建立强制性产品能效标识和再利用标识制度;③依法建立严格的管理制度,并加大执法和监督检查力度,加强资源节约与综合利用专项检查,定期组织对严重缺电、缺水地区,特别是煤炭、电力、钢铁、化工、建材、造纸等高耗能、耗水行业和企业的监督检查,加强对能效标准和高耗电产品,限额标准、建筑节能标准及固定资产投资项目节约资源规定执行情况的检查。

7. 深入开展宣传教育,提高全民资源意识和节约意识

牢固树立以人为本的科学发展观,改变透支资源求发展的方式。要着眼于充分调动大众的积极性、主动性和创造性。按照科学发展观,必须把资源保护和节约放在首位,充分考虑资源承载能力,辩证地认识资源和经济发展的关系。要加大合理开发资源的力度,努力提高有效供给水平;要着力抓好节能、节材、节水工作,实现开源与节流的统一。

运用各种手段和舆论传媒,广泛深入持久地开展建设节约型社会的宣传教育,大力开展多种形式的资源节约活动,以提高社会公众的资源意识、节约意识和环保意识,提高全社会对建设节约型社会重大意义的认识。积极引导人们进行绿色消费,优先购买经过生态设计或通过环境标志认证的产品,鼓励节约使用、反复使用或多次使用所购买的物品,尽可能减少垃圾产生。不断强化人们可持续的消费观,引导消费者自觉选择有利于节约资源、保护环境的生活方式和消费方式,把节能、节水、节材、节粮、垃圾分类回收、减少一次性产品使用等与节约型社会密切相关的活动逐步变为个体公民的自觉行动。

总之,建设资源节约型社会,是我国人口、资源、环境与经济、社会可持续发展的客观需要,也是全面建设小康社会的战略选择,具有重大的现实意义和深远的历史意义。

思考题

1. 如何理解循环经济的概念？
2. 循环经济的基本原则是什么？
3. 简述循环经济的框架。
4. 为什么要开展绿色 GDP 核算？
5. 目前开展绿色 GDP 核算的困难主要有哪些？
6. 论述实施循环经济的支持体系。
7. 建设节约型社会的政策措施主要有哪些？

第九章 生态工业

第一节 生态工业及其设计与分析

一、生态工业的基本概念

生态工业的理论基础是工业生态学。生态工业是指仿照自然界生态过程物质循环的方式，应用现代科技所建立和发展起来的一种多层次、多结构、多功能、变工业排泄物为原料、实现循环生产、集约经营管理的综合工业生产体系，是一种新型的工业模式。在生态工业系统中各生产过程不是孤立的，而是通过物料流、能量流和信息流互相关联，一个生产过程的废物可以作为另一过程的原料加以利用。生态工业追求的是系统内各生产过程从原料、中间产物、废物到产品的物质循环，达到资源、能源、投资的最优利用。

生态工业的萌芽出现在 20 世纪六七十年代，当时是作为一个概念提出，但没有更为深入地研究。20 世纪 90 年代初，生态工业一词首先在与美国工程科学院关系密切的一些工程技术人员中重新提出，特别是 1989 年 Robert Frosch 和 Nicolas Gallopoulos 在《科学美国人》专刊号上发表了《可持续工业发展战略》一文，两位作者提出了以下观点：工业可以运用新的生产方式，对环境的影响将大为减少。这个观点引导他们推出了生态工业这一概念。

二、生态工业与传统工业的比较

生态工业区别于传统工业的一个重要方面是物质的生命周期全循环，即工业系统内要综合地考虑产品从"摇篮"到"坟墓"再到"再生"的全过程，并通过这样的过程实现物质从源到汇的纵向闭合，实现资源的永续循环利用。传统工业一般将废弃的产品（或材料）看作是无用的、等待处置的东西，因此来源于自然环境的原材料经过一次生产过程后，就变成了废弃物排放到环境中，这样的线性过程打破了自然界的物质平衡，一方面，从自然界获取太多，回馈或投入太少，造成资源的枯竭（生态耗竭）；另一方面，大量开发的自然资源只有部分变成产品，其余以废弃物形式排入环境，造成生态过程的阻滞（生态滞留）。因此，目前许多国家纷纷制定政策，要求将产品进行回收利用，目的就是实现物质的"封闭循环"。工业生态学要求从产品的设计阶段起，就必须考虑产品使用期结束后的再循环问题。产品的废弃物处置问题同产品的设计和加工制造过程一样重要。表9-1列出了生态工业与传统工业的比较。

表9-1 生态工业与传统工业的比较

类别	传统工业	生态工业
目标	单一利用、产品导向	综合效益、功能导向
结构	链式、刚性	网状、自适应型
规模化趋势	产业单一化、大型化	产业多样化、网络化
系统耦合关系	纵向、部门经济	横向、复合生态经济
功能	产品生产,对产品销售市场负责	产品＋社会服务＋生态服务＋能力建设,对产品生命周期的全过程负责
经济效益	局部效益高、整体效益低	综合效益好、整体效益好
废弃物	向环境排放、负效益	系统内资源化、正效益
调节机制	外部控制、正反馈为主	内部调节、正负反馈平衡
环境保护	末端治理、高投入、无回报	过程控制、低投入、正回报
社会效益	减少就业机会	增加就业机会
行为生态	被动,分工专门化,行为机械化	主动,一专多能,行为人性化
自然生态	厂内生产与厂外环境分离	与厂外相关环境构成复合生态体
稳定性	对外部依赖性高	抗外部干扰能力强
进化策略	更新换代难、代价大	协同进化快、代价小
可持续能力	低	高
决策管理机制	人治,自我调节能力弱	生态控制,自我调节能力强
研发能力	低、封闭性	高、开放性
工业景观	灰色、破碎、反差大	绿化、和谐、生机勃勃

三、生态工业设计与分析

（一）设计原则

生态工业设计的原则包括以下几个方面。

1. 横向耦合

不同工艺流程、生产环节和生产部门间的横向耦合及资源共享,变污染负效益为资源正效益。

2. 纵向闭合

企业内部形成完备的功能组织,产品在其"从摇篮到坟墓"的生命周期全过程实施系统管理。

3. 区域耦合

厂内生产区与厂外相关的自然及人工环境构成空间一体化的产业生态复合体,逐步实现有害污染物在系统内的全回收和向系统外的零排放。

4. 社会整合

企业将社会的生产、流通、消费、回收、环境保护及能力建设功能融为一体,在提供生产功效的同时,培育新型的社区文化并提供正向的生态服务。

5. 功能导向

以企业对社会的服务功能而不是以产品或产值为经营目标,产品只是企业资产的一部分,通过其服务功能、社会信誉、更新程度的最优化来实现价值。

6. 结构柔化

灵活多样、面向功能的生产结构、管理机制、进化策略和完善的风险防范对策,可随时根据资源、市场和外部环境的随机波动调整产品、产业结构及工艺流程。

7. 能力组合

配套的硬件、软件等能力建设,决策管理、工程技术、研究开发和服务培训能力相匹配。

8. 信息开放

企业信息及技术网络的畅通性、灵敏性、前沿性和大的开放度。

9. 人类生态

劳动不单是一种成本,也是劳动者实现自身价值的一种享受,提高劳动生产率的结果是增加而不是减少就业机会,员工一专多能,是产业过程自觉的设计者和调控者而不是机器的奴隶。

(二) 工业代谢分析

工业生态学将工业体系设想为如同生物生态系统一样的物质、能量以及信息的流动和贮存。通过工业代谢(Industrial Metabolism, IM)分析,寻找能使工业体系与生物生态系统"正常"运行相互匹配的革新途径。

工业代谢分析方法是建立生态工业的一种行之有效的分析方法。它是基于模拟生物和自然界新陈代谢功能的一种系统分析方法,其依据是质量守恒定理。与自然生态系统相似,生态工业系统同样应包括4个基本组分,即生产者、消费者、再生者和外部环境。工业代谢分析通过分析其系统结构、进行功能模拟和输入、输出信息流分析来研究生态工业系统的代谢机理。工业代谢分析法与以往的系统分析方法的不同之处在于它以环境为最终的考察目标,追踪资源从提炼到经过工业生产和消费体系后变成废物的整个过程中物质和能量的流向,给出系统造成污染的总体评价,并力求找出造成污染的主要原因。

工业代谢分析研究可以有以下多种形式:可以在有限的区域内追踪某些物质污染物,如针对江河流域;可以分析研究一组物质,特别是某些重金属;可以针对某种物质成分(如硫、碳等)进行工业代谢分析,以确定其不同形态的特性及其与自然生物地球化学循环的相互影响;也可以研究与产品相联系的物质流和能量流。

第二节 生态工业园区

一、生态工业园区的基本概念

20世纪70年代初,丹麦建立了卡伦堡(Kalundborg)工业园区,它是世界上第一个生态工业园区。在以类似卡伦堡工业共生体模式实施工业生态学时,人们使用了多个词汇来称谓这些运作实体或模式,使用较多的有生态工业园区(Eco-Industrial Parks,EIPs)、生态工业发展(Eco-Industrial Developments,EIDs)、生态工业网络(Eco-Industrial Networks,EINs)、工业生态系统、工业共生体、副产物协作(by-product synergy)和统一链管理(integrative chain management)等。但是,目前以生态工业园区使用最为广泛。

早在20世纪90年代初,在一些学术论文和会议报告中开始出现了"生态工业园区"的概念,它是工业生态系统的具体体现,也是工业生态学理论的实践之一。

由于工业生态学自身尚不完善,生态工业园区的定义也不统一,主要有如下几种定义:

1995年Cote和Hall提出,生态工业园区是保持自然与经济资源、减少生产、材料、能源、保险与治理费用和负债、提高操作效率、质量、工人健康和公众形象,提供来自废料利用及其规模的收益机会的工业系统。

Lowe、Moran和Holmes提出,通过管理环境和资源的有效利用,寻求增强的环境效益和经济效益;通过协作,工业园区寻求一种集体的利益,这种利益大于所有单个公司利益的总和。这样的加工与服务商务社会(群体)即生态工业园区。

1996年8月,美国可持续发展委员会(PCSD)召集的专家组提出生态工业园区是商务(企业)群体,其中的商业企业相互合作,而且与当地的社会合作,以实现有效地共享资源(信息、材料、水、能源、基础设施和天然生境),产生经济效益和环境质量效益,给企业和当地社会带来资源和财富。

PCSD专家组还提出,生态工业园区可定义为一种工业系统,它有计划地进行材料和能源交换,寻求能源与原材料使用的最小化、废物最小化,建立可持续的经济、生态和社会关系。

美国RPP公司首席科学家、Indigo发展研究所主任Lowe教授认为,一个生态工业园区是一个由制造业企业和服务业企业组成的群落。

尽管生态工业园区的定义不一,但无论如何定义,都是将生态环境保护思想、可持续发展思想渗透到工业体系的建立和运行之中,同经济效益建立紧密联系。各种定义在本质上没有多大区别。

二、生态工业园区的特征

同传统工业园区相比,生态工业园区具有以下特征:

(1)具有明确的主题,但不仅仅只是围绕单一主题而设计、运行,在设计工业园区的同时也考虑了社区。

(2)通过毒物替代、二氧化碳吸收、材料交换和废物统一处理来减少环境影响或生态破坏,但生态工业园区不单纯是环境技术公司或绿色产品公司的集合。

(3)通过共生和层叠实现能量效率最大化。

(4)通过回用、再生和循环对材料进行可持续利用。

(5)在生态工业园区定位的社区,以供求关系形成网络,而不是单一的副产物或废物交换模式或交换网络。

(6)具有环境基础设施,企业、园区和整个社区的环境状况得到持续改善。

(7)拥有规范体系,允许一定灵活性而且鼓励成员适应整体运行目标。

(8)应用减废减污的经济型设备。

(9)应用便于能量与物质在密封管线内活动的信息管理系统。

(10)准确定位生态工业园区及其成员的市场,同时吸引那些能填补适当位置和开展其他业务环节的企业。

Lowe 和 Warren 指出,生态工业园区最本质的特征在于企业间的相互作用以及企业与自然环境间的作用。对生态工业园区主要的描述是系统、合作、相互作用、效率、资源和环境,这些显然是传统工业园区难以同时具备的特征。

三、生态工业园区的类型

综观国内外各生态工业园区,它们并没有一个统一的模式,而是因地制宜,各具特色。可以从原始基础、产业结构、区域位置等不同角度对生态工业园区进行分类。

(一)从原始基础看,可以划分为现有改造型与全新规划型

(1)现有改造型园区是对现已存在的工业企业,通过适当的技术改造,在区域内成员间建立起废物和能量的转换关系。美国恰塔努加(Chattanooga)生态工业园区就是一个例子,它曾是一个以污染严重闻名全美的制造中心,后来杜邦公司以尼龙线头回收为核心推行企业零排放,既减少污染,又带动了环保产业的发展,在老工业园区拓展了新的产业空间。其突出特征是通过重新利用老工业企业的工业废弃物,减少污染和增进效益。旧废钢铁铸造车间变成太阳能处理废水的生态车间,循环废水为邻近的肥皂厂所使用,邻近肥皂厂的是以其副产物为原料的另一家工厂。国内广西贵港生态工业区由蔗田、制糖、酒精、造纸、热电联产、环境综合处理系统组成,各系统之间通过中间产品和废弃物的相互交换而相互衔接,形成一个较完整和闭合的生态工业网络,也属于这种类型。

(2)全新规划型园区是在良好规划和设计的基础上从无到有地进行建设,主要吸引那些具有"绿色制造技术"的企业入园,并创建一些基础设施,使得这些企业间可以进行废水、废热等的交换。这一类工业园区投资大,对其成员的要求较高。如美国 Choctaw 生态工业园区采用交混分解技术将当地大量的废轮胎资源化得到炭黑、塑化剂等产品,进一步衍生出不同的产品链,这些产品链与辅助的废水处理系统一起构成工业生态网。我国南海国家生态工业示范园区也属于这一类型。

(二)从产业结构看,可以划分为联合企业型与综合园区型

(1)联合企业型园区通常以某一大型的联合企业为主体,围绕联合企业所从事的核心行业构造工业生态链和工业生态系统,典型的如美国杜邦模式、贵港国家生态工业(制糖)示范园区等。对于冶金、石油、化工、酿酒、食品等不同行业的大企业集团,非常适合建设联合企业型的生态工业园区。

(2)综合型园区内存在各种不同的行业,企业间的工业共生关系更为多样化。与联合企业型园区相比,综合型园区需要更多地考虑不同利益主体间的协调和配合,如丹麦的卡伦堡工业园区和建设中的我国浙江衢州沈家生态工业园区是综合型生态工业园区的典型。目前,大量传统的工业园区适合向综合型生态工业园区的方向发展。

(三)从区域位置看,可以划分为实体型与虚拟型

(1)实体型园区的成员在地理位置上聚集于同一区域,可以通过管道设施进行成员间的物质、能量交换。

(2)虚拟型园区不严格要求其成员在同一地区,由园区内和园区外的企业共同构成一个更大范围的工业共生系统。有些园区是利用现代信息技术,通过园区信息系统,首先在计算机上建立成员间的物质、能量交换联系,再付诸实施,区内企业既可彼此交换,也可与区外企业联系。虚拟园区可以省去一般建园所需的昂贵的购地费用,避免建立复杂的相互依赖关系和进行工厂迁址,并具有很大的灵活性。其缺点是可能要承担较贵的运输费用,如美国的 Brownsville 生态工业园区就是虚拟型园区的典型。

第三节 国内外生态工业园区发展状况

一、国外生态工业园区发展状况

20世纪70年代初丹麦建立的卡伦堡工业园区是世界上第一个生态工业园区。随着生态工业园区概念的提出和清洁生产、生态工业等思想的推广,尤其是进入20世纪90年代以后,世界上出现了许多包含物质交换与废物循环的共生体项目和计划,先后宣布自己为生态工业园区。目前,生态工业园区正在成为许多国家

工业园区改造和完善的方向。

一些发达国家(如丹麦、美国、加拿大等工业园区环境管理先进的国家)很早就开始规划建设生态工业示范园区;泰国、印度尼西亚、菲律宾、纳米比亚和南非等发展中国家也正在积极兴建生态工业园区。20世纪90年代以来,生态工业园区开始成为世界工业园区发展领域的主题,并取得了较丰富的经验。

目前,全球生态工业园区项目每年以成倍的速度在发展。截至2001年上半年,美国至少有40个社区建立了生态工业园区项目。在除美国以外的其他地方(如亚洲、南美洲、澳大利亚、南非和纳米比亚等)也建立了许多生态工业园区项目。据初步统计,生态工业园在区项目至少有60项,仅日本就有30多项。

(一)丹麦

目前,国际上最成功的生态工业园区是丹麦的卡伦堡生态工业园区,同时也被认为是世界上最早的生态工业园。

卡伦堡是丹麦一个仅有2万居民的工业小城市,位于北海海滨,哥本哈根以西约100 km处。20世纪60年代初,这里的火力发电厂和炼油厂已经开始了工业生态方面的探索。开始并未有意发展成工业生态体系,而6家公司缓慢但非常有效地拓展,最终形成了目前这种有益于环境的共生关系。截至2000年,卡伦堡工业园已有6家大型企业和10余家小型企业,它们通过"废物"联系在一起,形成了一个举世瞩目的工业共生系统,如图9-1所示。

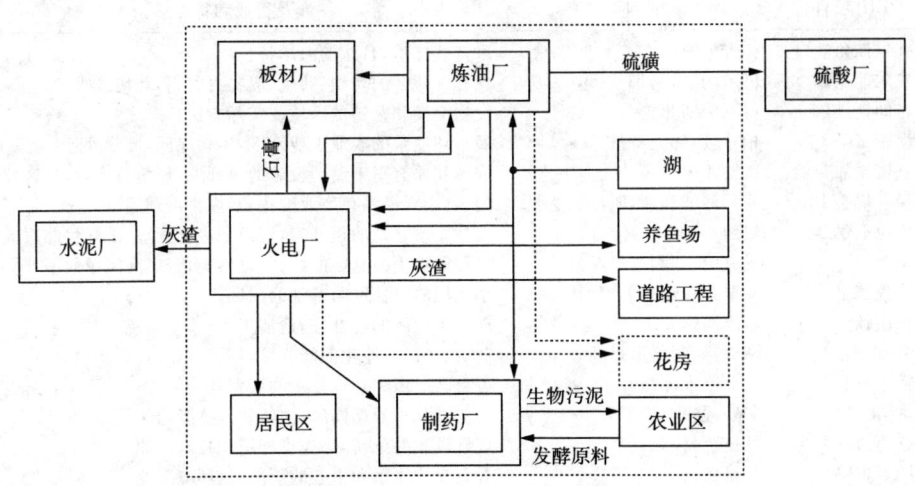

图9-1 卡伦堡生态工业园区

丹麦卡伦堡共生体系是世界上最早实现的生态工业园区,至今仍被作为范例广为引用。卡伦堡之所以有此殊荣,主要是它极其重视并鼓励企业、政府等建立密切的内部联系。卡伦堡 EIP 主要由几个大型企业组成,包括阿斯内斯(Asnaes)火力发电厂、斯塔托伊尔(Statoil)炼油厂、诺沃诺迪斯克(NovoNordisk)生物工程公司、济普洛克(Gyproc)石膏材料公司以及卡伦堡市政府。这些企业与政府间建立了颇为创新的生态共生关系,他们通过市场交易共享水、气、废气、废物等,并实现经济利益的共享。整个卡伦堡工业共生体系的废料交换的细节很复杂,其环境效益、经济效益已经得到公认,尤其是在减少资源消耗、减少环境污染、废料的再利用等方面具有显著的优势。卡伦堡体系中的主体包括各个企业和政府都是系统的受益者。物质交换虽然是在商业基础之上逐步自发产生的,但是也有其特殊的地理优势。企业之间距离近,联系紧密,拥有相互合作所必需的信任关系,这与卡伦堡作为一个小城市,人员之间相互熟悉有关,并且相邻的几个大型企业之间有较强的互补性,有足够的生产规模满足物质交换,保证了这种物质流动的经济性。总之,卡伦堡共生体系为 21 世纪新的工业园区发展模式奠定了基础。

(二)美国

20 世纪 70 年代以来,在美国环境保护署(EPA)和可持续发展委员会(PCSD)的支持下,美国的一些生态工业园区项目应运而生,涉及生物能源的开发、废物处理、清洁工业、固体和液体废物的再循环等多种行业,并且各具特色,如表 9-2。

表 9-2 美国的生态工业园区

EIP 项目	地址	涉及行业和特点
查尔斯角港口	弗吉尼亚州	可持续技术,自然的海岸特色
费尔菲纪德	巴尔的摩,马里兰州	现有工业区的转型、共生、废物再利用、环境技术
布朗斯维尔	得克萨斯州	废物交换和营销的区域或实际方法
河岸 EIP	柏林敦,佛蒙特州	城市环境中的农业工业园区,生物能源,废物处理
查塔诺加	田纳西州	内城和原有军工制造设施的再开发,环境技术,绿色区域
绿色协会 EIP	明尼阿波利斯,明尼苏达州	内城,小规模绿色产业孵化器,废物再利用
普拉兹堡	纽约	大型军事基础的再开发,资源和废物管理,国际快邮服务
东海岸	奥克兰,加利福尼亚州	以资源再生为基础的园区,自然美化,提高能源效率
伦敦德里	新罕布什尔州	小规模的以社区为基础的园区
特棱顿	新泽西州	现有工业区的再开发,清洁工业
Civano 市	图森,亚利桑那州	商贸、住区一体化的新开发,环境产业,自然特色
富兰克林	北卡罗来那州	可更新能源和环境技术的商贸联合体
雷蒙	华盛顿州	幼树森林里的新园区,固体和液体废物的循环
遮荫边	马里兰州	现有设施的革新,小规模环境和技术产业
斯卡吉特	华盛顿州	有着支持体系和中心的新园区,环境工业

弗吉尼亚州查尔斯角生态工业园区位于弗吉尼亚州北安普敦县的查尔斯角港可持续技术工业园区,被认为是美国第一家生态工业园区。它坐落在一个受

贫困和失业困扰的地区,占地 570 英亩[①],包括工业区、海岸沙丘生境保护区和一些废水处理湿地。它是北安普敦县的可持续发展行动战略的一个组成部分。工业园区的建立旨在探讨一个有利于经济、人们生活、自然资源和文化资源的发展模式,创造就业和培训机会,保护和加强自然资源与文化资源,示范节约型和高效率的资源使用以及发展并利用工业生态学原理进行实践,支持私有工商企业和工业发展,恢复当地经济活力,开发那些兼备利润、资源、效率、污染预防的新一代工业设施等。

北安普敦县期望最大限度地提高和持续利用其资产(包括高产土地、清洁水、自然资源和文化资源),主要依赖 6 种关键产业:农业、海产品与水产养殖、遗产旅游、艺术品、手工艺品与土特产、研究与教育及新产品。规划人员期待该园区的建设尽快开始,第一家进驻该园区的将是一家生产可使太阳能转化成电力的光电池板的瑞士公司。

二、国内生态工业园区发展状况

(一)概述

综观我国产业园区的发展历程,大致可以划分为 3 个阶段:第 1 代为经济技术开发区;第 2 代为高新技术产业开发区;第 3 代为生态工业园区。

2002 年,国家环境保护总局已正式确认广西贵港生态工业(制糖)园区和广东南海生态工业园区为国家生态工业示范园区,并予以挂牌昭示。同年,国家环境保护总局组织通过了几个国家生态工业示范园区建设规划的论证,包括黄兴国家生态工业示范园区、包头国家生态工业(铝业)示范园区和石河子国家生态工业(造纸)示范园区。2003 年,国家环境保护总局组织通过了《山东鲁北国家生态工业示范园区建设规划》、《天津经济技术开发区国家生态工业示范园区建设规划》的论证。

另外,联合国环境规划署在我国的试点工业园区,包括大连经济技术开发区、苏州高新技术产业开发区、天津经济技术开发区和烟台经济技术开发区,已经或正在或准备开展国家生态工业示范园区建设规划的编制工作,并正在或准备申报国家生态工业示范园区。

这些园区试图探索出工业园区可持续发展的新模式,打造新型工业化及生态工业示范基地,树立循环经济典范。

从国家生态工业示范园区的总体情况来看,具有如下特点。

(1)在空间分布上,东部、中部、西部地区都有。东部地区有南海园区、鲁北园区、天津园区;中部地区有黄兴园区;西部地区有石河子园区。西部地区占了相当

---

① 1 英亩≈$4.047×10^3$ m^2,下同。

数量,符合当前西部大开发以及推动西部地区生态环境保护与建设的形势。

(2)在园区类型上,贵港园区、包头园区、石河子园区、鲁北园区和天津园区属于现有改造型,南海园区和黄兴园区(基本上)属于全新规划型。

(3)在有无园区核心企业上,贵港园区、黄兴园区、包头园区及石河子园区都有园区核心企业,而南海园区没有。贵港园区的核心企业为糖厂,黄兴园区的核心企业为远大空调厂(城),包头园区的核心企业为铝厂,石河子园区的核心企业为纸厂。

(4)在园区产业数量多少上,黄兴园区和包头园区的产业数量较多。黄兴园区包括电子信息产业、新材料产业、生物制药产业、环保产业等高新技术产业;包头园区包括冶金、机械、电力、稀土工业等行业。贵港园区、南海园区和石河子园区的产业比较单一,贵港园区的突出重点是制糖业,南海园区的突出重点是环保产业,石河子园区的突出重点是制铝业。

(5)在与其他产业的关系上,与第一产业(农业、畜牧业)密切相关的有贵港园区、黄兴园区和石河子园区,与第三产业(旅游业)密切相关的有石河子园区。

(二)生态工业园区建设分类

从我国若干个工业园区和各地经济结构分析来看,各地发展生态工业的基础大不相同,由此针对不同对象应有不同的推进策略和工作重点;从管理角度来说,应本着分类指导、积极稳妥的方法。总体说来,园区建设主要有以下4种类型:

1. 已具有较好生态工业雏形的工业园区

此类园区内已经形成几条主要的生态工业链,副产品或废物的交换和能量、废水的梯级利用以及基础设施的共享等方面不同程度地具备初步规模。这类园区建设的工作重点:①要在不断充实、完善生态工业链的基础上形成一个稳固的生态工业网,通过采用高新技术对传统工艺进行改造和开发科技含量高的新产品,将各条生态链做大、做强,形成新的经济增长点,最终提高生态工业网的经济实力;②通过实施清洁生产审计、建立 ISO14001 环境管理体系等措施,进一步提高生态工业网中各环节的质量。

2. 门类较多但彼此之间缺乏联系的工业园区

这种情况普遍存在。这类园区建设的工作重点:①要在加强入园项目规划管理以外,对区内现存的企业进行能流、水流、物质流、废物流以及信息流等方面的重新集成,尤其是能流和水流的梯级利用,企业之间建立起物质流动和循环利用的渠道和机制;②在生态工业园区内建立一个企业孵化器或类似的企业孵化机制,它在园区内将扮演非常重要的角色,如出台一系列有利于物质流动和循环利用的政策,给企业间提供共享设施,寻找企业间相互合作的机会并建立企业间相互合作的渠道,及时向企业提供市场信息和技术支持信息,为企业提供人员培训等。从国内外实践经验来看,建立一个高效的企业孵化器,是园区成功与否的一个重要因素。

3. 尚未建设或尚不具备规模的工业园区

这类园区的工业生产基本属于空白或刚刚起步,因此,工作重点是应抓好园区的整体规划工作,设计出主要的工业链,并在此基础上筛选和提出最初的入园项目(包括工业项目、基础设施、服务设施等)。

4. 可以突破区域界限的工业园区

这是突破地理位置限制和行政区域限制的更广泛意义上的生态工业园区,或者说生态工业网络。对建立这种网络型的生态工业园区,重点是要依靠资源和废物流动关系建立起稳定的经济关系,并由此促进资源和废物流动关系的长期化,保证生态工业网络的稳定运行。

综上所述,这4种类型的生态工业园区建设应有不同的工作重点,可以概括为"4个突出",即对第1种类型的园区突出"深化";第2种类型的园区突出"孵化";第3种类型的园区突出"规划";第4种类型的园区则突出"网化"。

(三) 我国生态工业园区整体发展思路

1. 整体发展基本原则

生态工业园区追求的是经济、环境、社会协调发展,其中以环境效益为主。该目标决定了生态工业园区与其他类型工业园区的显著区别,而在环境问题被提到相当高度的我国,在全国开展生态工业园区建设工作时,必须遵循与以往建设一般工业园区不同的原则。

(1) 平衡布点,以点带面:我国生态工业园区的发展方向应当实行区域化操作,在较大行政区域水平、生态单元水平甚至是流域水平上全盘考虑,统一规划,统筹兼顾。生态工业园区在全国的推广及发展必须依赖不断的技术创新,在扩张初期,园区处于能量积蓄阶段,技术和产业的空间扩张很慢,而当积累到一定规模后则增长速度加快;一个系统只有内部各单位的扩散达到这个阶段后,才能表现出明显的系统成长。由于生态工业园区在我国尚处于能量积蓄初期,因此在一个时期内,建设重点应是优先选择或建立一些可作为扩散源地的示范园区予以重点建设,充分发挥园区内空间扩散及其相互合作的作用,加快我国生态工业园区的整体进程。国家可以选择有一定资源和产业优势并具一定生态工业基础的地区,进行不同类型的生态工业园区示范点建设。通过示范园区,一方面进行生态工业建设的理论和实践的探索,积累经验;另一方面,示范区影响辐射带动周围地区,以点带面,逐步扩大生态工业的普及面,进而推动生态工业的进一步发展。

(2) 分类选择生态工业园区发展模式:我国幅员辽阔,地区间差别较大,因此在不同地区或不同主体行业发展生态工业园区,应分析不同区域的产业特点,充分利用当地资源优势,提出不同的推进策略和具有针对性的要求,从而形成各具特色的生态工业园区。

对于存在大量各类工业园区的东、中部地区来说,宜推广改造型园区,即将原工业园区中存在的大量工业企业通过适当的技术改造,在区域建立新的物质和能量的交换系统,而资金上不需太大投入。而新建型园区则适于在有一定招商吸引力的地区发展,但投资大,建设起点高,对入园成员的要求也高。另外,除去传统的实体型园区,有条件的地区亦可考虑虚拟型园区的建设。

(3)投融资与经营方式多元化:生态工业园区的建设及运营方式亦可采用灵活多变的方针,或官建民营,或民办官督,均可获得良好的社会效益及经济效益。官建民营即政府出资初步建成园区后卖给企业负责经营;而民办官督则是民间投资者出资兴建、经营,但其全过程接受政府的监督。这两种做法的好处在于既减轻了政府的财政压力,又确保了生态工业园区的建设工作顺利开展,还向投资者提供了许多投资机会,形成"多赢"局面。在多元化投资经营方式的执行过程中,政府干预必不可少:一是确保投资者有利可图,这需要政府必要的时候营造一个公共物品市场或增加政府购买,以弥补完全市场调控的失灵,保证投资者的积极性;二是政府应进行适当的引导和催化,利用税收、利率、收费等多种经济手段加强管理,始终把环境保护放在主导地位上。

2.生态工业园区地域分布

生态工业园区在全国各地的分布与其他类型的工业园区一样,受到城市开放程度、地理位置、用地条件、工业结构层次和城市发展协调性及对外交通能力等因素的限制。一般来说,工业结构层次代表工业发展水平,工业层次越高越容易形成生态工业园区产生和发展的契机;对外交通能力越强越能激活生态工业园区的效益。由于追求经济效益最大化并非生态工业园区的主要目的,达到经济、环境、社会协调发展才是其与众不同的本质所在。经济发达地区需要维护良好的环境,经济欠发达地区更应改善原本已十分脆弱的环境状况。

东部沿海地区,经济技术基础雄厚,基础设施条件较好,但资源不足,能源缺乏,现有运输设施通过能力已达饱和。中部城市则在全国经济格局中起到了"承东启西,交流南北,联系四方"的作用。而在西部,大力推行生态工业园区建设可避免西部重走东、中部"先污染后治理,先破坏后修复"的老路、弯路,快捷有效地将可持续发展战略落实到基层。生态工业园区建设是一项战略性项目,依托智力支持、融资体系和信息网络三大元件,东、中部地区可发挥自身智力与信息交通优势,带动西部地区一起发展生态工业园区。"以东带西"的一个典型例子就是山东鲁北生态工业园区支援西部的举措。从1995年起,鲁北化工与中西部的宁夏、新疆、甘肃、陕西、江西、重庆、四川等省(区)就经济合作问题进行多层次的交流,双方就在利用鲁北优势产业技术对西部传统产业进行优化、提升工业经济发展潜力等方面合作意愿强烈。宁夏固原、陕西西乡、贵州开阳等地区多家企业与鲁北化工签订了合作建厂的协议,鲁北化工输出技术、资金、管理,以促进当地产业结构的优化升级,实现科技、经济、环境的共同进步。

3. 生态工业园区行业定位

生态工业园区行业的选择应根据我国经济及产业结构,争取在各主要门类的行业及污染严重的传统产业内展开,以加快我国整个产业生态化的进程。

在我国工业部门,按污染强度可分为重污染型、中等污染型和轻污染型3类。其中,重污染型和中等污染型工业在国民经济中所占比重很大,是急需做好污染防治的行业,生态工业园区行业可根据各地实际情况,有选择地将这些行业纳入园区内,借助耦合关系抑制其污染。为了避免全国生态工业园区出现结构趋同现象,东、中、西三大经济地带应进行合理的产业分工,根据各地区自身的生态环境质量和工业体系特点选择适当行业为标志性原料链。这样,不仅可以节省投资,而且有利于提高产业集中度,较快形成整体竞争优势,与国家的产业结构大调整形成良好的整合。

东部地区是我国工业技术的先进代表,重点发展的是资源消耗少、附加值高、技术含量大的产业,因此可以重点考虑化工、建材及轻工等行业入驻园区。

中部地区资源丰富,是煤炭、黑色金属、有色金属和化工矿产资源的主要产地,有着良好的工业基础,建设生态工业园区应充分利用资源优势和产业优势,将重点放在能源、原材料行业。

在西部地区,电力、石油、煤炭等资源开发业应成为生态工业园区行业的首选,并可因地制宜地发展新能源和可再生能源。

第四节　生态工业园区规划与设计

一、园区系统框架规划与设计

(一)规划设计原则

与传统的工业园区有着重要的区别,生态工业园区的运作是通过体现生态学原则的园区设计来实现的。这些原则主要包括以下内容:

1. 循环性

循环性是生态工业园区的重要原则,其目标是把最主要的营养物质保存在系统内部。它包括三方面的内容:

(1)物质循环。目前,工业发展所依赖的石化、矿物资源是有限的,但工业生产总是在不断地消耗这些资源,同时经过生产和消费等环节后,又大量地产生废物,解决这一矛盾的关键就是要实现废物资源化和工业体系内的物质循环。

(2) 合理用能。能量虽然不能循环使用,但是可以根据能量品质的不同,实现梯级用能、回收生产过程的废热或利用废弃物充当能源,合理用能是节约能源的重要途径。

(3) 信息共享与反馈。现代社会中,信息作为一种特殊的资源,可以被无限分享,信息的传播将部分减少物质和能量的流动,同时也是生态工业稳定发展的有力保证。

2. 链接性

设计生态工业园区必须首先考虑园区成员间在物质和能量的使用上是否形成类似自然生态系统的生态链或食物链。只有这样,才能实现物质与能量的封闭循环和废物最少化;园区的组成须有着市场供需关系的成员在地域上邻近,园区成员间是否具备供需关系以及供需规模、供需关系的稳定性均是影响生态工业园区发展的重要因素,特别是废物、副产品的供需关系影响到园区的废物再生水平,如果供大于需,即废物的产生量大于相关企业的需求、消纳能力或者是种类上不匹配,废物减量化目标将难以实现。生态链原则要求工业园区成员的匹配,因此生态工业园区设计的关键是企业、行业的匹配。在区域已有的企业中或者是区域外有发展潜力的行业中找出已有或可能的废物流动关系,通过专家分析,筛选出类别、规模、方位上相匹配的设计或改造方案。

原料链在生态工业园区中的配比,取决于园区中不同产品、不同生产过程和不同的企业对资源和能源需求的差异。原料链上、下游各企业间灵活、高效的合作关系是园区得以生存的基础。因此,相互耦合的企业所属行业必须具有一定相关度,要做到废物有"用武之地",并且可能"一废多用",即一个企业排出的废料可应用到两个以上的原料链中,分别与两个或多个不同行业的企业耦合构成循环系统。确保所有物质都得到循环往复的利用,凸显最大的生态经济效益。

3. 多样性

多样性原则是建设园区生态工业链网结构的基础。以经济价值作为唯一目标将使生态工业的多样性大打折扣。要实现工业经济的多样性,首先要目标多元化,它确保了工业生态系统具有较高的柔性和适应性。因此,在发展经济的同时,必须兼顾环境、生态、社会等多重目标,政府在制定政策的过程中,可考虑将这些内容涵盖进去。在园区建设中,可以引进不同的产品、不同的生产过程和不同的企业,利用它们对资源和能源需求的差异,实现优势互补,形成灵活、高效的合作关系。园区成员组成和相互间的联系要多样化,而且要有创新性,不能一成不变,这样才能保证工业生态系统的平衡和稳定发展。

4. 高效性

在追求经济成本和环境成本优势的市场里,仅仅是地域上的邻近已不足以确保现代企业的竞争力。生态工业园区的设计在于形成高效的工作系统。园区内部有着很好的友邻关系,这主要指园区内企业、政府和社区间有着紧密、高效的合作和交流关系。因此,为确保生态工业园区的效率,园区在设计上必须考虑这种合作和交流的通畅。园区通道包括公路、轻轨、铁路和管道应靠近废物、废水或能量的利用者或供应者,同时对希望购买或出售废物的个人和小商业者保持良好的通达性,包括物资流通和信息交流。因此有学者认为,生态工业园区理想的规模是100~200英亩。

生态工业园区区别于传统的废物交换项目,它并不满足于简单地进行一来一往的资源循环,旨在系统地增加一个地区的总体资源。因此,园区将承担所在区域的经济发展、资源永续、社会安定的任务,它的运作将以园区所有成员包括企业、政府、社区为了减少废物和增加经济效益而进行的密切合作为基础。在运转机制上,生态工业园区则是一个有着高效的物质、能量和信息流动的网络,而网络的组织和各个节点的绩效则是决定生态工业园区效率的关键因素。

5. 地域性

生态工业园区要根据当地实际的自然条件和技术条件,科学合理地选择和调整产业结构及产业布局,以获得地尽其利、物尽其用的最大经济效益,同时保护良好的生态环境。生态工业园区不是封闭的个体,它通过生态链将周边区域内的企业纳入到整体生态工业大循环中来,使地区经济发展和环境保护融为一体,共同繁荣。

6. 进化性

工业生态系统中的进化思想主要体现在更多地依靠可再生资源的持续利用以及废弃物资源和能源的开发利用,以达到物质的循环。人们的观念是在不断更新,对资源和环境问题的认识也逐渐深入。工业生态系统将调整自身,以适应当地自然资源的再生周期,减少使用不可再生资源,当然这种调整要受到技术、经济等各种因素的制约,并不是短期内能够完全实现的。此外,生态工业园区的发展也是一个动态过程,必然会有成员的更新、调整和淘汰,成员间的合作关系也需要经过一段时间的磨合和适应。

(二) 规划设计步骤

生态工业园区规划实质上是一种区域规划。作为一个开放的系统,对其进行规划要受到多种内外环境和多种因素的影响,必须充分考虑规划的综合性、战略性、动态性,才能使生态工业园区建设顺利进行。

(1)了解地方对规划的要求,调查区域的社会、经济、资源和环境概况,初步论证生态工业建设的目的、必要性、可行性和意义。

(2)建立园区建设领导机构,成员应有权威的和未来进行实际决策的领导者参加,组织实际参与规划方案设计的工作组,并成立专家顾问组。

(3)对区域和企业的状况进行深入调研,分析进行生态工业建设的优势、不足和风险所在,在此基础上确定园区建设的总体目标,并明确生态工业建设的指导思想和基本原则。

(4)根据总体目标的要求,进一步分解,确定若干具体目标,然后逐步细化,列出完成总体建设目标的可操作的具体任务,并分析各任务间的关系。

(5)分步骤、分区域(即时间顺序和空间分布)地进行生态工业建设具体任务的规划。其中包括园区产业定位、园区企业选择或改造、园区系统集成方案设计、生态链设计、重点专项建设项目规划、生态链网络构建等。经过有关专家对初步方案评估后,经必要的修改,形成规划文件。

(6)确定规划任务顺利进行的保证内容。这些内容一般应包括生态工业园区的管理制度、有关方面的鼓励和优惠政策及措施、园区建设的支持体系、入园项目的招商评价系统和园区建设的评价指标体系等。

(7)园区建设的投资和效益分析。应从经济、环境和社会等多方面多层次进行分析,园区和企业的环境影响评价、财务评价都可行时才能着手进行生态工业建设。

(8)制定项目后评价制度,以监督园区的规划和建设工作。

应当指出的是,生态工业建设是一个长期的动态过程,其规划应采用动态规划的方法,要重视规划过程的循环,保证规划有一定的弹性,并在实践的基础上对规划进行必要的修订和补充。

(三)规划设计基本方法

生态工业园区建设或者工业园区实现生态转型的实施途径有两种不同的思路。

1.自下而上的方法

自下而上的方法转型的对象是能够相互形成生态工业园区的企业。生态工业园的发展开始于一些小的举措,且只涉及企业。一些企业刺激和鼓励邻近企业,在地方性或区域性水平上共同寻求双赢的机会。在印度、瑞典、南非、荷兰、加拿大和美国都有类似的生态工业园项目,也出现了指南和手册。自下而上的方法最有希望的模式是"核心承担租商方法(anchortenant approach)",即在一个或两个已经存在的或规划的基本"核心"承租商周围建设生态工业园区。核心承租商吸引其他公司加入园区或其商业活动。例如:开发商对一个潜在的承租商营销一个购物广场,因为一个大的百货公司可以吸引更多顾客。开发者要根据特定的资源流动召集大量的不同的承租商,审视每一个企业的输入—输出,筛选出作为卫星企业的承租商,实现企业之间在物流、能流上匹配。

而在生态工业园区中,这种核心公司战略在于使其为卫星公司提供有明显效益的废物流资源,而这些卫星公司可以用来进行产品生产。以 Red Hills EcoPlex 生态工业园区为例,它是以一家 400MW 燃煤循环流化床发电厂和一家煤矿为核心的园区。该项目目的在于吸引可以得利用电厂副产物(如蒸汽、残余热能等)的公司加入,如养殖和食品加工等及利用煤矿黏土进行制砖的公司加入等。再如:2001 年 11 月初,国际互联网上公布了美国东圣弗朗西斯海湾区 Alameda 县生态工业园区面向普通工业企业征召承租商的广告。该园区于 2002 年春开始建设,面积 21.27 英亩,交通便利,邻近 Oakland 港口、Oakland 国际机场和火车站。对承租商的主要要求如下:

(1)从事环境无害制造、产品开发,尤其是利用再生原料。
(2)能保持经济生存能力而迁移或扩展业务。
(3)目前有良好的商业运作计划。
(4)有意承租或拥有自己的厂房,无需户外建设。
(5)有能力支付租金。
(6)有能力在 2001 年前达成一致与主开发商协作。
(7)愿意参与合作项目获得积极认可和媒体关注。

该项目具有独特的有利条件:邻近资源供应市场,包括一个国家最大的中转站、原料回收、再使用设施,回收木料、金属、纸板、纸张、玻璃、塑料容器、食物废物、电子产品废弃物、建材、轮船等;高达 30 亿美元的基础设施完善资金的支持;对资源回收相关企业可以获得滚动贷款支持和专项基金;对积极的环境绩效和经济绩效可以得到媒体的深度关注和公众认可。

2. 自上而下的方法

自上而下的方法考虑的重心在于整个地理区域及其将来的发展变化,其中涉及多个利害关系者,而且他们各自还有自身发展的规划。因此,实施这种区域性生态工业发展需要完整的规划和策略,主要包括以下几个方面:

(1)资源再生、污染预防和清洁生产。
(2)生态工业统一到自然生态系统加以考虑。
(3)核心承租商。
(4)生命周期评价。
(5)就业培训。
(6)环境管理体系。
(7)分解者(相对于建设者而言)。
(8)技术革新与持续的环境改善。
(9)公众参与和协作。

地方或区域性工业系统要转变到规划预期的状态,将进行一系列决策和行动。在这种方法中直接利益相关者起到核心作用,而且首先要分析他们的责任与利益所在,这既会直接涉及人、公司和市政组织,也包括间接的利害关系人,他们可能影响决策的过程。其次,是将这些利益转变成可测量的和权重化的标准,这些在以后将进一步综合,再形成设计的草案,最终计划将在反复地规划、平衡过程产生;这一过程需要一个组织对整个系统负责,使其真正发起和实施项目并监督转型。最后,实施生态工业发展还要涉及资金筹措与管理、信息交流、市场营销与招募以及监测与评价绩效等。

(四)规划设计内容

生态工业园区系统框架包括企业选择、系统集成、园区工业生态系统设计和非物质化4部分(图9-2)。生态工业园区设计内容丰富,包括选址、土地使用、景观设计、基础设施和共享支持服务等。Deppe等人从规划者角度提出了生态工业园区和网络可能涉及的相关领域,见表9-3。

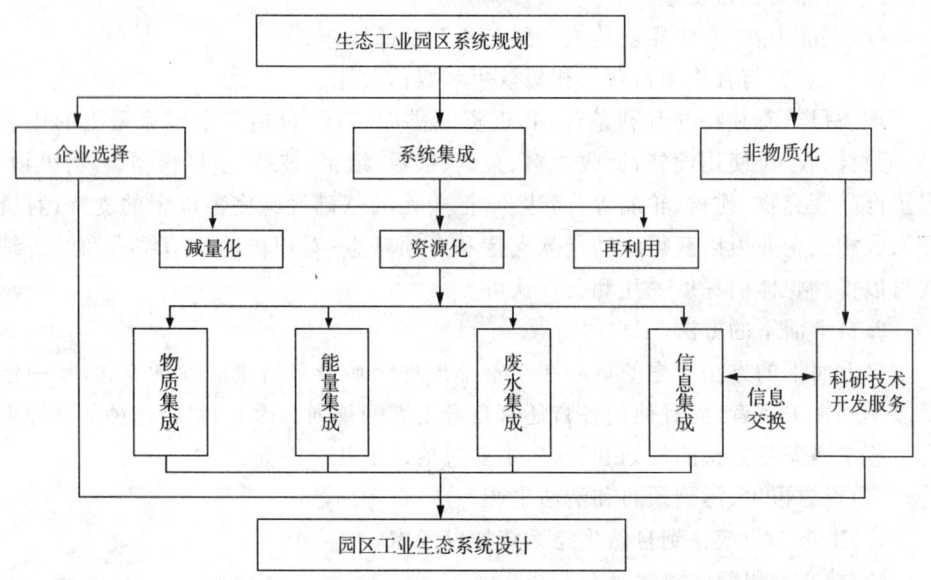

图9-2 生态工业园区系统框架规划与设计示意图

表 9-3　生态工业园区、网络潜在领域

潜在领域	内容
生活质量和社区联系	工作与娱乐统一、合作的教育机会、志愿者和社区项目、参与区域规划
材料	共同采购、供需双方关系、副产物联系、创造新材料市场
交通	共享交换、共享运输、共同的交通工具维护、替代包装、园内交通、统一的后勤
环境、健康和安全	事故预防、紧急响应、废物最小化、多媒体规划、为环境设计、共享环境信息系统、联合法规许可
能源	绿色建筑、能源审计、共生、能源公司的创新、替代能源
信息系统	内部通信、外部信息交换、监测系统、计算机兼容性、联合管理信息系统
市场营销	绿色标签、绿色市场评价、联合推动、联合风险
生产工艺	污染预防、废物减少和再利用、生产设计、共同的转包合同、共同的设备、技术共享和综合
人力资源	人力资源招募、联合利益、健康、共同需求、培训、灵活的雇用

1. 系统集成

集成是指为实现特定的目标,创造性地对集成单元(要素)进行优化,并按照一定的模式关系构造成为一个有机整体系统(集成体),从而更大程度地提升集成体的整体性能,适应环境的变化,更加有效地实现特定的功能目标的过程。在生态工业园区的系统集成中,以废物减量化、再循环利用和废物资源化为指导原则,通过成员内和成员间的物质集成和废水系统、能量系统、信息系统的集成以及园区产业向非物质化方向发展,达到园区内物质和能量最大程度的利用和对环境的最小影响。

系统集成主要是在区域和企业层次上进行。物质、能量、信息的循环与共享是通过具体的集成方案得以体现的。在系统集成方案设计中,将应用生态学和系统工程方法,把最先进的工艺、最具市场前景的产品融入到生态工业园区建设中。系统集成包括物质集成、水集成、能量集成和信息集成 4 部分内容。

2. 管理与服务

生态工业园区建设是一项综合性、整体性的系统工程,涉及多个层次和不同对象,而且各方面的关系相互交织,需要有关管理部门有效地协调组织,从政府、园区、企业 3 个层次进行生态化管理。政府着眼于宏观方面进行战略管理、政策导向、法规建设和建立激励机制;园区管理则侧重协调生产企业和技术、产品、环境、经济等多个部门的关系,保证物质、能量和信息在区域范围内的最优流动,并对其进行指标考核;企业管理主要推行清洁生产,节能降耗,按照废物交换关系优化原料—产品—废物的关系,保证高效、稳定的正常生产活动。

对于生态工业园区,要求具有较传统工业园区更复杂的管理和支持各成员之间副产物的交换,帮助其适应工业共生体的变化(如生产者或消费者的迁出);园区具有同区域副产物交换场所的联系和本区域范围内的远程通信系统;园区还应包括培训中心、自助餐厅、保健中心、普通供应办公室或运输后勤办公室等,公司可以通过这些服务的共享来进一步节省开支;园区应当建设成为耐受的、可维持的、易于重新组合以适应条件变化的,并且在其瓦解前,其材料和系统是易于再用或回收的生态工业园区。

(1) 技术支撑:生态工业园区建设实质上是根据一定地域内的资源优势、产业优势和产业结构进行产业间的组合、链接和补充,使之形成互为关联和互动的工业原料链。工业原料链以及由其组成的闭合循环系统的建立,都需要经济合理的技术予以支撑。技术障碍已经扼杀了许多工业活动生态化的可能性,如放射性废物就很难找到循环或无害化技术。因此,生态工业园区管理者应尽量为园区及成员发展扫清技术障碍。除了在园区内兴办创新服务中心等各种形式孵化器的传统做法外,还可以建立区外科技企业网,促进横向联合,借势造势;实施外脑战略,与科技院校、优势园区建立密切联系,借力发展等。在发展技术的同时,还需注意的是,原料链上下游企业技术力量的均衡性,以保护原料链的通畅。

(2) 成员管理:从某种意义上讲,生态工业园区是一种特殊的区域,园区管理也必须包括成员管理。园区中原料链及闭合循环系统的稳定运行是整个园区稳定的基础,而原料链的稳定则取决于构成原料链的园区成员状况。原料链上游企业副产品的输出量与下游企业原料需求量要相符,这对上下游企业规模匹配要求很高。除企业规模外,企业创新活力也是一个至关重要的因素。园区内成员创新活力与技术改造能力彼此相符,才能保证原料链的稳定,更可以提高原料利用率。缺乏活力及在市场上站不住脚的企业均不适合进入循环系统。

(3) 优惠政策:优惠政策主要服务于技术提升,通过技术创新作用于整个生态工业园区的发展速度。例如:鼓励企业、高等院校、科研机构联合创新,并对产、学、研相结合的技术创新活动给予资金支持。在萌芽期,鼓励设立中小企业创业资金,采取配套资金拨款、股权投资等方式支持中小企业的技术创新活动。鼓励企业及其他市场主体的员工依法设立信用担保机构,为企业提供以融资为主的信用担保。鼓励园区企业、高等学校、科研机构及其相关人员进行专利申请、商标注册,取得自主知识产权,并对自主知识产权采取保护措施。促进国际经济技术合作,鼓励境外组织和个人在园区内投资兴办企业,所办企业在审批、登记、贷款、办理海关手续、人员出入境、场地使用、公用设施、设立保税工厂和仓库及税收方面享受优惠待遇。

二、工业生态系统结构设计

在建立生态工业园区及生态工业网络的过程中,如何更好地构筑企业共生体、构筑生态工业链、提高生态工业园及生态工业网络中企业的竞争能力、提高生态工业园区或网络的稳定性,已成为生态工业发展面临的主要问题。

生态学理论,包括关键种理论、食物链及食物网理论、生态位理论及生态系统多样性理论等,在发展生态工业、规划设计生态工业园区或网络中具有综合指导作用,运用这些理论指导构筑企业共生体、构筑生态产业链、提高企业竞争能力和工业生态系统的稳定性,使建立的生态工业园区或网络不是自然生态系统的简单模仿,而是集物质流、能量流、信息流等的高效生态系统。

(一)生产者、消费者及分解者

对于一个全新规划的生态工业园区,其实施和建设还要受到政策、市场等多方面的影响,因此,不同生态工业园区的系统结构设计是不同的。生态工业的成员和结构可以分为3种类型,即资源生产(生产者)、加工生产(消费者)和还原生产(分解者),它们共同组成生态工业链和生态工业网络。资源生产企业相当于自然生态系统中的初级生产者,主要承担不可更新资源、可更新资源和永续资源的开发利用,并以可更新资源逐渐代替不可再生资源为目标,为工业生产提供初级原料和能源;加工生产企业相当于生态系统中的消费者,以生产过程无浪费、无污染为目标,将资源生产企业提供的初级资源加工成满足人类生产生活必备的工业品;还原生产企业则将各种副产物再资源化或进行无害化处理或加工转化为新的产品。

根据企业所处地理位置的不同,可将全体企业划分为区内企业和虚拟企业;在此基础上,根据各企业的特点及其在生态工业链中所处的位置,将区内企业划分为物质生产者、技术生产者、消费者和分解者 4 类。除此之外,为了支持和完善生态工业链条,园区内还必须包含一些补链的辅助设施,以促进物质和能量的循环。

1. 区内企业

按照在整个工业生态系统中所起的作用不同,比照自然生态系统,生态工业系统的成员可以分为资源生产(生产者)、加工生产(消费者)和还原生产(分解者)3种类型。各类企业具体含义如下。

(1)生产者:包括物质生产者和技术生产者。物质生产者指使用基本原料生产直接消费品或生产初级产品供给其他厂作为原料的企业。而技术生产者,不以可见的物质产品为目标,通过对园区各企业提供无形的技术支持,使每个企业和整个生态链条都朝着更加丰富和完善的方向发展。

(2)消费者:消费者指主要使用初级产品,生产最终产品及中间产品的企业。

(3)分解者:这类企业主要是对生产过程的副产物和废弃物进行加工或从中提取有用物质,提供给其他企业作为原料。

2. 虚拟企业

虚拟企业都是现有的企业,主要通过计算机信息系统与园区内成员进行物质、能量和信息交换,实现远程的生态工业循环,形成生态工业网络,并在园区生态工业链条关系的带动下进行传统产业的提升和改造。

3. 辅助设施

为了构成高效的生态工业链、更有效地进行物质循环和能量利用,需要建设一些公用设施,它们的加入对整体的工业生态系统完善有着重要的作用,使多个生产过程形成更高交叉度的生态链和工业网。

(二) 关键种与企业共生体

关键种理论是生态学的基本理论,它确定了关键种在生态系统中的地位和作用。关键种是指一些珍稀、特有、庞大的、对其他物种具有不成比例影响的物种,它们在维护生物多样性和生态系统稳定方面起着重要作用。如果它们消失或削弱,整个生态系统可能要发生根本性的变化。

关键种理论用于生态工业,就是在设计生态工业园区时,指导设计人员选定"关键种企业"作为生态工业园的主要种群,构筑企业共生体。在企业群落中,关键种企业使用和传输的物质最多、能量流动的规模最为庞大,带动和牵制着其他企业、行业的发展,居于中心地位,也是生态产业"链核",它对构筑企业共生体、对生态工业园的稳定起着关键的重要作用。以目前已成功运行或正在建设中的生态工业园为例,他们的关键种企业是,著名的卡伦堡生态工业园区的Asnaes发电厂、日本太平洋水泥生态工业园区的水泥厂、广西贵港生态工业园区的糖厂,这些关键种企业"废物"多,能耗高,横向链长,纵向联结着第一和第三产业,带动和牵制着其他企业、行业的发展,是园区内的链核,具有不可替代的作用,也反映了所有生态工业园的特征,分别称这些生态工业园区为发电厂生态工业园区、水泥生态工业园区和制糖生态工业园区。

选定关键种企业,构筑企业共生体是发展生态工业的关键。在我国,运用关键种理论,选煤炭、火电厂、石油、石化、钢铁、水泥、电子行业和农副产品加工业作为关键种企业,构筑企业共生体,建立生态工业园区,是实现我国工业可持续发展的必然选择。

(三) 生态工业链

在自然生态系统中,植物所固定的太阳能通过一系列取食和被取食的关系在生态系统中传递,把生物之间的这种传递关系称为食物链。生态系统有许多食物链,各个食物链彼此交织在一起,相互联系而成食物网。自然系统依靠食物链、食物网,实现物质循环和能量流动,维持生态系统稳定。

食物链及食物网理论用于工业系统,就是指导设计人员借鉴自然系统的食物链、食物网原理,依据工业系统中物质、能量、信息流动的规律和各成员之间的类别、规模、方位上是否相匹配,在各企业部门之间构筑生态工业(产业)链,横向进行产品供应、副产品交换,纵向链接第二和第三产业,实现物质、能量和信息的交换,完善资源利用和物质循环,建立生态工业系统。

构筑生态工业链,包括物质循环生态工业链、能量梯级利用生态工业链、水循环利用生态工业链和信息链。

(四) 企业生态位

生态位理论是生态学的一个重要理论。生态位是指群落中某种生物所占的物理空间、发挥的功能作用及其在各种环境梯度上的出现范围。它包括两方面含义:一方面是生物和所处生境之间的关系;另一方面,是生物群落中的种间关系。生态位的大小可以用生态位宽度来加以衡量。所谓生态位宽度是指在环境的现有资源谱当中,某种生态元能够利用多少(包括种类、数量及其均匀度)的一个指标。生态位宽度越大,说明所研究对象在系统中发挥的生态作用越大,对社会、经济、自然资源的影响或利用越广泛,影响程度或利用率越高,效益也越大,竞争力越强;反之,生态位宽度越小,在系统中发挥的生态作用越小,竞争力越弱。物种之间的生态位越接近,相互之间的竞争就越激烈;分类上属于同一属的物种之间,由于亲缘关系较接近,因而具有较为相似的生态位,可以分布在不同的区域,如果它们分布在同一区域,必然由于竞争而逐渐导致其生态位分离。大多数生态系统具有不同生态位的物种,这些生态位不同的物种,避免了相互之间的竞争,同时由于提供了多条能量流动和物质循环途径而有助于生态系统的稳定。

工业生态系统被视为一类特定的生态系统,系统中每个企业都有其生态位。企业的生态位可定义为:可被利用的自然因素(地质、地貌、气候、资源和能源)和社会因素(劳动条件、生活条件、技术条件、社会关系等)的总和。企业的生态位包括两个方面:一方面是企业的态(能源和资源占有量、人员、资金、技术科研力量等);另一方面是企业的势(能量物质交换速率、生产率、人员变动率、经济增长率等)。态和势的有机结合反映了企业的生态位宽度,即生态位的大小。

企业生态位大小定性分析如下:

(1) 生态工业园区、生态工业网络中的企业要想有强的竞争力,必须有足够的生态位宽度。

(2) 生态位窄的企业,应该利用其潜在生态位,开拓其非存在生态位,如降低成本、加强技术科研力量、开拓产品市场等。

(3) 同一生态工业园区、生态工业网络中,同一类企业能否同时存在多个,需定量分析其生态状况等做出决定。

(4) 利用生态位理论,生态工业园区、生态工业网络内的企业可实现错位经营,可通过经营规模上的错位、档次上的错位、时空上的错位等,保持企业的竞争能力。

总之,在生态工业园区发展中,通过合理构筑和利用生态位,提高企业的竞争力。

(五)工业生态系统稳定性

生态系统多样性是指生境多样性、生物群落多样性和生态过程多样性。生态系统多样性决定了生态系统的稳定性。

工业生态系统多样性主要是指其产品类型、产品结构的多样性;生态工业园区类型的多样性;园区内组成成员的多样性;园区企业多渠道的输入输出;园区内管理政策的多样性等。

目前已有的工业生态系统是比较脆弱的,作为实现经济与环境双赢的实践形式,应该形成新的多样性格局,以提高工业生态系统的稳定性。

(1)在设计生态工业园区时,首先要根据当地的资源、能源等状况,设计多种产品、构建多样化的产品结构,产品结构越复杂、市场适应能力越强越有利于工业生态系统的稳定。

(2)构建多样性的生态工业园区,如火电厂生态工业园区、石化生态工业园区、煤炭生态工业园区、钢铁生态工业园区、水泥生态工业园区、制糖生态工业园区、酿酒生态工业园区、高新技术生态工业园区等。

(3)建立生态工业园区之间协同作用的多样性,保持生态工业园区之间互相联系、协调发展。

思考题

1. 什么是生态工业?
2. 试比较生态工业与传统工业的区别?
3. 试述生态工业设计的原则。
4. 什么是生态工业园区?
5. 生态工业园区区别于传统工业园区的特征是什么?
6. 生态工业园区分成哪几种类型?
7. 试述生态工业园区规划设计的原则、基本方法和内容。
8. 在进行工业生态系统结构设计时,运用了哪些生态学理论?

第十章 生态农业

第一节 生态农业的概念与内涵

一、生态农业的提出

农业发展与生态环境具有密切的关系。一方面,农业发展依赖于生态环境条件;另一方面,农业的发展也对生态环境产生着越来越大的影响。传统农业的发展方式导致农业生产对资源的过度利用,在一定程度上造成了生态恶化和环境污染,并通过反馈机制影响到农业自身的持续发展。近30多年来,世界各国出现了许多有关改革现有农业、寻求农业发展新方向的思潮,在分析农业目前存在的问题和估计农业发展形势的基础上,人们提出了多种解决途径和实施方法,曾先后提出了自然农业(日本,福冈正信)、生物动力农业(奥地利,Rodolf Steiner)、综合农业、低投入农业、有机农业等,并在此基础上进行了试验研究,比较了与常规农业的异同,对农业发展产生了不同程度的影响。

生态农业(Eco-Agriculture)的概念,是由美国土壤学家威廉姆·阿尔伯卫奇(W. Albreche)于1970年首先提出来的。他指的是,运用生态学原理和系统科学方法,把现代科学成果和现代农业技术相结合,使之具有生态合理性、功能良性循环的现代化农业发展模式。1981年英国农学家M. Worthington将生态农业明确定义为"生态上能自我维持,低输入,经济上有生命力,在环境、伦理和审美方面可接受的小型农业"。1991年4月,联合国粮农组织在荷兰政府的支持下,在荷兰召开了有119个国家的高级官员以及专家参加的农业与环境大会,会议通过了可持续农业与农村发展行为议程。同年11月,联合国粮农组织又发表了持续农业与农村发展国际合作计划框架,以便在国际、地区和国家水平上实现农业的持续发展。这些会议对发展中国家给予特殊重视。

在世界改革现有农业、寻求持续发展的形势下,我国作为最大的发展中国家,也对自己的农业发展模式提出了反思。长期以来,由于对生态环境保护问题没有引起足够的重视,在我国经济快速发展和人民生活水平不断提高的过程中,生态恶化、环境污染问题逐渐显现,已经成为制约我国农业和农村经济发展的主要因素之一。从我国农业的发展历程中,我们认识到发展生态农业是实现农业可持续发展、促进农村经济增长的重要途径。实现农业可持续发展，又是实现我国国民经济可持续发展的重要组成部分，因此生态农业的发展将为实施国家可持续发展战略打下坚实的基础，具有深远的战略意义。

我国生态农业建设起步较早，自 20 世纪 70 年代末起步以来，至今已有 30 多年的发展历程。我国的生态农业具有深厚、古老的农业传统背景，有其一定的发生、发展过程。尤其是在近年与现代农业技术结合过程中，更显示了它强大的生命力。应当说，真正的、比较完整的生态农业理论与技术是在我国，而不是在西方。因此，中国的生态农业是继传统农业之后发展的农业新模式。

二、生态农业的概念

(一)生态农业的定义

国外为解决传统农业带来的种种问题而提出来的替代农业模式，都是以生态学为基本指导思想的，可以统称为生态农业。中国生态农业具有更深刻的内涵，它实际上是生态经济农业，它在吸收国外各种替代农业成功经验的基础上，结合我国农业的"两高一优"（高产、高效、优质）的要求和国情而提出来的。中国生态农业 (Chinese Ecological Agriculture)是把农业生产、农村经济发展和生态环境治理与保护、资源培育和高效利用融为一体的新型综合农业体系。它以协调人与自然关系、促进农业和农村经济、社会可持续发展为目标，以"整体、协调、循环、再生"为基本原则，以继承和发扬传统农业技术精华并吸收现代农业科技手段为技术特点，强调农、林、牧、副、渔大系统的结构优化，把农业可持续发展的战略目标与农户微观经营、农民脱贫致富结合起来，从而建立一个不同层次、不同专业和不同产业部门之间全面协作的综合管理体系。

中国生态农业具有如下属性：是按照生态经济学原理，运用系统工程方法建立和发展起来的农业体系；系统实行多种经营，实行农、林、牧、副、渔业相结合，大农业与第二和第三产业相结合，中国传统农业的精华和现代科学技术相结合；通过人工生态工程，协调经济与环境、资源与环境的关系，形成生态上和经济上的良性循环，从而求得经济、环境、社会综合高效益，生产力高水平的农业生产体系。这个体系的技术核心是土壤肥力的长久保持和生物技术的使用，可以看出，中国生态农业即为可持续农业。

(二)生态农业的内涵

(1)生态农业是促进农业可持续发展的一种战略思想，它强调农业发展中的经济、生产与生态目标的一致性；兼顾当前利益与长远利益，协调生产、发展与生态环境之间的关系。

(2)生态农业是协调农业综合发展的一种决策手段，它要求按照生态经济学原则和系统科学方法、综合应用生物科学与农业科技成就，对区域性农业进行整体优化及层层优化设计管理，在保证粮食自给有余的前提下，促进农、林、牧、副、渔的综合协调发展。

(3)生态农业作为一套经济而高效的农业生态工程技术，它能适应我国人多地少的现状与当前的经济发展水平，在因地制宜地充分提高生态系统潜在生产力的基础上，做到节约资源，物质循环再生，高效低耗，整体优化，促进农村经济综合发展以及生态与经济的良性循环。

三、农业生态系统的结构与功能

(一)农业生态系统的结构

农业生态系统因为有人为活动的参与，具有与一般自然生态系统不同的结构和功能，其结构可分为基本结构、等级结构和食物链结构。

1. 基本结构：

农业生态系统的基本结构如图 10-1 所示。

农业生态系统
- 农业生物：农作物、畜禽、微生物
- 环境与资源：大气、土壤、水域、阳光
- 农业技术与经济：农业组织管理、商品交换、科技文教

图 10-1　农业生态系统基本结构

2. 农业生态系统等级结构

农业生态系统等级结构，见表 10-1。

表 10-1　农业生态系统等级结构

级别	系统范围	事例
一级	全球	人类生态系统
二级	气候带	赤道、热带、亚热带、温带、寒带生态系统
三级	地理位置、地形	海岛区、山区、平原、丘陵、高原、草原生态系统
四级	小地形(气候)区	谷地、台地、高(低、中)山区农业生态系统等
五级	经济实体	农场、牧场、林场、渔场、村落、农户等

3. 食物链结构

农业生态系统的食物链结构，是指该系统中生产者、消费者和分解者之间以食物营养为纽带所形成的物质循环和能量转化的关系。食物链可分为三类，如图 10-2 所示。

食物链
- 捕食食物链：植物—食草动物—食肉动物，如禾苗—兔—黄鼠狼
- 腐食食物链：生物排泄物或尸体的腐烂、分解而矿化，形成无机物
- 混合食物链，如稻(草)—牛—牛粪—沼渣—蚯蚓—鸡

　　肥料　　　　　　　　　　　　　鸡粪

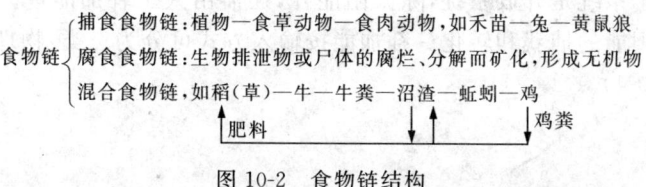

图 10-2　食物链结构

在自然系统中,一般食物链层次多而长,并形成食物网。而农业生态系统中,往往食物链较短而简单,这不利于能量转化和物质的有效利用,从而会降低生态系统的稳定性。为此,农业生态工程要为食物链加环,使食物链、网更复杂。一般加如下几种形式的环:

(1)加生产环。加生产环即在原有食物链上增加另一个生产环节,使物质进一步转化和利用或获得新的产品。如在果园里养鸡(生产环),不仅可增加禽类产品的收入,也使果树增产。

(2)加减耗环。减少或用低消耗环节替代高消耗环节,例如:用人工饲养赤眼蜂或瓢虫,替代农药控制棉铃虫或蚜虫。

(3)加增益环。这是为扩大生产效益所增加的环节。如图10-3。

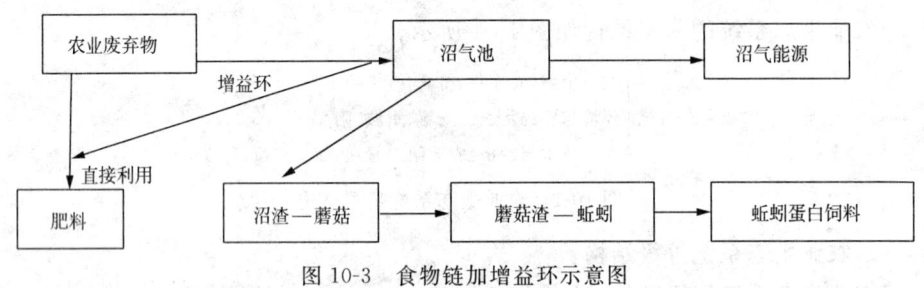

图 10-3 食物链加增益环示意图

(4)加复合环。在同一个生态工程中,同时把上述几种环综合到一个生态系统中,如稻田养鱼、养鸭,既增收稻谷、鱼、鸭和鸭蛋,又增加有机肥,减少虫害,具有多种效益。

(二)农业生态系统的功能

1.能量的来源

农业生态系统中能量的来源包括太阳辐射和人工补加能两种。

(1)太阳辐射能:太阳的辐射能约有1‰～5‰可以通过绿色植物的光合作用转化为化学潜能,储存在植物的有机体中,再通过食物链和食物网,在食草动物和食肉动物的取食过程消耗并传递。这与自然生态系统相同。

(2)人工补加能:由于农业生态系统是以生产高产、高效的农产品为根本目的,因此农业生态系统是开放系统,除太阳能外,还需由人工补加能量。其作用为,促进植物对太阳能的捕获和转化。补加能按输入方式可分为三类:物理能、化学能和自然能(图10-4)。

补加能 { 物理能：生产和运输机械、电力、农业设施（如灌溉设施、塑料大棚等）
化学能：化学农药、化肥、塑料膜、燃油及其他石化能
自然能：水能、地热能、生物质能等

图 10-4　人工补加能

2. 物质循环与土壤肥力

土壤肥力是指土壤在植物生活的全过程中，不断地供给并调节植物充足的养分、水分、空气和热量的能力。因而，在农业生态系统中，土壤是物质循环和能量转换最重要的子系统。土壤系统的肥力不是静态的，土壤物质总是处于消耗/补充之中，是一个输入/输出的收支系统，它受到人为活动的强烈干预。

人工调控土壤肥力是实现土壤生态系统的物质良性循环，提高农业综合生产能力的关键。物质循环的路径是什么？是"环"、"库"和"流"。环，是指地球表面各种化学元素从环境到生物体，再从生物体到环境和生态系统间的流动及转化运动，即生物化学循环，简称"环"，它是物质循环的基本形式，如水循环、气态循环、沉积循环等；库，是指循环的物质被暂时固定、储存的场所，如大气库、水圈库、动物库和植物库；流，是指物质和能量以一定的数量从一个库转移到另一个库的过程，如物质流、能量流等。在农业生态系统中，环、库和流构成彼此关联、不可分割的统一整体，它对发展农业和保护环境有非常重要的意义。

3. 农业生态系统的失衡

在结构复杂的农业生态系统中，各种生物处在不同的食物链节上，种群间互相制约，病虫害会受到抑制，较难形成灾害。但是，如果生物结构简单（如大面积种植单一物种），系统抑制病虫害的能力会降低。所以，现代农业必须采用化学药物防治。它的生态后果是使害虫天敌灭绝，害虫抗药性增加，逐步加重灾害，形成恶性循环。为了提高防效，只有再加大药量或另换它药。

四、生态农业的发展及其趋势

(一)我国生态农业的发展阶段

我国生态农业的发展起步于 20 世纪 70 年代末 80 年代初，至今已大体经历了如下三个阶段：第一阶段，20 世纪 70 年代末到 80 年代中期，为学术探讨与小规模试点起步阶段。在此期间，主要从国外引进了生态农业的概念，一方面在学术界从理论上进行了广泛讨论；另一方面，开始进行农场和村级水平的生态农业试点研究与建设。

第二阶段，20 世纪 80 年代中期至 90 年代初，主要是村级和农场层面进行试点建设，同时广泛开展了一系列生态工程典型模式和专项技术的研究，并开始生态农业县建设试点研究。基本确定了中国生态农业的科学内涵和主要特点，在理论研究、工程模式、技术与试点方面都取得了明显的成效，得到了国家的重视与支持，

并引起了国际组织的关注。

第三阶段,20世纪90年代初以来,进入生态农业试点县建设的阶段。同时开始了地(市)一级的生态农业建设试点,少数省份着手有计划地在全省范围内实施生态农业建设。

在开展生态农业建设的地区,农村第一、第二和第三产业同步增长,种植、养殖和加工业全面发展,经济结构趋向合理,农业生态环境明显改善,生产条件得到改善,抗御自然灾害能力有所提高,农业发展后劲开始增强。实现生态环境与农村经济两个系统的良性循环,达到经济、生态、社会三大效益的统一。

(二)生态农业的发展趋势

进入20世纪90年代以来,可持续发展已逐渐成为大多数国家的基本发展战略,农业和农村可持续发展也成为各国的统一行动纲领。农业可持续发展是我国可持续发展战略的重要组成部分。中国的生态农业与国际上可持续农业有着共同的基本思想及目标,并成功地实现了资源综合效率高、农产品质量改进等单一措施不能达到的目标,实现了生态、经济与社会三大效益的统一,生态农业建设不仅符合我国农业发展的实际情况,也符合世界农业的发展趋势,其未来的发展趋势主要表现在:

(1)生态农业建设规模将进一步扩大。我国生态农业建设规模开始从生态户、生态村、生态乡镇等小规模的生态农业试点,向较大规模的发展阶段转变,进入到以县为单位的生态农业建设阶段,一些地市已开展生态农业地区建设,并出现生态农业典型。

(2)随着生态农业建设的深入开展,农业的发展方式将发生根本性转变。农业不再是消耗资源的部门,而成为培育资源、保护环境的重要产业,其生态环境保护功能将更加突出。

(3)生态农业的理论方法和技术水平将进一步提高。随着生态农业建设规模的扩大和实践经验的丰富,将会提出许多理论与方法方面的新问题,对此需要做出理论上的高度概括、升华和方法上的总结、完善。生态农业的基本理论与方法将会逐步形成完整的科学体系,生态经济系统内部规律和运行机制将进一步被揭示,现代高新技术将更加广泛地渗透于生态农业建设和发展之中,生态农业工程模式和技术将进一步优化和规范化。

(4)生态农业的发展将进一步与整个农村经济发展和环境的综合整治相结合。生态农业将与乡镇企业的污染防治、农村能源建设、生物多样性保护、各种农业资源的合理利用等紧密结合,将带动区域生态建设,改善整个区域的生态环境,生态农业建设与国民经济发展将形成更加密切的联系。

(5)生态农业的经营方式将以产业化经营为主,连接生产环节和消费领域,带动无公害农产品和绿色食品的生产和环境保护产业的发展。

第二节 生态农业的基本原理

生态农业是以生态学原理，按照生态经济学规模建立起来的社会、经济、生态三种效益统一的农业生产体系，以生态学为依据，模拟自然生态系统原理的农业。生态农业的最基本原理正如马世骏教授所精辟概括的："整体、协调、循环、再生。"

一、整体效应原理

农业生态系统(agricultural eco-system)首先是一个系统，而且这个系统复杂又庞大，这个系统内部存在能量流、物质流、信息流和价值流，进行着转运、联结、交换与补偿活动，各组分间进行正反馈、负反馈作用，因此在农业生态系统中，首先要运用生态学上的"整体功能大于个体相加之和"的原理，通过强化"整体效应"而表现出高产与稳定。

在生态农业中整体效应主要通过各种生产结构优化来体现。农业生态系统有结构与功能两大属性，结构决定功能。生产结构调整实质上是一种智力投入，以良好的决策发挥各组分的整体优化来引导与促进整体功能优化与效益提高。在生态农业中，人们要求的是能流的转化效率高，物流的循环规模大，信息流的传递通畅，价值流的增值显著。要达到这样的目的，一方面需合理调整系统中各组分的组合关系；另一方面，要提高各个环节的生态效率。在实践的过程中，通过食物链、网络化以及农业废弃物资源化，来达到充实生态位，充分发挥资源潜力和物种多样性优势，实现可再生资源的永续利用，提高了农业生态系统的稳定性。

二、循环再生原理

在自然生态系统中，植物从环境中吸收无机物，利用太阳能，通过光合作用合成有机物，为其自身及其他生物的生存提供食物，它们是生态系统中的生产者。动物等异养生物不能进行光合作用，只能直接或间接地以生产者为食，它们构成了生态系统中的消费者，同时生态系统中还有另一类生物——分解者，分解者包括大量的微小生物(细菌、真菌等)，它们将有机物分解成小分子的无机物，归还自然界，供生产者循环利用。经过长期的演化，自然生态系统形成了完整的生产者、消费者、分解者结构，可以自我完成以"生产－消费－分解－再生产"为特征的物质循环功能，能量流和物质流通畅，系统对其自身状态能够进行有效地调控，生物圈处于良性发展状态，这就是循环再生原理。

平衡状态的自然生态系统是一个稳定高效的循环体系。在这个循环体系中没有真正的废物，每一种生物的废弃物都可以成为另外生物的食物。这样，通过复杂的"食物链"和"食物网"，循环体系中一切可利用的物质和能量都能得到充分的利用。农业生态系统也是利用了循环再生原理，实现资源的综合利用、减少农业污染的产生、迁移、转化与排放，提高农产品在生产过程和消费过程中与环境的相容程度，降低整个农业生产活动给人类和环境带来的风险。

三、生态位原理

农业生态系统中的各种生物有不同生理要求，因而其生活的环境条件不同，各占自己特有的生态位。在庞大的农业生态系统中，生态位丰富、充实，有利于系统组分多样化从而稳定性强、生产力高。如作物种群多层立体结构，就是利用生态位的原理而配置的生物群落。它们彼此无妨碍，但可以更充分利用光照温度等资源，在单位面积上生产更多产品。如豫东的农桐间作、苏北的水杉与水稻间作、冀中的枣粮间作，以及许多地区的果粮间作等，皆是由单层种群变多层种群的结构，一般光能利用率提高 5 倍。

但在实际的农业生态系统中，常存在许多生态虚位，应当人工去填补。而这种填补是否成功，取决于人们对生态位的生态条件及其与周围关系认识的程度。例如：引进美国籽粒苋填补青饲料不足的虚位，促进了一些地区畜牧业的发展。

四、结构稳定性原理

生态系统在长期进化过程中，其内部生物与生物之间，生物与非生物之间形成了较为稳定的结构，即生物与其环境之间是协同进化的。同时，任一生态系统都有自适应能力与自组织能力，即遇到外界压力受损后在一定范围内能逐渐自我恢复。在农业生产中，如果某种物质投入量过大，则可能在生态系统中产生滞留而带来结构的非稳定态，例如：化肥、农药的大量使用，会导致土壤板结、害虫天敌减少等致使生态系统结构破坏的现象；反之，如果物质输出量过大而补偿不足，则可能使生态系统的资源耗竭，也导致结构崩溃，例如：农田的掠夺式生产、牧场过载、森林过伐都会导致生态系统的退化与毁灭性破坏。因此，如果要保持生产系统的结构稳定，除了结构组分合理外，还要设法释放与调动其本身的自适应能力，例如：增施有机肥或作物与绿肥轮作，以培肥土壤、提高土壤生产性能，有利于抗旱防灾，对早春作物进行"绿苗"锻炼，可提高作物抗旱能力等。

五、种群（群落）演替原理

在自然生态系统或生物群落中，其发展总是不断地造成对其自身不利的生境条件而终于被另一类生物群落所代替，这种由一种群落被另一种群落所代替的现象叫演替。这一规律在农业上也不例外，例如：每年重茬某一作物，常使土壤某些元素失调，病虫害及田间杂草增多而迫使人们去改茬轮作。在对流沙地的固定治理上，一开始用某一先锋植物定居裸地，但几年后就需要人工辅助演替另一类植物，否则这一类植物因替代不了其他的更适宜于已改变了生境条件的植物而自动衰落，从而导致"治沙"工作的半途而废。我国的轮作制是农田人工演替的一种常见途径,如麦棉套作、瓜棉套作、水稻小麦的水旱轮作,以及春棉花与秋绿肥轮作等。应该注意的是,生态农业要求不仅是一般性轮作,而要密切关注生境条件改变后的人工演替最佳方案,并通过多熟间套耕作制对自然资源更加充分地利用。

六、食物链原理

在自然系统中,一般食物链层次多而长,并形成食物网。而农业生态系统中,往往食物链较短而简单,这不利于能量转化和物质的有效利用,从而会降低生态系统的稳定性。为此,农业生态工程要为食物链加环,使食物链、网更复杂,生态农业常以农牧结合为农业结构的核心。在食物链关系上,不仅要求一般饲料与畜禽需求之间的平衡,而且从再生饲料工程中找寻再生饲料来源,如沼渣饲料、秸秆氨化饲料等,这也是生态农业的一个特色。此外,养蚯蚓喂鸡,用鸡粪养猪等,则是采用了食物链加增益环和减耗环等方法,运用生物能多层次利用的原理而使养殖业的内容更加丰富,经济效益更为显著。

七、生态适应与边际效应原理

一定生态系统类型在地球上的分布是按照气候－土壤地带规律所决定的。例如:半湿润气候带向半干旱气候带过渡的地区,人造林木覆盖率不宜超过30%,要给天然草场与人工草场一定位置,是由其处在森林草原地带的地域性质所决定的。因此,在进行农业活动安排时应充分考虑这一特点。同时,在两个截然不同的生态系统之间的边缘地带,通过两个系统的联结、渗透作用,以扩大能量转换与物质循环规模,从而使二者生态经济效益提高,这种功能原理在生态学上称"边际效应"或"边缘效应"。桑基鱼塘模式是我国珠江三角洲和太湖流域生态农业模式的典范,它将农、林、牧、副、渔业有机结合起来,构成一种水旱结合、动植物共存的人工复合生态工程系统,这种模式一直沿用至今,它实现了水域与陆地两个生态系统之间的联结,彼此进行着能量、物质交换与补偿,使系统内循环规模扩大,也借此减少了外部投入,对提高资源转化利用率十分显著,实现生态效益和经济效益的统一。

八、效益协调原理

农业生态系统是一个社会－经济－自然复合生态系统,它具有多种功能与效益,不可只顾某一功能或某一效益。只有生态与经济效益相互协调,达到共同最佳点才能发挥生态农业的整体综合效益。那么,如何计算生态农业的功能协调程度与生态经济综合效益呢?一种方法是进行生态经济的成本－效益分析。这种方法与普通的成本－效益分析方法不同的是,除了进行经济核算外,还要将各种影响生态效益的因素也折算为成本部分和效益部分,然后叠加进行统一的生态经济评价。实现生态经济协调的另一种方法是充分利用"边际效益"原理计算边际投入、产出量。因为从物质的投入和产出来说,一方面要保持物质平衡;另一方面要保持最佳投入量,它能够使生态经济综合效益最大。只有当边际投入量等于边际产出量时,才能达到这个目标。所以,附加能量既要投入又要适度,以最小投入发挥最大作用,也避免造成内耗与流失的浪费。此外,为实现生态农业的功能协调,也有人用多目标规划方法,模糊综合评判方法等加以探讨。

第三节 典型生态农业工程技术模式

一、北方"四位一体"生态农业模式

这一模式是辽宁省开发成功的生态农业模式。如图10-5所示,它将沼气池、猪舍、蔬菜栽培组装在日光温室中,三者相互利用、相互依存。温室为沼气池、猪禽蔬菜创造良好的温、湿度条件,猪的活动过程也能为温室提高温度。猪的呼吸和沼气燃烧为蔬菜提供二氧化碳气肥,可使果菜类增产20%,叶菜类增产30%。一般一户每年可养猪10头、种植大棚蔬菜150 m²,年产沼气300 m³,户年均增收3 500元。目前,"四位一体"生态农业模式在北方地区得到领导的重视和群众的欢迎,"四位一体"生态农业模式在辽宁省已发展到17.2万户,全国已推广了21万户。

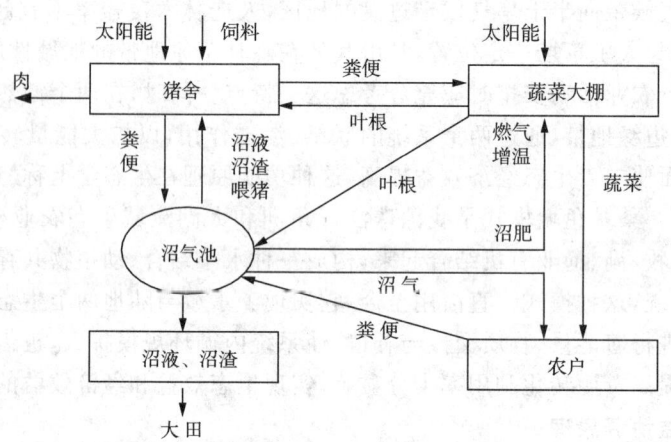

图10-5 北方庭院生态系统——四位一体示意图

二、南方典型的生态农业模式

在我国南方的生态模式中,除了经典的"桑基鱼塘系统"模式外,在现代生态农业中又发展了"猪—沼—果(稻—菜—鱼)"模式,这一模式是以养殖业为龙头,以沼气建设为中心,联动粮食、甘蔗、烟叶、蔬菜、果业和渔业等产业,广泛开展沼气综合利用的生态农业模式。如图10-6所示,其核心是建一口沼气池,利用人畜粪便下池产生的沼气做燃料和照明能源,利用沼渣和沼液种果、养鱼、喂猪、种菜。如江西赣州的"猪—沼—果"模式、南方地区的"猪—沼—稻"、"猪—沼—菜"模式。每户

"猪—沼—果(稻—菜—鱼)"生态农业模式每年可提供 300 m³ 沼气燃料,节支 150元,通过增产和提高农产品品质可使农户增收 1 500 元,同时通过施用沼肥可以节约肥料、农药等生产资料,每年可节支成本 350 元,综合计算,采用生态农业模式以后,每年可使农户纯收入增加 2 000 元左右。目前,"猪—沼—果(稻—菜—鱼)"生态农业模式,在南方地区得到了广泛推广,仅在江西赣南地区就有"猪—沼—果"生态工程示范户 24.48 万户、示范村 1 053 个、示范乡 107 个,已经成为当地农民脱贫致富奔小康的重要途径。

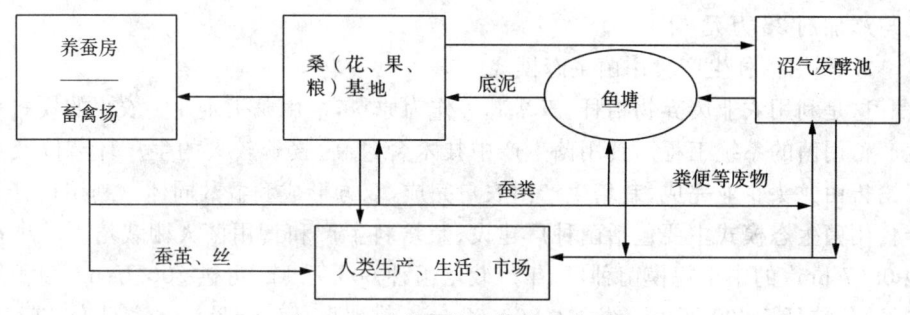

图 10-6 桑基鱼塘系统模式示意图

三、大规模的生态农业模式

1. 典型的马雅农场模式

马雅农场位于菲律宾首都马尼拉郊区,是一个综合性的农工商联合企业,包含种植场、饲养场、渔场、肉食、面粉加工厂和电厂,还有部分林地,总面积达 36 km²。沼气工厂的产气能力共 2 000 m³,基本上能够满足农场发电和生活用能的需要(图10-7)。

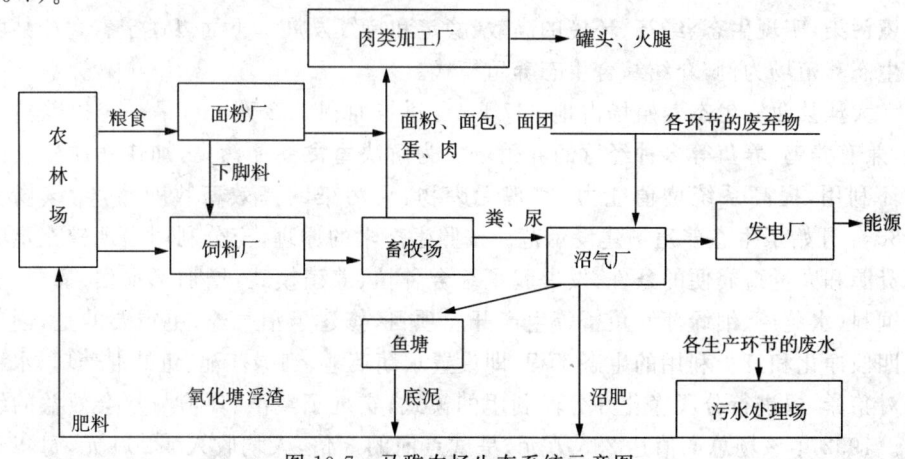

图 10-7 马雅农场生态系统示意图

2. 以大中型沼气工程为纽带的生态农业模式

以大中型沼气工程为纽带的农业模式已在我国得到广泛的应用,是实施"菜篮子"工程的配套措施,是以禽畜粪便资源化并进行综合利用为内容,处于大农业中下游的一项系统工程。它集环保、能源、资源再利用为一体,将农、林、牧、副、渔业有机组合在生态农业建设的良性循环体系之中,不仅具有良好的环境效益、社会效益,而且具有显著的经济效益。按照年出栏 8 000 头猪,粪水量 100 m^3/d 计算,一个大中型沼气工程年收益 79 万元,其中沼气 24 万元/年,叶面肥 20 万元/年,固体肥与添加剂 35 万元/年。

3. 利用秸秆生产食用菌生态模式

这是利用农业废弃物秸秆、玉米芯等作为原料,采用龙头企业＋农户的模式来生产食用菌的系统工程。食用菌生产中技术含量高、投资较大的生产环节以及加工销售由龙头企业完成,栽培生产由农户完成,双方形成利益共同体。利用秸秆生产食用菌生态模式主要包括菌种厂建设、栽培料生产和食用菌大棚栽培。一个占地 0.67 hm^2 的中小规模菌种厂,年产栽培菌种 600 万 kg,可供 500 万 m^2 面积用种,转化秸秆 5 000 万 kg,约合 6 666.67 hm^2 耕地秸秆生产量。一个日产 60 t 栽培料的加工厂,每天可利用秸秆 20 t,满足 0.27 hm^2 食用菌生产的用料。一个 0.02~0.03 hm^2 食用菌生产大棚一次投料 3 000~6 000 kg,转化秸秆 2 000~5 000 kg,可产鲜菇 5 000 kg 以上,产值达 8 000 元以上。

四、综合生态养殖场模式

我国的综合养殖生态工程,是以生态学、生态经济学和系统科学为原理,采用生态工程方法,吸收现代科学技术成就与传统农业精华的人工复合工程。该工程以家养动物为中心,合理匹配组合动物、植物和微生物,实现资源的多重利用,防治环境污染,实现生态、经济、环境的高效、稳定和持续发展。下面以辽宁省大洼县西安生态养殖场为例,介绍综合生态养殖模式。

大洼县西安生态养殖场占地 267 hm^2,建筑面积 7.2 万 m^2,是一个以养猪为主,兼有养鸡、养鱼等多种经营的养殖场。为解决畜禽粪便污染,加快物质多层次循环利用,提高系统增值能力,实现无废物、无污染的高效畜牧业生产,该场从 1986 年开始了生态养殖场建设示范。按照生态学的原理,充分利用当地较充足的水资源和大量畜粪便的条件,发展起了综合种植、养殖模式,增加了水稻、葡萄、水生饲料(水葫芦、细绿萍)、鱼蟹等生产开发项目,修建了沼气池,更重要的是,创造了四段净化和五步利用的生态工程,即设置水葫芦池、细绿萍池、鱼蚌混养塘、水稻田对猪粪、尿进行分段净化并分段利用的模式,实现了经济、环境与社会效益的统一。1992 年该场总产值达 235 万元,是试点前的 3 倍,人均收入 4 200 元,每年平均节约能源折合标准煤 157 t,还为市场提供了大量的稻米、葡萄及猪肉,成为闻名的花园式养殖场,被授予"全球环保 500 佳"称号。

五、西北生态脆弱区治理型生态农业成功典型

我国西北地区干旱少雨,生态环境脆弱,农业的持续发展面临着许多实际问题和挑战,因此,需要采取合理的发展模式,处理好农业和环境的问题。本区分为黄土高原半干旱区和西北灌溉农区。

1. 黄土高原半干旱区

黄土高原半干旱区包括山西全部、豫西、渭北、陇中和青东等地区。本区是我国主要的贫困地区和水土流失区,也是我国重要的能源重化工基地。它分为黄土高原东部半干旱、半湿润区和黄土高原西部半干旱区 2 个亚区。本区的主要任务是提高粮食产量,消除贫困,适应全国整体发展和能源重化工基地建设的需要,改善生态环境,控制水土流失。在实践中,可以通过加强农牧结合及完善人工种草养畜的综合配套技术,优化高产优质经济林果生产配套技术等措施来提高农产品的生产量,促进该区农村经济的发展,消除贫困,提高生态环境质量。下面以陕西省延安市为例,说明在该区开展生态农业的必要性以及取得的成果。

延安市是一个典型的高原丘陵沟壑区,地形多为山坡沟壑,25°以上陡坡地占 80% 以上。20 世纪 80 年代初,全市水土流失面积达 2.88 万 km^2,占总面积的 78.4%,每年流入黄河的泥沙达 2.58 亿 t。建国 40 多年来,由于没有实施综合治理,改善生态环境与农民脱贫致富相脱离,农业生产始终没有摆脱"愈垦愈荒、愈荒愈穷、愈穷愈垦"的恶性循环。自 1991 年实施生态农业建设以来,实行"山水田林统一治理,农林牧副全面发展"的生态农业发展思路,按照"林果、草牧、粮农"的生态农业模式进行综合治理,同时改革土地产权制度,实施"四荒拍卖"及"谁投入、谁治理、谁经营、谁受益"的原则,极大地调动了千家万户建设生态农业的积极性。目前,农村人均占有 0.16 hm^2 基本农田和 0.1 hm^2 经济林,粮食总产量达 8.9 亿 kg,人均产量基本稳定在 400~500 kg,多种经营产值 1.25 亿元,增长了 1.8 倍,占农业总产值的 46.3%,农民人均纯收入 1 313 元,与 1990 年相比增长了 2.13 倍,贫困人口从 1985 年的 67 万人下降到 23.6 万人。使水土流失、经济贫困的落后局面得到明显改善,为生态环境恶化地区的扶贫工作探索出了一条成功之路。

2. 西北灌溉农区

西北灌溉农区包括新疆绿洲区、河西走廊,银川平原、河套地区及关中平原。该农区是西北地区粮棉的主产区,也是未来农业潜力较大的地区,可分为新疆灌区、河西走廊灌区、宁蒙灌区和关中灌区 4 个亚区。

本区的主要任务是为西北地区提供粮、棉、肉等主要农产品,适应本世纪西北经济带开发的需要,缩短我国东西差距。

该区的主要技术配置包括灌溉农业区不同类型的种植制度、高产高效生产配套技术体系、农牧结合的畜牧业生产及经管技术体系、特产作物（瓜、果、葡萄、甜菜等）及高产优质栽培技术。同时，加速发展以粮、棉、肉及特产为原料的加工业和保鲜运输业，研究适应外向型边贸的农业生产经营体系以及以原材料加工为主的劳动密集型乡镇企业，以加速该区农村经济的发展。

六、南方丘陵区综合开发型生态农业成功典型

我国南方地区气候温和，水热条件优越，在地形上以丘陵为主，发展生态农业的过程中应该因地制宜，进行综合开发，达到经济、社会和生态效益的统一。我国南方主要有东南丘陵区和西南丘陵区，两区域经济、社会发展程度不相同，因此在开发利用上采用了不同的发展模式。

1. 东南丘陵农林复合持续发展区

东南丘陵农林复合持续发展区包括湖南、湖北、江西、福建、广东等省的丘陵地区。本区人均耕地面积少，不足 1 亩[①]。而丘陵地区生物资源丰富、气候优越，发展经济林木生产以及多种经营有较大的潜力。

本区的主要任务是山、丘、水、田综合治理，农林并重，发展多种用材林及经济林（桑、茶、油桐、油茶等）增产技术和短轮伐用材林建设与促生技术、粮—经—饲三元结构调整技术体系。果品、林木及特有产品的加工与产业化、土地使用制度及开发利用以及农村产业结构的优化调整是本区经济加速持续发展的重要保证。红黄壤改良、防止水土流失以及冷渍田改造仍然是本区生态环境建设与长期发展的重要措施。

2. 西南高原欠发达农业区

西南高原欠发达农业区包括云南、贵州、广西西北部、四川攀枝花—西昌地区。本区岩溶地貌广泛分布，水能资源及煤、铁、有色金属资源、旅游资源丰富，也是我国生物物种资源最丰富的地区。但当地农业生产落后、农村贫困，是我国主要的贫困地区。

本区的主要发展与西南能源、矿产资源开发相适应的农业持续发展战略与模式。引进和示范大面积主要作物稳产丰产配套技术体系，亚热带果品、经济林木及名优特产品的开发利用。发展初级农产品加工技术、观光农业生产体系以及水能矿产资源开发对农业生产的促进是本区农业农村经济增长、消除贫困的主要措施。长江中上游防护林建设、小型水利、水电工程建设、干热河谷造林、水土保持工程建设以及生物资源的多样性保护是本区农业持续发展的重要保证。

---

① 1亩＝666.6 m²，下同。

第四节　现代生态农业与生态农业产业化

一、现代生态农业与生态农业产业化（eco-agricultural industry）的发展

（一）发展生态农业和实现农业产业化的必要性

1. 是实施我国农业可持续发展战略的重要途径

农业可持续发展是我国可持续发展战略的重要组成部分。发展生态农业是实现农业可持续发展的重要途径，也是我国农业的发展方式由传统增长型向持续协调型的历史性根本转变。

生态农业在技术措施上强调因地制宜地建立多种产业部门的大农业结构，强调通过人工设计的生态工程实现生产过程中资源的深度开发、环境保护、生态调节和生态循环；强调采用节能、节水、节省资源投入、用养结合的保护性技术措施，提高生态效益，增强农业后劲。在方法上，注重把我国传统农业精华和现代科技相结合，要求采用系统工程手段，合理组织，发挥系统整体功能，要求工程技术、人力资源开发、立法和体制保障紧密结合，推动农业生产发展。由此可见，生态农业的大力发展必将有力地促进我国农业科学技术体系的变革，同时促进农业科学研究方法由单一的分析方法为主向着分析与综合相结合的方向发展，带来一场农业综合科学研究方法上的创新。可见，生态农业不仅是科教兴农的综合模式，而且是新型农业科学技术和研究方法的载体。

我国生态农业是因地制宜利用现代科学技术并与传统农业技术相结合，充分发挥地区资源优势，依据经济发展水平及"整体、协调、循环、再生"的原则，运用系统工程方法，全面规划、合理组织农业生产，对中低产地区进行综合治理，对集约化高产区进行生态功能强化，实现农业高产、优质、高效和可持续发展，达到生态与经济两个系统的良性循环和经济、生态、社会三大效益的统一，是解决我国农村人口、经济发展与资源、环境之间矛盾的治本之策，是我国农业和农村经济可持续发展的必然选择和有效途径。

2. 符合世界农业的发展方向

进入20世纪90年代以来，可持续发展已逐渐成为大多数国家的基本发展战略，农业和农村可持续发展也成为各国的统一行动纲领。从发达国家来看，其农业不仅要提高土地的产出率，更重要的是提高资源利用率，控制农业化学品的投入，降低成本，防止农业面源污染，为社会提供安全无污染的食品（如有机食品及其他生态类产品等），实现农业发展与资源、环境步入良性循环的轨道，并通过立法形成了一系列的法律法规、操作技术规范等技术标准，来规范农业生产行为。无论是欧美还是日本，都把保护环境作为农业的主要功能之一。在生态农业产业技术开发

方面,发达国家已开发出一系列比较成熟的技术和设备。

从发展中国家来看,以培育和应用高产作物品种为中心的"绿色革命"虽然取得了明显成效,但并未达到预期效果。许多国家和地区依然承受着生态和经济的双重贫困,他们正在研究适合当地的低投入的持续农业,试图避免发达国家常规农业(石油农业)带来的经济和环境矛盾。

以此为背景,各国农业部门和有关研究机构,都对发展战略和研究方向进行了全面调整,把重点从单纯提高生产力转到农业的可持续发展方面来,包括病虫害综合防治、生物多样性保护与持续利用、有机肥的开发和应用、减少对化肥的依赖、控制水土流失、建立农、林、牧、渔复合生态模式、强化持续发展的经济和政策保障等,这与我国的生态农业探索的技术途径大同小异。

可见,中国的生态农业与国际上可持续农业有着共同的基本思想及目标,并成功地实现了资源综合效率高、农产品质量改进等单一措施不能达到的目标,实现了生态、经济与社会三大效益的统一,因而是农业可持续发展在中国的具体体现形式。生态农业建设不仅符合我国农业发展的实际情况,也符合世界农业的发展趋势。

(二)现代生态农业建设的目标

根据生态农业的基本思想,结合我国的实际,我国现代生态农业建设应具有以下几个目标:

(1)应具有最大的初级生产力,以适应人多地少的需求。充分发掘生态位,合理利用空间,具有最大的光合作用叶面积,具有强大的初级生产力,为农业生态系统的能量转化和物质循环建立牢固的基础。

(2)应具有高额而优质的产品输出量,以满足商品市场需求。现代化的生态农业必须具有强大的物质和能量的输出量及较高的商品化,以满足人们生活的需要和支持国民经济的发展。除输出产品原料外,还应通过物质循环利用,将人类不能利用的废弃物质转化为可利用的物质,使其增值以及进行加工,提高商品率,使农民尽快致富。

(3)应实行可再生资源的永续利用,以维护生态平衡。生态农业通过对可再生资源的合理利用和科学管理,使之既能有效地转化为产品,又能保护再生资源,使其永续利用。

(4)应具有鲜明的地区性、时间性和多样性。由于我国各地的农业资源丰富多样,各具优势,同时各种社会和自然条件也随时间的推移而发生变化,生态农业必须适应这些变化,做到因地、因时制宜。

(5)应将自然调节和人工调节相结合。生态农业一方面强调利用生态系统中物种的正、负反馈作用的自然调节功能,同时也注重人类通过社会、经济和科学技术对农业生态系统的直接和间接调控。我国的生态农业并不排斥化肥与农药的使用,而是作为各种调节措施的一种手段,发挥人工调节有利的一面,防止或减少其对生态环境的不利影响。

(6)应建立生物和工程措施相结合的环境净化体系,以保持与改善生态环境,提高产品质量。实行无污染的经济、社会、生态三大效益协调的持续高效的农业。

由此可见,我国生态农业既吸取了国外现代化农业的经验教训,同时又有其自身的传统背景。因此,我国生态农业决不是农业体系上的复古倒退,而是一种农业科技进步,是具有科学原理的一种知识密集型,高度科学化的现代化农业。

二、生态农产品的发展——生态农业产业化的重大突破口

随着社会的不断进步,绿色消费越来越成为更多人的选择。发展生态农业产业已成为历史发展潮流的需要和农业发展的必然选择。开发绿色产品符合全球农业可持续发展的思想,符合人们对环境保护和健康的需求。生态农业产业化通常意义上是指建立在资源可持续利用和良好环境基础上,以生态标志产品为主导产品,依托其生产基地,通过其产业化经营的组织方式,促进资源、环境、经济与社会的协调发展,最终实现经济效益、社会效益、生态效益共同提高的良性循环之路。目前,以生态农业为基础,与无公害农产品类似的生态标志型农产品包括绿色食品、有机农产品、生物动力学农产品等术语。但不论名称如何,这些生态标志型农产品的主要特征包括:①生产过程中禁止或限量使用化学合成品;②生产的产品中有害物质的含量应该符合国家或国际上的限量标准,在当前技术和经济社会条件下,不会对人体健康产生影响;③生产活动过程对于生态系统和环境保护应该有积极贡献;④产品需要第三方机构进行认证。

发展生态农业产业化,要求既注重经济效益又兼顾生态效益,因此在保护生态环境的同时,有可能出现降低部分农产品产量的短期行为,然而获得的却是高品质无污染的生态食品,它们在国内外市场更有竞争力。一方面,由于我国人民的生活水准正逐步从温饱向小康过渡,已有越来越多的人注重食品安全;另一方面,国外农产品市场对生态食品的需求在逐渐加大,尤其是在发达国家。生态食品的经济价值与普通的农产品相比将得到大幅度的提高。目前,无公害蔬菜,无污染水果,绿色食品已初步显露出它潜在的市场价值,一些沿海开放地区已将其作为一种创汇农业的类型而加以开发。

1. 农业生态产业的发展状况

20 世纪 70 年代以来,以生态环境保护和安全农产品生产为主要目的的有机农业/生态农业在欧洲、美国、日本以及部分发展中国家得到快速发展。到 90 年代末,欧洲、美国、日本已经成为世界上主要的生态标志型农产品消费市场,发展中国家出口拉动型的有机农业增长迅速,国内有机农产品市场随着经济的发展也在逐

步形成。自 90 年代以后,有机农业生产和贸易规模约占整个食物系统的 1%。从发展的规模和数量上看,国民环保意识较强的欧洲、日本和美国等有机食品生产及需求发展较快。欧洲是世界上最大的有机食品市场,2002 年有机农产品占食品总消费量的 5% 以上;有机农产品土地耕作面积占农业用地的 2% 以上。据估计,到 2008 年全球的有机食品销售额为 800 亿美元,在部分发达国家(如德国),2008 年有机食品占食品市场的比重将达 25%。在亚洲国家,有机农产品的国内市场非常小,仅在生活水平较高的大中城市出现,绝大部分有机产品与常规产品的差价为 10%~50%。有机农业的发展受国家和地区经济以及社会发展的影响非常大,欧、美、澳等发达国家所占比例较大,发展中国家由于出口拉动,近几年有机农产品也在快速发展,而日、韩等国家由于国情的特殊性(人口多,土地少),有机农业发展不可能占较大的比例。

在我国,自全面实施"无公害食品行动计划"以来,农业部做出了无公害农产品、绿色食品和有机食品"三位一体、整体推进"的战略部署。三年来,在各级政府和农业部门的推动下,经过共同努力,无公害农产品、绿色食品和有机食品得到迅速发展。

截至 2005 年 6 月底,全国共有 9 043 个生产单位的 14 088 个产品获得全国统一标志的无公害农产品认证,总产量 8 297 万 t,认定产地 16 679 个,其中种植业生产面积 1 311 万 hm^2,畜牧业饲养规模 17.5 亿头(只),渔业养殖面积 167 万 hm^2。全国共有 3 044 家企业的 7 219 个产品获得绿色食品标志使用权,总产量 4 988 万 t,产地环境监测面积 611 万 hm^2。中绿华夏有机食品认证中心认证有机食品企业 288 家,产品 843 个,总产量 45 万 t,认证面积 169 万 hm^2。

近几年,无公害农产品、绿色食品和有机食品的发展呈现以下四个特点:

(1)发展速度持续加快。2004 年与 2003 年相比,无公害农产品数量增长了 3 倍,产地数量增长了 3.6 倍,总产量扩大了 1.6 倍。2002—2004 年,绿色食品企业和产品平均增长速度分别达到 27.1% 和 46.0%,总产量增长了 84%。2004 年有机食品企业和产品比 2003 年分别增长了 1.2 和 1.4 倍,总产量扩大了 1.7 倍。2005 年以来,无公害农产品、绿色食品和有机食品继续保持快速发展的良好势头,总量规模进一步扩大。

(2)产品质量稳定可靠。按照保持认证有效性的基本要求,整个工作系统规范运作,加强监管,保证了产品质量。2003 年以来,无公害农产品、绿色食品和有机食品产品质量管理监督抽检合格率平均达到 97.3%。从近几年国家有关部门开展的食品质量抽查以及去年国家认证认可监督委员会开展的农产品认证专项检查的结果来看,无公害农产品、绿色食品和有机食品均未发现不合格产品。

(3)品牌影响日益扩大。无公害农产品、绿色食品和有机食品日益受到消费者的欢迎,打造出了我国安全优质农产品的主导品牌。认证产品越来越多地进入大型超市,走向国际市场,成为国内商家的"新卖点"和农产品出口的新的"增长点"。在优质优价的市场机制作用下,企业和农户发展认证产品的积极性不断增长。

(4)综合效益不断提高。发展无公害农产品、绿色食品和有机食品,实现了经济效益、生态效益和社会效益的同步增长。强化了安全消费意识,增进了消费者的健康;提高了农产品附加值,促进了农业增效和农民增收;培育和壮大了龙头企业,推动了农业产业化发展;突破了国际贸易技术壁垒,带动了农产品扩大出口;保护了农业生态环境,促进了可持续发展。

2. 生态农业产业化过程中出现的问题

生态农业产业是朝阳产业,具有巨大的发展潜力和市场前景,但目前还存在许多问题:

(1)标准化生产水平低。从目前情况看,产业化过程中规范化程度不高、标准化生产技术和监管措施不够到位、标准化水平较低是绿色种植和养殖业基地的薄弱之处;农产品加工水平低、精深加工能力弱。

(2)缺少龙头企业的带动。区域间、产业间发展不够均衡,总体实力不强,产业带动能力较差,是生态农业产业化龙头企业群体这一中间环节的薄弱之处;农业产业化中介组织不够发达,龙头企业和基地以及农户之间的利益联结方式单一、衔接不紧密是生态农业产业化中另一环节的薄弱之处;农产品营销缺乏策略、手段和现代化的营销理念,市场开拓力度不够,缺乏知名企业、知名产品和知名品牌是生态农产品进入市场流通环节的薄弱之处。

(3)体制不完善,组织管理方面存在不足。因为没有统一的领导和工作机构指挥调度,生态农业产业社会化服务体系不健全,服务能力弱,突出表现为农产品安全质量检验监测体系和农业环境质量保护体系仍为空白,信息服务体系及市场流通体系不健全,技术服务体系被弱化,甚至部分瘫痪,对农业产业化的服务功能不够完善,服务能力也不够强。

(4)亟待开拓市场。一方面由于规模小、产量低、经营分散,致使产品供不应求;另一方面,由于产品结构不尽合理且成本价格高,普通消费者难以承受,难以满足城乡居民的有效需求。绿色食品的消费群体集中在城市,生产和消费之间的距离增加了供货困难,一定程度上制约了绿色食品市场的进一步开拓。

(5)思想认识不到位,地区间发展不平衡。部分地区对发展生态农业产业的重要意义认识不到位,重视程度不够,特别是一些农民受传统耕作习惯的影响和眼前利益驱动,不愿按照生态农业方式进行生产,影响了农产品的标准化水平和绿色食品的发展。在实际工作中,缺乏有效宣传,缺乏发展思路,缺乏整体规划,缺乏推动措施,有的县在基地认定和产品认证方面还是空白。

(6)缺乏必需的政策扶持,投入机制不健全。由于没有制定必要的政策规定和扶持措施,甚至在开发生产绿色食品时得不到必需的资金、物资和技术等扶持,进而影响了生态产业发展的进程。缺乏资金投入,是制约生态农业产业快速发展的最大因素。从生态农产品基地规划建设、标准化技术推广到生态农业产业化水平的提升以及龙头企业的壮大,各个环节都离不开大量的资金投入,尤其是前期投资非常重要。受财力限制,财政没有列出专项资金。而且对整个农业产业的投入都很有限,增速也很缓慢。

3.生态农业产业化发展的保障体系建设

我国生态农业产业化是一项规模巨大的系统工程,必须有完善的政策法规体系作保障,制定相关的法律、法规及配套政策、措施和规范,逐步使我国生态农业建设走上规范化、法制化轨道。

(1)修改完善《农业法》,制定与农业相关的资源环境法规以及生态类食品法规。虽然,我国对农业进行了一系列的立法,但加入世界贸易组织后,农产品国际贸易的种种障碍已表明,我国农业立法的力度不够,在许多领域主要是农业环境保护领域缺乏相关配套的立法。因此,针对新的情况,我国应制定新的法律法规,如《农业环境保护法》、《农用生产资料质量管理法》、《农药污染控制法》、《农产品对外贸易保护法》等,此外,还应制定相关的实施细则,以保证各项法律、法规的贯彻落实。在标准的制定过程中,要考虑其是否能适应农业生产技术发展的需要,也要参照国际标准化组织(ISO)及有关国家、区域组织已有的农业标准,把标准建立范围拓展到包括生产环境、农业生产资料、种苗、生产技术规程、加工工艺、产品质量、包装、外观设计、储运、运输、销售、品质等级、食品添加剂和最大农兽药、渔药残留物允许含量等环节在内的农业标准体系。

(2)启动生态补偿政策,强力支持全面发展生态产业。制定激励开展生态产业发展的经济政策,设立生态农业与农业生态环境保护专项基金,主要用于生态农业及其相关产业的发展政策扶持;优惠政策支持一批生态型农业龙头企业,促进农业与食品工业一体化发展,重点支持大规模生态基地建设、生态食品产业、生态生产资料产业等。

(3)做大做强龙头企业,提升龙头企业对产业的带动能力。要坚持通过改制强"龙头",利用政策扶"龙头",经过招商引"龙头",紧盯市场育"龙头"等多管齐下的措施,培育生态农业产业化龙头企业群体。鼓励龙头企业与科研院所加强合作,组建自己的研发机构,提高企业的经营管理水平和竞争能力。鼓励龙头企业积极通过新建、改扩建等途径加大技改力度,引进和应用先进的农产品加工工艺设备,增加生态农产品加工业的科技含量,大力开展管理质量和产品安全质量认证,创建知名企业和知名品牌,全方位、深层次提高企业的市场竞争能力,提高企业效益水平,提高企业的积累和滚动发展能力。

(4)加大生态农业建设和生态产品宣传力度,形成生态生产和消费观念。一方面要向农民进行环境保护知识、生态知识及农业可持续发展知识的普及宣传工作,通过宣传,使他们认识到开展生态农业能够取得良好的经济效益、社会效益和生态效益;另一方面,在消费者中开展多层次的宣传工作十分必要,让消费者充分了解到生态产品的生产过程和各种效益,促进生态消费市场的发展,期望在生产者和消费者之间能够建立诚信关系,将发展有机农业的产业化与建设充满人文关怀的社会整体目标结合在一起。

综上所述,生态农业和产业化发展是涉及农产品安全与人体健康、农业可持续发展及生态环境保护的一项复杂的系统工程。目前,我国农产品安全质量指标体系与方法的建立;指标体系与国际接轨;农产品生产管理模式;运行机制与市场调节和农产品清洁生产的政策法规的健全等五大体系的研究,均处于研究的起步阶段,仅在极少数地区起到试验与示范的初步推动作用。在 2005 年 11 月中共十六届五中全会明确提出了"建设资源节约型、环境友好型社会",并首次把建设资源节约型和环境友好型社会确定为国民经济与社会发展中长期规划的一项战略任务。《中共中央关于制定国民经济和社会发展第十一个五年规划的建议》中,也将"建设资源节约型、环境友好型社会"提高到前所未有的高度。希望今后我国在进行社会主义新农村建设过程中,推动我国的农业清洁生产和生态产业化的示范及研究工作,使其成为 21 世纪的主导、支柱产业,为可持续发展提供有力支持。

三、生态农业的生态效益、经济效益与社会效益分析

我国发展生态农业及其产业化,是在我国农业和农村经济发展到新阶段的前提下提出,并在生态产业发展过程中总结、提炼出的一条行之有效的发展道路,是一种新的战略性的选择。实现农业产业化具有以下几方面的重要意义:

1.有利于我国农业的可持续发展

在生态产品生产过程中采用了清洁生产的生产模式,可以保护生态环境,从而有助于解决现代农业发展所带来的一系列问题,维持我国农业资源的可持续利用。随着人们生活水平的提高,消费观念和消费结构的变化,绿色产品越来越受到消费者的青睐,这一消费趋势也有助于农业向生态产业化的方向发展,有效地缓解环境污染和生态平衡的压力,促进我国农业的可持续发展。

2.有利于解决农村剩余劳动力的问题

现代农业的耕作方式节约了大量的劳动力,使得农村剩余劳动力大批大批地涌入城市,一方面固然促进城市经济的发展,但也增加了城市的就业压力,同时给城市的规范化管理和社会治安带来一系列的问题。有机农业和绿色食品的生产属于劳动密集型产业,它的产业化经营也需要投入大量的人力。据调查,上海星辉园艺场有机蔬菜生产基地,常年固定民工为30人,逢收种季节民工的数量还要有所增加。一些打工农民苦于较低的文化知识,纷纷回乡投入有机农业的行业之中。生态农业的发展及产业化经营为农村剩余劳动力提供了一片广阔的天地,而农村剩余劳动力的加入又为生态农业的产业化发展注入了新的活力。

3. 有利于提高农民的经济效益,从而带动农村经济的发展

生态农业产业化经营采取的是企业化运作管理模式,虽然投入的人力成本高于常规农业,但总体上却节约了成本。安徽岳西余畈有机农场采用人工除草、施用人工堆肥等人工投入的总成本虽然比常规猕猴桃有所提高,但却节约了花在化肥、农药、除草剂上的资源成本。从效果上看,尽管生态农业的产量低于常规农业,但其质量好、商品率高(商品率达到95%以上)、较高的价位(平均销售价格比常规农业投入的猕猴桃高20%左右)又使其有良好的销售渠道和市场竞争力。所以,总体而言,有机农产品亩产总收入和净收益明显高于常规产品,从而增加了农民的收入,提高了农民的生产积极性,这就能更好地发挥我国农村资源优势和潜力,带动农村经济的发展。

4. 有利于生态农业的全程监测要求真正落实

为了保证消费者的权益,维护生态农业的信誉,以欧盟标准为代表的国际生态农业生产和贸易标准都要求在生产、运输和销售中实行严格的全程监测,确保整个过程中没有违规化学品的使用和污染。按照先进地区的经验,生态农业走产业化发展的道路,是实现这种严格的全程管理和监测的最有效途径。一方面,产业化的发展模式使得农业生产管理规范化,全程监督机制能够有效运行;另一方面,该模式能够节约管理和监测的成本投入,使其真正具有可行性。

四、我国生态农业建设所取得的成就

我国生态农业建设从20世纪70年代末80年代初起步,到90年代逐渐加大了建设力度。1993年,在国家领导的重视和有关部门的积极支持下,农业部等七个部委开展了51个生态农业试点县建设,标志着生态农业建设进入了一个新的时期。经过20多年的研究探索和具体实践,中国生态农业逐渐形成了具有自身特色的理论与技术体系,强调继承和发扬传统农业技术精华,并积极应用现代高新技术,具有发展农村经济与保护生态环境的双重功能。其主要成绩如下:

1. 促进了农业和农村经济的持续健康发展

以全国生态农业建设试点县为例,在实施生态农业建设前的1990—1993年期间,扣除物价因素,51个县的国内生产总值、农业总产值和农民纯收入平均年增长分别为3.7%、2.7%和3.5%,分别高于全国同期水平3.2、1.1、1.4个百分点;而实施生态农业的1994—1997年期间,平均年增长分别达到8.4%、7.2%和6.8%,比前三年平均增长速度分别高4.7、4.5和3.3个百分点,比全国同期平均水平分

别高出 2.2、0.6 和 1.5 个百分点。试点县资源优势得到较好的发挥,农、林、牧、副、渔结构趋于合理,脱贫致富步伐加快。

2. 促进农业资源持续高效利用,生态环境明显改善

经过 5 年试点,51 个县的土壤沙化和水土流失得到有效控制,其中水土流失治理率达到 73.4%,土壤沙化治理率达到 60.5%;森林覆盖率提高了 3.7 个百分点;秸秆还田率达到 49%,增加了土壤中的有机质含量;省柴节煤灶推广率达到 72%,节省了能源,保护了植被;废气净化率达到 73.4%;废水净化率达到 57.4%;固体废弃物利用率达到 31.9% 等。这些指标既比实施生态农业建设前有较大幅度提高,又大大高于全国的平均水平。

3. 试点地区发挥了相当大的示范带动作用

国务院七部委联合开展的全国 101 个试点和示范县调动了各省的积极性,各省(区、市)相继开展了省级试点县建设,共 200 个县。更主要的是生态农业与产业结构调整、农民增收以及改善当地生态环境紧密结合,极大地调动了广大农民投入生态农业建设的积极性。一些典型的生态农业建设模式得到大范围推广。例如:将沼气池、猪舍、蔬菜栽培设施组装在日光温室中,即所谓"四位一体"模式,在辽宁等北方地区得到了广泛的推广;以养殖业为龙头,以沼气技术为纽带,带动果树栽培和水产养殖发展的所谓"猪—沼—果(渔)"模式,也在我国南方得到大规模推广,仅江西赣南地区就有 25 万户。在推广生态农业建设成功模式的同时,全国已有部分地(市)正在积极探索更大范围的生态农业建设。

4. 增强了人们的生态环境意识,产生了良好的社会效果

生态农业的基本知识、规划方法以及实用技术得到了广泛的宣传,为推进农业可持续发展战略和科教兴国战略奠定了良好的基础。通过各种形式的宣传教育活动,保护生态环境、造福子孙、走可持续发展之路的思想逐渐被广大干部群众所接受,科学种田已成为自觉行动。大量农业劳动力从农田中转移出来,向农业的深度和广度进军,创造了新的财富,缓解了就业压力。

5. 形成了符合中国国情的生态农业建设模式和技术体系

经过 20 多年的研究探索和具体实践,中国生态农业逐渐形成了具有自身特色的理论与技术体系,强调继承和发扬传统农业技术精华,并积极应用现代高新技术,具有发展农村经济与保护生态环境的双重功能。

根据"整体、协调、循环、再生"的基本原则,生态农业不是简单地追求农业发展的生产和经济效益,而是在整体上兼顾经济、社会和生态环境效益,强调大系统内各子系统间和子系统内各因素之间运行的协调,维护大系统合理的新陈代谢和保证它的循环再生,使之得到持续发展。

在理论研究和实践探索的基础上,总结出一些成功的技术模式。根据我国农

村小规模农户经营制度的实际情况,总结了适用于农户一级的庭院经济技术模式,如:北方"四位一体"生态农业模式,南方"猪—沼—果(稻—菜—鱼)"生态农业模式,利用秸秆生产食用菌生态模式;在生态农业示范户联片建设的基础上,形成了适用于农场、村一级的生态农业模式,如辽宁大洼县西安生态养殖场,山东省淄博市西单村生态农业建设;以生态经济原则指导农、林、牧、渔各业,并对整个农业乃至农村系统进行合理布局与设计,形成了适用于县、市一级的区域生态农业建设模式,如西北生态脆弱区治理型生态农业成功典型,东北平原粮区生态农业产业化发展成功典型,东北丘陵山区生态恢复型生态农业成功典型,南方丘陵区综合开发型生态农业成功典型等。

五、我国开展生态农业的基本经验

中国生态农业经过十多年的实践,在取得显著成效的同时,也积累了丰富的管理经验:

(1)在生态农业县建设中,强调部门协调、科学规划。全国生态农业县建设是由农业、林业、水利、财政、科技和环境保护等多部门共同组织实施,打破了部门分割、相互牵制的痼疾,各部门在安排建设项目时向生态农业县倾斜,各自保留自己的项目名义,这样单项治理集中到一个县就变成了综合治理,形成合力,发挥出综合效益。各地区在开展生态农业县建设中,都把制定规划作为首要任务,并进行科学论证,经县人大讨论通过,纳入地方发展计划,从而保证了实施的连续性和权威性。同时,国家制定了《全国生态农业建设技术规范》和规划指南,为各地生态农业建设提供了指导。

(2)注重典型引路、示范带动。各生态农业县大都是在生态农业村、乡试点的基础上发展起来的。目前,各县生态农业试点的覆盖面积达25%以上。国家抓的101个生态农业重点县,则带动各省搞了200多个县,促进了生态农业试点建设规模的不断扩大,有利于发挥改善生态环境的宏观效益。

(3)政府引导、农民参与。我国的生态农业强调以生态经济原则指导农、林、牧、渔各业,并对整个农业乃至农村系统进行合理布局与设计,因而它小可以指导单个"生态农户"或"生态村"的建设,大可以指导一个县域或市域乃至更大范围以农业为中心、涉及其他各业的建设(如"生态县"、"生态市"等),因而在规划和试点建设中,需要政府部门进行科学规划和试点建设,而在项目的实施建设和示范推广中,又具有广泛的群众参与性。实质上,中国生态农业的众多典型模式就是广大农民亲身实践与创造的结果。

这种广泛的民众参与,一方面保证了生态农业的巨大创造性与生命力;另一方面,也是对农业发展模式的创新,它实际上走出了一条既符合小规模农户经营体制下资源合理利用、满足食物生产、劳动力充分就业、提高经营收入的多目标要求,又符合农业产业化发展的成功路子,是对发展中国家农村社会持续发展模式的贡献。

(4)总结成功模式、逐步加以推广。在生态农业的试点建设中,农业部门始终注重开展成功模式的总结,并在总结的基础上加以推广。根据南、北方不同的自然条件与经济发展特点,总结形成了南方"猪—沼—果(稻—菜—鱼)"生态农业模式和"四位一体"生态农业模式;针对我国规模化畜禽养殖业迅速发展的现状,总结推广"大规模沼气工程建设加资源综合利用"的模式,在县、市一级,以生态经济原则指导农、林、牧、渔各业,并对整个农业乃至农村系统进行合理布局与设计,形成了适用于县、市一级的区域生态农业建设模式,如西北生态脆弱区治理型生态农业成功典型,南方丘陵区综合开发型生态农业成功典型等,这些模式广泛应用于国家级和省级生态农业示范县建设。

(5)依靠科技、强化管理。在生态农业建设中,从国家到省(区、市)专门组织了专家组,确定了技术指导单位,建立责任制,实行合同管理,广泛开展技术指导、人员培训和宣传,把有实用技术和经验的科技人员派到各个示范基地县,把技术送到农民手中,加快了科技转化为生产力的速度。同时,实施一系列优惠经济政策,鼓励千家万户积极参与生态农业建设,成效显著。

实践证明,生态农业是在现有条件下兼顾经济效益、生态效益和社会效益,实现生态环境保护、资源培育和高效利用的成功模式,是解决我国农村人口、经济发展与资源、环境之间矛盾的有效途径,是我国农业和农村经济可持续发展的必然选择。

思考题

1. 生态农业的定义是什么?它有哪些内涵?
2. 农业生态系统的基本结构、等级结构和食物链结构分别是什么?农业生态工程为什么要为食物链加环?加环有哪些类型?其原理是什么?
3. 生态农业的基本原理是什么?简要地进行阐述。
4. 简述我国北方四位一体生态农业模式的优点。
5. 我国发展生态农业的重要意义是什么?在发展过程中遇见了哪些问题?如何解决?
6. 简述我国建设现代生态农业的目标是什么?
7. 简述我国发展生态农业所取得的经验。
8. 我国生态农业产业化发展过程遇到了哪些问题?如何加强其保障体系建设?
9. 分析生态农业的生态、经济与社会效益。

第十一章 区域生态建设

第一节 区域生态建设与区域发展

一、区域和区域生态系统

地理学上的区域(Region)概念是指地球表面上占有一定空间的地域结构形式。经济学上的区域概念是指特定时空范围内社会资源、技术资源和自然资源的集合体。根据研究目的和任务的不同,广义上的区域可以是跨越国家的国际区域,如上海合作组织、欧洲联盟、北美自由贸易区等;也可以是一个国家、省、市、县,甚至乡镇、行政村等;还可以是一国之内横跨几个省的经济区域,如中国珠江三角洲经济区、长江三角洲经济区等。

从系统生态学角度看,区域是一个复合生态系统,包括自然子系统、社会子系统和经济子系统。这些系统相互依存、相互制约、相互渗透,交织在一起。

区域的自然子系统是整个区域生态系统(Regional Ecosystem)的基础,由地质、地貌、气候、水文、生物、土壤等自然环境条件和交通、农村、城镇及其基础设施等人工环境构成。区域的自然环境条件往往规定了区域社会经济,特别是农业生产和农业经济的基本特征。区域的人工环境则是人类长期活动的产物,交通是连接区域内外社会经济活动的纽带,农村与城镇是人类的居住区,构成区域人类社会和经济活动的中心。

区域的社会子系统以人为中心,包括区域内人口的数量、结构、文化特征及区域行政组织结构等。社会子系统满足区域居民居住、交通、娱乐、教育、医疗、文化等生活需要。

区域的经济子系统以资源利用与加工、生产、流通为中心,将物质、能量、信息等经济资源按人类的需要转换为具有一定功能的产品和服务,促进区域各子系统的发展。

二、中国区域生态环境问题

自20世纪70年代末实行改革开放政策以来,中国经济发展十分迅速,资源开发和利用、工农业发展、城乡建设正以前所未有的规模展开。同时,资源大量浪费,环境严重污染,导致区域经济发展与生态环境维护的失调,甚至出现区域经济发面临困境与生态环境不断恶化的恶性循环。中国生态环境问题主要表现在以下几个方面：

(1) 水土流失。目前，中国水土流失面积共达 367 万 km^2，并以每年 1 000 km^2 的速度递增。水土流失使中国每年流失 50 亿 t 土壤，同时带走大量氮、磷、钾营养元素，导致土地严重贫瘠化。水土流失还加速了本来就十分珍贵的耕地资源的丧失，自新中国成立以来，中国因水土流失毁掉耕地 270 万 hm^2。此外，大量流失的泥沙致使下游河床升高和湖泊萎缩，降低江河、湖泊的行洪、泄洪能力，导致洪涝灾害频繁发生。

(2) 土地沙化。截至 2004 年，中国沙漠化土地面积为 174 万 km^2，目前每年扩展速度高达 3 436 km^2，发展速度超过治理速度。据中国科学院兰州沙漠研究所研究，从 20 世纪 50 年代到 70 年代末，中国干旱、半干旱地区沙化土地平均每年扩展约 1 560 km^2，已丧失土地资源 3.9 万 km^2。目前，约有 400 万 hm^2 耕地、500 万 hm^2 草场和 2 000 km 的铁路处于沙漠威胁之中。

(3) 植被破坏。由于长期以来重砍轻育，导致天然林资源枯竭。根据林业部的调查，中国 20 世纪 90 年代初成熟天然林的面积比 70 年代末减少了 723.36 万 hm^2。因垦荒、超载放牧等原因，中国草地面积显著减少；同时，中国 90% 的天然草原均有不同程度的退化。

(4) 水体污染。中国工业和生活污水的处理率低，河流、湖泊等水环境遭受严重污染，水质恶化。据 2002 年统计，中国 1/3 以上的河段受到污染，近 90% 的城市河段受到严重污染；全国 4/5 的河段水质不符合渔业标准，1/4 的湖泊富营养化。中国国家海洋局的资料显示，近年来中国近海水域也受到污染，污染面积和赤潮发生面积逐年扩大。

(5) 湿地萎缩。中国拥有湿地面积 63 万 km^2，天然湿地面积 26 万 km^2。但由于长期人口增长和肆意开垦，中国湿地面积锐减。据统计，近 40 年来，中国沿海地区滨海滩涂湿地面积丧失了大约 115 万 hm^2；辽河三角洲原有湿地面积的半数以上被开垦为农田。20 世纪 50 年代以前，三江平原的沼泽集中连片，素以"北大荒"著称，而 20 世纪 70 年代的大规模开垦，使得该地区耕地面积比新中国成立前增加了近 5 倍，沼泽连片的景象不复存在。

(6) 酸沉降范围扩大。中国继欧洲和北美之后，成为世界第三大酸沉降区。自 20 世纪 70 年代末以来，中国发生酸沉降的区域面积在不断扩大，目前已蔓延至中国西南、华南和华东的所有省(区、市)及北方的一些地区，并呈进一步向北扩展的趋势。据研究，到 20 世纪 90 年代，中国酸沉降面积扩大了 100 多万 km^2，达到 300 多万 km^2，目前已占国土面积的 30%。

中国目前生态环境问题严峻的根本原因在于粗放型的经济增长方式造成了对

资源的过度消耗；管理方式粗放和法律、法规不健全造成了决策的不科学和资金使用的浪费；重复建设和盲目开发对生态环境形成巨大的压力。

三、区域生态建设

区域生态建设（Regional Ecological Construction）是基于实现区域可持续发展而提出的，它是落实环境保护基本国策，把经济发展、社会进步与环境保护有机结合的重要区域发展形式，对生态环境保护具有重要的意义。

自1995年7月国家计委、国家环境保护局联合发出《关于开展全国生态示范区建设》的通知，并将生态示范区建设列为"九五"重点规划之后，中国区域生态建设的实践迅速步入稳步、快速发展时期。

（一）区域生态建设的概念

区域生态系统是一个复杂的、多单元、多层次的复合生态系统，包括城镇生态系统、农业生态系统、工矿区生态系统、自然生态系统等。这些生态系统相互依存、相互制约、相互渗透，交织在一起，组成区域复合生态系统。区域生态建设要求在区域生态特征、资源及生态环境调查分析的基础上，以生态学和生态经济学原理为指导，以协调经济发展、社会进步和环境保护为主要对象，对本区域生态建设的一些重要方面实施生态设计、生态建设工程，建立协调、稳定运行的良性生态系统，实现社会经济全面、健康、持续发展。由于生态系统的建设需要在一定的规模上才能实现稳定持久的良性循环，因此严格意义上，区域生态建设中的区域范围应在县以上（包含县）的行政区域内实施，包括生态县建设、生态市建设和生态省建设。

区域生态建设的根本目的，是实现区域经济、社会的可持续发展及生态系统的良性循环：一方面要求大力发展区域经济，促进社会进步，以满足广大人民不断提高的物质和文化生活的需要；另一方面，要求合理开发利用资源，积极保护生态环境，保护人类赖以生存和发展的物质基础，最终实现经济发展、社会进步与环境保护的协调发展，走可持续发展的道路。可持续发展是区域生态建设的核心思想和最高目标。

（二）区域生态建设的指导思想和基本原则

1. 区域生态建设的指导思想

围绕全面建设小康社会，以全面、协调、可持续的科学发展观为指导，运用生态经济和循环经济理论，统筹区域经济、社会和环境、资源的关系，以人为本，通过调整优化产业结构，大力发展生态经济和循环经济，改善生态环境，培育生态文化，重视生态人居，走生产发展、生活富裕、生态良好的文明发展道路。

2. 区域生态建设的基本原则

（1）协调发展的原则。充分考虑区域社会、经济与资源、环境的协调发展，统筹城乡发展，促进人与自然的和谐，实现经济、社会和环境效益的"共赢"。

(2) 因地制宜的原则。从本地实际出发,发挥本地资源、环境、区位优势,突出地方特色。

(3) 量力而行的原则。不贪大求全,不盲目攀比。通过规划编制,选择区域生态建设的重点领域和重点区域作为突破点,循序渐进,分步实施。

(4) 便于操作的原则。规划要与当地国民经济与社会发展规划(计划)相衔接,与相关部门的行业规划相衔接。规划目标与措施应尽可能做到工程化、项目化和时限化。

(三) 区域生态建设的主要内容

区域生态建设的主要内容包括:

1. 生态产业体系建设

根据区域实际情况,合理进行产业布局和生态功能区划,大力发展循环经济,努力建设形成包括生态工业、生态农业、生态服务业(生态旅游业等)等在内的生态产业体系。

2. 自然资源与生态环境体系建设

自然资源与生态环境体系建设包括重点资源的开发、开发中的生态环境保护及监管、开发后的生态恢复及重建;环境污染治理;自然生态保护及建设;农村和农业生态环境保护及建设。在自然资源较丰富或自然资源开发强度较大的县、市,还需要进行自然资源保障体系的建设。

3. 生态人居体系建设

生态人居体系建设包括优化城市功能区布局与景观结构建设;城市环境保护基础设施建设与环境综合整治;创建环境保护模范城市;创建环境优美乡镇;绿色社区和生态村建设。

4. 生态文化体系建设

生态文化体系建设包括倡导绿色生产和绿色消费;生态环境保护知识普及与教育;创建绿色学校;提高公众的参与能力。

5. 能力保障体系建设

能力保障体系建设包括科技支撑能力建设;环境安全预测、预警、预报系统建设;相关资源、环境保护法规、制度建设;完善可持续发展的科学、民主决策机制。

(四) 中国区域生态建设的实践

1994年,中国政府颁布了《中国21世纪议程》,明确提出了中国可持续发展道路的整体战略。翌年,在全国范围内开展生态示范区创建活动。作为中国实施可持续发展战略的重要载体,生态示范区建设被列为中国"九五"重点环境工程。生态示范区建设在乡、县和市域范围内实施,重点放在县级行政区域。区域生态建设是从县域生态示范区建设发展而来,并由生态县建设向上拓展到生态市建设、生态省建设,而生态省、生态市建设又推动了生态县建设。为了指导生态省、市、县建设,国家环境保护总局出台了《生态县、生态市、生态省建设指标(试行)》、《生态县、生态市建设规划编制大纲(试行)》以及《全国生态县、生态市创建工作考核方案(试行)》。同时,环境优美乡、镇、生态文明村创建活动以及生态(绿色)社区、生态(绿色)住宅的建设作为生态省、市、县建设的重要组成部分,也日益受到重视。

经过10多年的探索和实践,中国区域生态建设进入一个崭新而全面的阶段。自1995年下半年到2005年底,国家环境保护总局分9批批准了528个生态示范区建设试点地区和单位。其中,233个先后分4批通过考核验收,被正式命名为国家级生态示范区。自1999年海南省率先开展生态省建设以来,相继有吉林、黑龙江、福建、浙江、山东、安徽、江苏、辽宁、陕西、河北、四川、广西等10多个省、自治区已经或即将开展生态省建设;全国已有150多个市提出了生态市建设目标,近500个县在生态示范区建设的基础上开展了生态县创建工作。2003—2005年,国家环境保护总局分4批命名了178个全国环境优美乡、镇。

中国区域生态建设主要以行政区域为单位实施,但在更广的流域范围内,也相继实施重大的生态建设工程,如西部生态区建设,长江中上游地区生态建设,长江中下游地区生态建设等。中国还先后确立了天然林资源保护工程、三北及长江流域等防护林体系建设工程、退耕还林工程、京津风沙源治理工程、野生动植物保护工程及自然保护区建设工程、速生丰产用材林基地建设工程六大林业生态建设重点工程。

第二节 生态省建设

一、生态省的概念和内涵

生态省(Ecological Province)是中国区域生态建设中一个延伸的概念。所谓生态省,是指社会经济和生态环境协调发展,各个领域基本符合可持续发展要求的省级行政区域(包括直辖市、自治区)。生态省中"生态"两字的理论内涵非常丰富,远远超出了传统意义上自然生态的含义,而已成为自然、经济、文化、政治的载体。生态省中"生态"两字包括生态文化、生态环境、生态产业三方面的内容。

生态省建设是可持续发展理论与中国实际国情相结合的产物,是对全球可持续发展的一次重大创新和实践。生态省建设的具体内涵是运用可持续发展理论和生态学与生态经济学原理,以促进经济增长方式的转变和改善环境质量为前提,抓住产业结构调整这一重要环节,充分发挥区域生态与资源优势,统筹规划和实施环境保护、社会发展与经济建设,基本实现区域社会经济的可持续发展。生态省建设不再是单纯的环境保护和生态建设,而且涵盖了环境污染防治、生态保护与建设、生态产业发展(包括生态工业、生态农业、生态旅游业等)、人居环境建设、生态文化建设等方面,涉及各部门、各行业以及各学科。生态省建设的核心是发展循环经济,即建设符合新型工业化要求的生态经济体系。

二、生态省建设的目标和任务

经济发展、社会进步和环境保护是可持续发展的三大支柱。生态省建设作为实施可持续发展战略的重要形式,必然围绕这三个方面进行。

生态省建设的目的就是以科学发展观为指导,运用可持续发展理论和循环经济与生态经济学原理,按照全面建设小康社会的总体布局和要求,区别东部和中西部不同环境、资源条件,统筹规划城乡经济、社会和人与自然的发展,坚持走生产发展、生活富裕、生态良好的文明发展道路,努力实现省域范围的可持续发展。

(1)大力发展生态产业,建立高效、低耗、低污染的生产体系,结合产业结构调整,大力推进清洁生产,努力发展生态经济和生态产业,坚持走科技含量高,经济效益好,资源消耗少,环境污染少,人力、资源得到充分利用的生态经济型发展道路。条件允许的地区、行业、企业和园区应着力发展循环经济,通过物质流、能量流和信息流等循环传递、多级利用,在生产过程的企业之间、园区之中、区域之内形成共生互动的循环产业,推动一些有条件的社区、单位建设循环型社会。

(2)大力改善生态环境,建立稳定、和谐和高质量的生态环境体系。围绕生态省创建工作,要加大生态环境整治力度,下决心还清环境污染和生态破坏的旧账;通过环境评价和"三同时"制度,强化环境监管,防止发生新的重大人为生态环境破坏;大力推动生态环境建设,努力实现辖区内天蓝、山青、水碧、稳定和谐的生态系统良性循环。

(3)大力推进生态人居建设,努力建设优美舒适、协调和谐的人居体系。要以人为本,科学规划,在城市社区建设、小城镇建设和村屯建设中努力做到现代理念与传统文化相融合,人居建设与经济基础相适应,人居环境与自然环境相协调,努力实现环境优美和谐、功能齐全和生活方便舒适的生态人居体系。

(4)大力倡导生态文化,建设各具特色的现代文明、环境文化体系。可持续发展是一种科学的发展模式,需要全社会的广泛参与,并依赖于广大人民群众的总体素质和综合素质的提高,要大力传播生态知识,普及现代文明发展理念,弘扬民族优秀文化传统,完善环境保护法律、法规制度,提升环境伦理道德水准和公众环境保护意识,为区域可持续发展夯实社会基础。

生态省建设是一个复杂的、巨大的系统工程和渐进的过程,具有很大的挑战性,其工作任务和建设内涵需要在其创建和发展过程中不断得到充实与完善。

三、生态省的基本条件

生态省要符合以下基本条件:

(1)制定了《生态省建设规划纲要》，并通过省人大审议、颁布实施。

(2)全省80%以上的地、市达到生态市(地)建设标准。

(3)全省、县级(含县级)以上政府(包括各类经济开发区)有独立的环境保护机构，并作为一级行政单位，乡、镇有专职的环境保护工作人员。环境保护工作纳入市(含地级行政区)党委、政府领导班子实绩考核内容，并建立相应的考核机制。

(4)国家有关环境保护法律、法规、制度及地方颁布的各项环境保护规定、制度得到有效的贯彻执行。

(5)污染防治和生态保护与建设卓有成效，三年内无重大环境污染和生态破坏事件。

四、生态省建设指标

生态省建设的指标体系主要是为了准确衡量省级行政区域可持续发展的水平及其目标的实现程度。生态省建设指标包括经济发展、环境保护和社会进步三类，共22项见表11-1。

表11-1 生态省建设的指标体系

类别	序号	名称		单位	指标	备注
经济发展	1	人均国内生产总值	东中部地区 西部地区	元/人	≥33 000 ≥25 000	
	2	年人均财政收入	东中部地区 西部地区	元/人	≥5 000 ≥3 800	
	3	农民年人均纯收入	东中部地区 西部地区	元/人	≥11 000 ≥8 000	
	4	城镇居民年人均可支配收入	东中部地区 西部地区	元/人	≥24 000 ≥18 000	
	5	环保产业比重		%	≥10	
	6	第三产业占GDP比重		%	≥40	
环境保护	7	森林覆盖率	山区 丘陵区 平原地区	%	≥65 ≥35 ≥12	
	8	受保护地区占国土面积比例		%	≥15	
	9	退化土地恢复率		%	≥90	
	10	物种多样性指数 珍稀濒危物种保护率		 %	≥0.9 100	
	11	主要河流年水消耗量	省内河流 跨省河流		<40% 不超过国家分配的水资源量	
	12	地下水超采率		%	0	
	13	主要污染物排放强度	二氧化硫 COD	kg/万元GDP	<6.0 <5.5	不超过国家主要污染物排放总量控制指标

续表 11-1

类别	序号	名称	单位	指标	备注
环境保护	14	降水 pH 值年均值 酸雨频率	pH %	≥5.0 <30	
	15	空气环境质量		达到功能区标准	
	16	水环境质量 近岸海域水环境质量			
	17	旅游区环境达标率	%	100	
社会进步	18	人口自然增长率	‰	符合国家或当地政策	
	19	城市化水平	%	≥50	
	20	恩格尔系数	%	<40	
	21	基尼系数		0.3～0.4	
	22	环境保护宣传教育普及率	%	≥90	

第三节 生态市建设

一、生态市的概念和内涵

生态市(含地级行政区，Ecological City)是社会经济和生态环境协调发展，各个领域基本符合可持续发展要求的地、市级行政区域。生态市是地、市规模生态示范区建设的最终目标。

生态市的主要标志是：生态环境良好并不断趋向更高水平的平衡，环境污染基本消除，自然资源得到有效保护和合理利用；稳定可靠的生态安全保障体系基本形成；环境保护法律、法规、制度得到有效的贯彻执行；以循环经济为特色的社会经济加速发展；人与自然和谐共处，生态文化有长足发展；城市、乡村环境整洁优美，人民生活水平全面提高。

生态市建设是以生态经济学、系统工程学为理论基础，通过改变生产方式、消费行为和决策手段，实现在市级行政区域生态系统承载能力范围内可持续的、健康的人类生态过程。体制整合、科技孵化、企业投资、公众参与和政府引导是生态市发展的基本方法，清洁生产和生态产业是生态市建设的关键。

二、生态市建设的目标

生态市建设是在城市生态系统承载能力的范围内，运用生态经济学原理和系统工程方法，通过生态规划、生态工程与生态管理，将单一的自然系统、经济系统和社会系统整合成一个稳定、协调、健康的生态经济系统，运用生态学的竞争、共生、再生和自生原理调节城市生态系统的主导性与多样性、开放性与自主性、灵活性与稳定性，以及发展的力度和稳定度，把环境保护、资源开发与生态产业、生态文化的发展有机地结合起来，努力实现人与自然的和谐共生。

生态城市建设的目标是在遵循生态规律和经济规律的基础上,不断改变生产和消费方式、决策和管理方法,努力建设经济发达、生态高效的产业,体制合理、社会和谐的文化,以及生态优良、景观宜人的环境,努力实现经济发展与环境保护、物质文明与精神文明、自然生态与人工环境的高度统一和持续发展。具体表现为:

(1)促进传统的资源型、外延型、粗放型的工业经济和农业经济向高效持续的知识型、集约型、内涵型的生态经济的转变,突破"先污染后治理,先破坏后恢复"的传统经济发展模式,通过科学管理和科技创新,利用优美的生态环境,孵化一批经济高效、环境和谐、社会适用的生态产业作为龙头,逐渐形成生态产业体系。

(2)促进城乡区域生态环境从传统的循环模式向可持续的绿化、净化、美化转变,保护生物多样性,保持生命支持系统的完整性,努力培育环境优美的生态景观,建设人与自然和谐共生的文明、舒适和健康的生态社区。

(3)促进城乡居民传统的生产、生活方式及价值观念向环境和谐、资源高效、系统协调、社会融洽的生态文化转变,通过融传统文化与现代科技为一体的生态文明建设,以生态合理性为准则,鼓励有利于资源保护和生态建设的思想观念及社会经济活动,摒弃破坏资源和生态环境的各种观念和行为,努力培育高素质的生态建设者。

生态市建设,本质上是生态环境建设、生态产业建设和生态文化建设的有机统一,三者互相交织、互相渗透、互相依存、互为条件,共同服从和服务于城市的可持续发展。

三、生态市的基本条件

(1)制订了《生态市建设规划》,并通过市人大审议、颁布实施。

(2)全市80%以上的县达到生态县建设指标,中心城市通过国家环保模范城市考核验收并获命名。

(3)全市县级(含县级)以上政府(包括各类经济开发区)有独立的环境保护机构,并作为一级行政单位,乡、镇有专职的环境保护工作人员。环境保护工作纳入县(含县级市)党委、政府领导班子实绩考核内容,并建立相应的考核机制。

(4)国家有关环境保护法律、法规、制度及地方颁布的各项环保规定、制度得到有效的贯彻执行。

(5)污染防治和生态保护与建设卓有成效,三年内无重大环境污染和生态破坏事件,外来物种对生态环境未造成明显影响。

(6)资源(特别是水资源)利用科学、合理,未对区域(或流域)内其他区域社会、经济的发展产生重大生态环境影响。

四、生态市建设指标

生态市建设指标包括经济发展、环境保护和社会进步三类,共28项见表11-2。

表 11-2 生态市建设指标

类别	序号	名称		单位	指标	备注
经济发展	1	人均国内生产总值	经济发达地区 经济欠发达地区	元/人	≥33 000 ≥25 000	
	2	年人均财政收入	经济发达地区 经济欠发达地区	元/人	≥5 000 ≥3 800	
	3	农民年人均纯收入	经济发达地区 经济欠发达地区	元/人	≥8 000 ≥6 000	
	4	城镇居民年人均可支配收入	经济发达地区 经济欠发达地区	元/人	≥16 000 ≥14 000	
	5	第三产业占 GDP 比例		%	≥45	
	6	单位 GDP 能耗		t 标煤/万元	≤1.4	
	7	单位 GDP 水耗		m³/万元	≤150	
	8	应当实施清洁生产企业的比例 规模化企业通过 ISO14000 认证比率		%	100 ≥20	
环境保护	9	森林覆盖率	山区 丘陵区 平原地区	%	≥70 ≥40 ≥15	
	10	受保护地区占国土面积比例		%	≥17	
	11	退化土地恢复率		%	≥90	
	12	城市空气质量	南方地区 北方地区	d/a	≥330 ≥280	好于或等于 2 级标准的天数
	13	城市水功能区水质达标率 近岸海域水环境质量达标率		%	100	且城市无超 4 类水体
	14	主要污染物排放强度	二氧化硫 COD	kg/万元 GDP	<5.0 <5.0	不超过国家主要污染物排放总量控制指标
	15	集中式饮用水源水质达标率 城镇生活污水集中处理率 工业用水重复率		%	100 ≥70 ≥50	
	16	噪声达标区覆盖率		%	≥95	
	17	城镇生活垃圾无害化处理率 工业固体废物处置利用率		%	100 ≥80	无危险废物排放
	18	城镇人均公共绿地面积		m²/人	≥11	
	19	旅游区环境达标率		%	100	
社会进步	20	城市生命线系统完好率		%	≥80	
	21	城市化水平		%	≥55	
	22	城市燃气普及率		%	≥92	
	23	采暖地区集中供热普及率		%	≥65	
	24	恩格尔系数		%	<40	
	25	基尼系数			0.3~0.4	
	26	高等教育入学率		%	≥30	
	27	环境保护宣传教育普及率		%	>85	
	28	公众对环境的满意率		%	>90	

第四节 生态县建设

一、生态县的概念

生态县(含县级市,Ecological County)是社会、经济和生态环境协调发展,各个领域基本符合可持续发展要求的县级行政区域。生态县是县级规模生态示范区建设发展的最终目标,是生态省和生态市建设的基础和重要组成部分。

生态县建设在中国区域生态建设中具有重要的地位。首先,县域经济是中国经济发展中最具活力的增长点,在国民经济和社会发展的全局中处于重要的战略地位;其次,县是城市经济与农村经济的结合部,在中国政治生活和整个国民经济中占有重要的地位;最后,区域生态建设要求区域具有一定的规模。因为区域面积过于狭小,环境保护再好也不可能形成良性循环的生态系统。

二、生态县的基本条件

(1)制订了《生态县建设规划》,并通过县人大审议、颁布实施。

(2)全县80%的乡镇达到环境优美乡镇考核标准;或通过考核验收,达到国家级生态示范区建设标准。

(3)有独立的环境保护机构,并作为一级行政单位,乡、镇有专职的环境保护工作人员。环境保护工作纳入乡镇党委、政府领导班子实绩考核内容,并建立相应的考核机制。

(4)国家有关环境保护法律、法规、制度及地方颁布的各项环保规定、制度得到有效的贯彻执行。

(5)污染防治与农村环境综合整治、生态保护与建设卓有成效。三年内无重大环境污染和生态破坏事件,外来物种对生态环境未造成明显影响。

(6)资源(特别是水资源)利用科学、合理,未对区域(或流域)内其他县域社会、经济的发展产生重大生态环境影响。

三、生态县建设指标

生态县建设指标包括经济发展、环境保护和社会进步三类,共36项见表11-3。

表 11-3 生态县建设指标

类别	序号	名称		单位	指标	备注
经济发展	1	人均国内生产总值	经济发达地区 经济欠发达地区	元/人	≥33 000 ≥25 000	
	2	年人均财政收入	经济发达地区 经济欠发达地区	元/人	≥5 000 ≥3 800	
	3	农民年人均纯收入	经济发达地区 经济欠发达地区	元/人	≥6 000 ≥4 500	
	4	城镇居民年人均可支配收入	经济发达地区 经济欠发达地区	元/人	≥14 000 ≥12 000	
	5	单位 GDP 能耗		t 标煤/万元	≤1.2	
	6	单位 GDP 水耗		m³/万元	≤150	
	7	主要农产品中有机产品及绿色产品的比重		%	≥20	
	8	森林覆盖率	山区 丘陵区 平原地区	%	≥75 ≥45 ≥18	
	9	受保护地区占国土面积比例	山区及丘陵区 平原地区	%	≥20 ≥15	
	10	退化土地恢复率		%	≥90	
	11	空气环境质量			达到功能区标准	
	12	水环境质量 近岸海域水环境质量				
	13	噪声环境质量				
	14	化学需氧量(COD)排放强度		kg/万元 GDP	<4.5 且不超过国家总量控制指标	
	15	城镇生活污水集中处理率 工业用水重复率		%	≥60 ≥40	
	16	城镇生活垃圾无害化处理率 工业固体废物处置利用率		%	100 ≥80	无危险废物排放
	17	城镇人均公共绿地面积		m²/人	≥12	
	18	旅游区环境达标率		%	100	
	19	农村生活用能中新能源所占比例		%	≥30	
	20	秸秆综合利用率		%	100	
	21	规模化畜禽养殖场粪便综合利用率		%	≥90	
	22	农用塑料薄膜回收率		%	≥90	
	23	农林病虫害综合防治率		%	≥80	
	24	化肥施用强度(折纯)		kg/hm²	<250	
	25	集中式饮用水源水质达标率 村镇饮用水卫生合格率		%	100	
	26	农村卫生厕所普及率		%	100	
	27	农村污灌达标率		%	100	
	28	农业生产系统抗灾能力(受灾损失率)		%	<10	

续表 11-3

类别	序号	名称		单位	指标	备注
社会进步	29	人口自然增长率		‰		符合国家或当地政策
	30	初中教育普及率		%	≥99	
	31	城市化水平		%	≥50	
	32	恩格尔系数		%	<40	
	33	贫困人口比例	经济发达地区	%	<0.2	
			经济欠发达地区		<3	
	34	基尼系数			0.3~0.4	
	35	环境保护宣传教育普及率		%	≥85	
	36	公众对环境的满意率		%	≥95	

四、环境优美乡镇建设基本条件和考核指标

为进一步落实《全国生态环境保护纲要》，全面实施《国家环境保护"十五"计划》，促进小城镇环境建设，推动农村环境保护工作，国家环境保护总局于2002年在全国组织开展了环境优美乡镇（Environmental Elegant Town）创建活动。全国环境优美乡镇创建活动是在各地自发组织、不断深化的基础上进行的一项全国性创建工作，是推动农村环境保护工作，实现经济发展与环境保护"双赢"的重大措施和重要载体，也是促进小城镇环境建设，提升其生态文明水平的重要组织形式。

1. 环境优美乡镇的基本条件

（1）领导重视，组织落实，配备专门的环境保护机构或专职环境保护工作人员，建立相应的工作制度。

（2）按照《小城镇环境规划编制导则》，编制或修订乡镇环境规划，并认真实施。

（3）认真贯彻执行环境保护政策和法律法规，乡镇辖区内无滥垦、滥伐、滥采、滥挖现象，无捕杀、销售和食用珍稀野生动物现象，近3年内未发生重大污染事故或重大生态破坏事件。

（4）城镇布局合理，管理有序，街道整洁，环境优美，城镇建设与周围环境协调。

（5）镇郊及村庄环境整洁，无脏乱差现象。"白色污染"基本得到控制。

（6）乡镇环境保护社会氛围浓厚，群众对环境状况满意。

2. 环境优美乡镇指标体系

环境优美乡镇的考核指标分社会经济发展、城镇建成区环境和乡镇辖区生态环境三类，共26项见表11-4。

表 11-4　环境优美乡镇考核指标

类别	序号	指标名称及单位		指标值		
				东部	中部	西部
社会经济发展	1	农民人均纯收入(元/年)		≥4 500	≥3 000	≥2 200
	2	城镇居民人均可支配收入(元/年)		≥8 000	≥6 500	≥5 000
	3	公共设施完善程度		完善		
	4	城镇建成区自来水普及率(%)		≥98		
	5	农村生活饮用水卫生合格率(%)		≥90		
	6	城镇卫生厕所建设与管理		达到国家卫生镇有关标准		
城镇建成区环境	7	地表水环境质量		达到环境规划要求		
	8	近岸海域海水水质(只考核沿海乡镇)		达到环境规划要求		
	9	空气环境质量		达到环境规划要求		
	10	噪声环境质量		达到环境规划要求		
	11	重点工业污染源排放达标率(%)		100		
	12	生活垃圾无害化处理率(%)		≥90		
	13	生活污水集中处理率(%)		≥70		
	14	人均公共绿地面积(m^2/人)		≥11		
	15	主要道路绿化普及率(%)		≥95		
	16	清洁能源普及率(%)		≥60		
	17	集中供热率(%,只考核北方城镇)		≥50		
乡镇辖区生态环境	18	森林覆盖率(%)	山区地区	≥70		
			丘陵地区	≥40		
			平原地区	≥10		
	19	农田林网化率(%,只考核平原地区)	南方	≥70		
			北方	≥85		
	20	草原载畜量(亩/羊,只考核草地区)		符合国家不同类型草地相关标准		
	21	水土流失治理度(%)		≥70		
	22	农用化肥施用强度(kg/hm^2,折纯)		≤280		
	23	主要农产品农药残留合格率(%)		≥85		
	24	规模化畜禽养殖场粪便综合利用率(%)		≥90		
	25	规模化畜禽养殖场污水排放达标率(%)		≥75		
	26	农作物秸秆综合利用率(%)		≥95		

第五节　生态社区和生态住宅建设

一、生态基区理论

1. 生态基区的概念

生态基区(Ecological Footprint,也译为生态足迹)理论是加拿大威廉·里斯教授及其同事于 20 世纪 90 年代初提出的用于评价区域可持续发展程度的一种新方法。生态基区通常是指为了维持某一地区人口现有生活水平所需要的一定面积的生物生产性土地(Biologically Productive Land)。生态基区理论的所有指标都是基于生物生产性土地这一概念而定义的。根据生产力大小的差异,地球表面的生物生产性土地可分为 6 大类:化石能源用地、耕地、牧草地、林地、建筑用地和水域。通过生态基区的计算,可以非常清楚地知道某一地区、某一城市乃至某一国家的人们,为了维持目前的生活水平所需要的生物生产性土地的面积。生态基区理论是一种非常有效而直观的理论,为人们提供了一个新的思考问题的视角和方式,从而使人们对目前的生态环境问题和可持续发展有更深刻和更全面的认识。

生态基区是传统生态承载力(Ecological Carrying Capacity)概念的发展。当一个地区的生态承载力减去生态基区的差为负数时,即产生生态赤字;当差为正数时,即产生生态盈余。生态赤字表明该地区的人类负荷超过了其生态容量,要满足其人口在现有生活水平下的消费需求,该地区要么从地区之外进口所欠缺的资源,以平衡生态基区,要么通过消耗自身的自然资本来弥补供给流量的不足。这两种情况均反映出该地区发展模式处于相对不可持续发展状态,其程度可用生态赤字来衡量。相反,生态盈余表明该地区生态容量足以支持该区域人类负荷,该地区的发展模式具有相对可持续性,可持续发展程度可用生态盈余来衡量。

2. 生态基区的计算

生态基区是人口总数和人均物质与能源消费的函数,是每种商品的生物生产性土地面积的总和,其计算公式如下:

$$EF = N \times ef$$

$$ef = \sum_{i=1}^{n}(aa_i) = \sum_{i=1}^{n}(c_i/p_i)$$

式中 EF 为总的生态基区;N 为人口总数;ef 为人均生态基区;i 为所消费的商品与投入的类型;aa_i 为人均 i 种交易商品折算的生物生产性土地面积;p_i 为 i 种消费商品的平均生产能力;c_i 为 i 种商品的人均消费量。

(1)各种消费项目的人均生态基区。每种消费项目的人均生态基区计算公式如下:

$$A_i = C_i/Y_i = (P_i + I_i - E_i)/(Y_i \times N)$$

式中 i 为所消费的商品与投入的类型;A_i 为第 i 种消费项目折算的人均占有的生物生产性土地面积(hm^2/人);C_i 为第 i 种消费项目的人均消费量(kg/人);Y_i 为生物生产性土地生产第 i 种消费项目的世界年均产量(kg/hm^2);P_i 为第 i 种消费项目的年生产量(kg);I_i 为第 i 种消费项目的年进口量(kg);E_i 为第 i 种消费项目的年出口量(kg);N 为人口总数。

(2)人均生态基区的计算。人均生态基区为:

$$ef = \sum r_i A_i = \sum r_i(P_i + I_i - E_i)/(Y_i \times N)$$

式中 r_i 为第 i 种消费项目的人均生态基区的均衡系数,也称权重。

(3)生态承载力的计算。不同国家或地区的同类生物生产性土地的实际面积无法进行直接对比。将某个国家或地区的某类生物生产性土地的平均生产力与世界同类生物生产性土地的平均生产力的比率称为该国家或地区的产量系数。将现有生物生产性土地面积乘以相应的均衡系数和当地的产量系数,就可以得到世界平均生态空间面积——生态承载力。

人均生态承载力为:

$$ec = a_i \times r_i \times y_i$$

式中 ec 为人均生态承载力(hm^2/人);a_i 为人均生物生产性土地面积(hm^2/人);y_i 为产量系数。

3. 世界主要国家的人均生态基区

决定生态基区大小的关键因素是生活模式和消费模式。在发达国家,由于普遍奉行"高收入、高消费"的生活方式,其人均生态基区面积数倍乃至数十倍于发展中国家。

表 11-5 列出了基于 2001 年数据计算的世界主要国家的人均生态基区、生态承载力及生态赤字或生态盈余的数据。美国是世界上人均生态基区最高的国家,也是生态赤字最大的国家。澳大利亚的人均生态基区仅次于美国,但澳大利亚是世界上人均生态承载力最高的国家,其生态盈余最大。

表 11-5 世界主要国家的生态基区和生态承载力

国家	人口(百万)	人均生态基区(hm^2/人)	生态承载力(hm^2/人)	生态赤字(-)或生态盈余(+)(hm^2/人)
全球	6 148	2.2	1.8	-0.4
阿根廷	38	2.6	6.7	4.2
澳大利亚	19	7.7	19.2	11.5
巴西	174	2.2	10.2	8.0
加拿大	31	6.4	14.4	8.0
中国	1 293	1.5	0.8	-0.8
埃及	69	1.5	0.5	-1.0
法国	60	5.8	3.1	-2.8
德国	82	4.8	1.9	-2.9
印度	1 033	0.8	0.4	-0.4
印度尼西亚	214	1.2	1.0	-0.2
意大利	58	3.8	1.1	-2.7
日本	127	4.3	0.8	-3.6
韩国	47	3.4	0.6	-2.8
墨西哥	101	2.5	1.7	-0.8
荷兰	16	4.7	0.8	-4.0

续表 11-5

国家	人口(百万)	人均生态基区 (hm²/人)	生态承载力 (hm²/人)	生态赤字(−)或生态盈余(+) (hm²/人)
巴基斯坦	146	0.7	0.4	−0.3
菲律宾	77	1.2	0.6	−0.6
俄罗斯	145	4.4	6.9	2.6
瑞典	9	7.0	9.8	2.7
泰国	62	1.6	1.0	−0.6
英国	59	5.4	1.5	−3.9
美国	288	9.5	4.9	−4.7
小计	4 148	2.4	1.9	−0.5

注：资料来源于世界自然基金会(WWF)，生命行星报告，2004。

二、生态社区建设

社会学中的社区(Community)概念强调两个前提条件：(1)地域性，它具有一定的空间上的限定条件，这是社区概念的自然因素；(2)社会群体性，这是社区概念的社会因素。从心理学角度看，社区是相互之间形成了共同利害关系的一群人。社区概念的外延相当广泛，生态社区中的"社区"是社区概念的狭义理解，也称为住区或居住性社区，是按照生活的范围来确定的社区。社区内的群体通过共同的社会生活联系起来，使得群体内部的许多活动(如衣食住行、安全保障、环境维护等)都具有共同相关的利害关系。

从生态基区理论出发，生态社区(Ecological Community)是人均生态基区面积尽量少的居住社区。生态社区有时也被称为绿色社区(Green Community)和可持续发展社区(Sustainable Developmental Community)，其具体内涵又可从广义和狭义两个方面来分析。

1. 广义的生态社区概念

社区既是人口的聚居地，又是一个人工生态系统。社区每天都需要不断地从其他地方摄入大量物质和能量，同时也不断地向自然界释放大量废弃物。通过这种物质和能量的传递，社区内人口的生活水平和质量才得以维持。因此，几乎每个社区都需要拥有比其实际占地面积大得多的生态基区。按照生态基区理论，生态社区是指在保证社区各项功能正常运行和维持社区内居民较好生活质量的前提下，尽量减少人均生态基区面积的居住社区。广义理解的生态社区，不仅涉及规划、设计和建设问题，也涉及居民的生活方式和消费行为等社会问题。

2. 狭义的生态社区概念

狭义的生态社区概念是从规划、设计和施工的角度出发来理解的，即在社区的建设中，通过规划、设计和施工等方面的共同努力，尽量减少对自然的伤害，减少对环境的破坏,减少建设过程中的生态基区面积。一般而言,生态社区应该达到节能、节地、节约资源、节省材料、太阳能运用、无害化、减少废弃物、注重材料及能量和资源的重复运用以及循环利用等要求。

生态社区建设的目的,就是把可持续发展思想和生态学原理运用于居住社区的设计和规划之中,尽量减少对大自然的破坏,达到人与自然的和谐共生。

3. 生态社区建设的内涵

生态社区是建立在现代物质文明和精神文明基础上的、人、自然、社会、经济和谐发展的、功能完备、环境优美的复合系统。生态社区是生态建设的微观层次,是将可持续发展思想进一步延伸和扩展至社区、企业、家庭、个人的重要环节。生态社区要不断追求和实现人居生态化、环境生态化、社会生态化以及经济生态化。

(1) 人居生态化。生态社区追求居住环境的合理性、居住性、舒适性、安全性,强调对人居环境进行区域生态规划和布局,提倡在人类住区建设中广泛采用绿色建筑技术,其核心是人、资源和环境的协调问题。

(2) 环境生态化。生态社区追求人类社会和自然环境之间关系的高度和谐,人类生产活动和周围环境之间的物质和能量交换形成良性循环、各种废弃物被严格控制在环境允许的承载力以内,不对生态平衡的自然环境和居民的身体健康产生不良影响。

(3) 社会生态化。生态社区中的居民要有自觉的生态意识和环境价值观,生活质量、人口素质及健康水平与社会进步、经济发展相适应,有一个保障人人平等、自由、教育、人权和免受暴力的社会环境。政府行动与公众参与是促进社会生态化的重要保证。

(4) 经济生态化。生态社区中的经济活动要符合生态规律要求,使经济活动所引发的人与自然之间物质代谢及其产物,逐步比较均衡、和谐、顺畅与平稳地融入自然生态系统自身的物质循环过程,实现工业文明向生态文明的过渡,推广并建立与环境协调的技术体系,建立及时准确收集与处理有关环境及发展信息的动态监测和预测、预警体系,建立能引导人与自然和谐相处的行为规范体系以及民主化、科学化的环境与发展综合决策体系。

4. 生态社区的创建

(1) 开展绿色教育。绿色教育(Green Education)又称环境教育(Environmental Education),是提高全民族思想道德素质和科学文化素质以及环境意识的基本手段之一。在社区中开展绿色教育的目的和任务是使居民正确认识环境及环境问题,建立良好的环境意识,养成文明的环境行为习惯,从而投身于防治环境污染、改善生态环境的行列。绿色教育的另一个目的和任务是培养并造就消除环境污染及防治生态破坏、改善和创造高质量的生产和生活环境所需的各种专业人才,培养和造就具有环境保护与可持续发展综合决策及管理能力的各层次管理人才。

(2) 创建绿色家庭。绿色家庭(Green Family)是积极参与社区环境保护活动、带头实施绿色生活方式的家庭。绿色家庭的建设包括硬件设施和软件建设两个方面:硬件包括生态(绿色)住宅、绿色居室、生活环境绿化、垃圾减量和垃圾分类、节水和中水利用、节能和使用新能源等设施;软件建设要求家庭成员有较强的环境意识,能够自觉保护周围环境、抵制污染,自觉节水、节电,积极进行废物回收和垃圾分类,不使用浪费资源的一次性用品,自觉抵制使用对环境造成污染的生活用品,家庭成员关系和谐,邻里和睦等。

(3) 建设生态住宅。生态住宅(Ecological Residence),也称绿色住宅(Green Residence),是根据当地的自然环境,运用生态学和建筑学的基本原理及现代科学手段,合理安排并组织住宅建筑与其他相关因素之间的关系,使住宅和周边环境成为一个有机的结合体。生态住宅以可持续发展思想为指导,追求人与自然、建筑的和谐统一。

(4) 倡导绿色消费。绿色消费(Green Consumption)是一种对环境不构成破坏或威胁的可持续消费方式。提倡绿色消费,就是要通过制定有力的消费政策和宣传引导措施,使更多的消费者增强消费安全和环境保护意识,树立消费绿色商品的时尚,促进绿色商品消费数量的增长和产品结构的优化,确立科学的、有益人体健康和环境保护的消费模式。

(5) 推行绿色服务。绿色服务(Green Service),是指服务行为的实施对环境不构成威胁和破坏,服务手段在生态环境的承受范围之内;服务的主体是由绿色文化、绿色体育、绿色交通、绿色餐饮、绿色住宅、绿色商业、绿色社区、绿色机关等构成的综合服务体系;绿色服务体系按照先进的绿色环境保护理念造就先进的绿色服务环境。倡导绿色消费离不开绿色服务体系的建立。建立健全绿色服务的长效机制,要求建立绿色服务推广机构、制定绿色服务创建标准和加强绿色服务监督管理。

(6) 建立绿色企业。绿色企业(Green Enterprise)按照生态学和生态经济学原理,建立生态型生产经营管理体系,实行清洁生产,发展无毒、无害生产工艺和综合利用技术,组织生态化的物质生产过程或服务过程,使整个企业技术工艺过程和经营管理过程生态化。绿色企业创建的关键是实行循环经济。

(7) 构建和谐社会。要把生态社区的建设和发展纳入构建和谐社会(Harmonious Society)的战略之中,协调好经济发展与社会发展的关系,协调好人类发展与生态环境的关系,协调好公众参与与政府主动的关系,协调好条条发展与块块发展的关系,协调好全局发展和区域发展的关系,促进社区人与自然之间的和谐、人与人之间的和谐。

5. 生态社区的基本条件和建设指标体系

生态社区的基本条件和建设指标体系，目前尚无一致的理解。北京市朝阳区根据"绿色奥运，生态北京"的理念，在香河园生态社区建设实践中提出了生态型品牌社区的基本条件和建设指标体系。基本条件包括：

(1) 制订了生态型社区建设的规划目标，并开始分步实施。

(2) 国家有关环境保护法律、法规、制度及地方颁布的各项环境保护规定、制度得到有效的贯彻执行。

(3) 污染防治和生态保护与建设卓有成效，三年内无重大环境污染和生态破坏事件。

(4) 资源(特别是水资源)利用科学、合理，未对区域或流域内其他市域社会、经济的发展产生重大生态环境影响。

香河园生态型社区建设指标体系包括人居、环境、社会和经济方面的4个一级指标，一级指标下设立12个二级指标，二级指标下再分36项三级指标见表11-6。

表11-6 香河园生态型社区建设指标体系

一级指标	二级指标	三级指标	标准分值		
			1	2	3
人居生态化	居住品质	人均居住面积	16~25m²	25~35m²	35m² 以上
		住房成套率	80%以下	80%~90%	90%以上
		居住质量综合指数	80%以下	80%~90%	90%以上
	配套设施	环境、卫生设施健全度	80%以下	80%~90%	90%以上
		教育、体育设施健全度	80%以下	80%~90%	90%以上
		生活服务设施健全度	80%以下	80%~90%	90%以上
	物业管理	专业管理覆盖率	80%以下	80%~95%	95%以上
		服务质量达标率	80%以下	80%~95%	95%以上
		社区居民满意度	80%以下	80%~95%	95%以上
环境生态化	社区绿化	社区绿化覆盖率	45%以下	45%~65%	65%以上
		人均公共绿地	1m² 以下	1~2m²	2m² 以上
		公众对环境的满意度	80%以下	80%~90%	90%以上
	污染防治	垃圾无害化处理率	80%以下	80%~90%	90%以上
		主要污染物排放达标率	80%以下	80%~90%	90%以上
		噪声达标区覆盖率	80%以下	80%~90%	90%以上
	环境教育	基础教育普及率	80%以下	80%~90%	90%以上
		环境保护活动参与率	80%以下	80%~90%	90%以上
		环境保护知识认知率	80%以下	80%~90%	90%以上

续表 11-6

一级指标	二级指标	三级指标	标准分值		
			1	2	3
社会生态化	安全稳定	安全事故发生率			
		治安案件发生率	0.05%以上	0.02%~0.05%	0.02%以下
		居民安全感指数	0.8%以下	0.8%~0.9%	0.9%以上
	人际关系	基尼系数	>0.4	0.3~0.4	<0.3
		贫困人数比例	>3.6%	1%~3.6%	<1%
		社区关系和谐度	80%以下	80%~90%	90%以上
	公共服务	公共服务投入指数			
		公共服务机构健全度	80%以下	80%~90%	90%以上
		公众对服务的满意度	80%以下	80%~90%	90%以上
经济生态化	经济结构	第三产业比例	55%以下	55%~65%	65%以上
		社区充分就业率	80%以下	80%~90%	90%以上
	发展模式	绿色商品消费指数			
		企业 ISO14000 认证通过率	80%以下	80%~90%	90%以上
		行业环保标准达标率	80%以下	80%~90%	90%以上
		应当实施清洁生产的比例	80%以下	80%~90%	90%以上
	发展水平	人文发展指数	0.5~0.7	0.7~0.726	0.726以上
		单位 GDP 水耗(m³/万元)	>150	≤150	≤120
		单位 GDP 能耗(t标准煤/万元)	>1.4	≤1.4	≤1.2

注：指标评价得分在 91~108 分之间为五星级生态社区，81~90 分之间为四星级生态社区，71~80 分之间为三星级生态社区，51~70 分之间为二星级生态社区，30~50 分之间为一星级生态社区。

三、生态住宅建设

1. 生态住宅的概念和内涵

随着可持续发展观念逐渐深入人心，很多国家的政府都在大力提倡发展生态住宅。发达国家早在 20 世纪 80 年代就开始探索实现住宅/建筑可持续发展的道路。中国政府 1994 年发布的《中国 21 世纪议程——人口、环境与发展白皮书》提出，人类住区发展的目标是促进其可持续发展，并动员全体民众参加，建成规划布局合理，环境清洁、优美、安静，居住条件舒适的人类住区。

所谓生态住宅，是根据当地自然环境，运用生态学、建筑学的基本原理及现代科学手段，合理安排和实施住宅建筑与其他相关因素之间的关系，使住宅和环境等成为一个有机的结合体。生态住宅不仅要满足居住者安全性、耐久性、舒适性的需求，而且更注重营造健康、卫生、和谐、文明的居住环境与人文环境。生态住宅寻求自然、建筑和人三者之间的和谐统一。

生态住宅是以高新技术为先导，以可持续发展为战略，体现节约资源、减少污染，创造健康、舒适的居住环境，以及与周边生态环境相融共生的原则。目前，新能源、新材料、生物工程等高新技术在生态住宅建设中占有重要地位；与此同时，因地制宜地采用地方性材料和技术,以降低生态住宅建设成本也日益受到重视。

2.生态住宅小区的建设设计指标

生态住宅是中国住宅产业发展的长远目标,也是生态社区建设中人居生态化建设的重要内容。为了更好地引导生态住宅建设,促进生态住宅小区(也称为生态住区,Ecological Residential Community)的发展,中华全国工商业联合会住宅产业商会发布了关于生态住宅建设的行业技术标准——《中国生态住宅技术评估手册》。该手册从住区环境规划设计、能源与环境、室内环境质量、住区水环境和材料与资源五个方面提出了生态住宅的评估标准。

中国建设部也颁布了《绿色生态住宅小区建设要点与技术导则》。导则实施的总体目标是:以科技为先导,以推进住宅生态环境建设及提高住宅产业化水平为总体目标,以住宅小区为载体,全面提高住宅小区节能、节水、节地、治污总体水平,带动相关产业发展,实现社会、经济、环境效益的统一。导则从生态住宅小区基础设施建设的能源、水环境、气环境、声环境、光环境、热环境、绿化、废弃物管理与处置和绿色建筑材料九个方面提出了相应的建议设计指标见表11-7。

表11-7 绿色生态住宅小区各系统建议设计指标

序号	九大系统	指标内容	生态小区指标
1	能源系统	(1)新能源、绿色能源(如太阳能、风能、地热能、废热资源等)的使用量达到小区总能耗的比例	10%
		(2)建筑节能达到(北方采暖地区)的比例	50%
		(3)其他节能措施节能达到的比例	5%
2	水环境系统	(1)管道直饮水覆盖率	自选
		(2)污水处理达标排放率	100%
		(3)水回用达到整个小区用水量的比例	30%
		(4)建立雨水收集与利用系统	√
		(5)小区绿化、景观、洗车、道路喷洒、公共卫生等用水使用中水或雨水	√
		(6)节水器具使用率应达到的比例	100%
3	气环境系统	(1)小区内空气环境质量标准	二级
		(2)小区内限制使用对臭氧层产生破坏作用的CFC-11类产品	√
		(3)住宅中有自然通风房间所占的比例	80%
4	声环境系统	(1)小区声环境:白天 夜间	≤45dB ≤40dB
		(2)小区室内环境:白天 夜间	≤35dB ≤30dB

续表 11-7

序号	九大系统	指标内容	生态小区指标
5	光环境系统	(1)小区光环境:道路照明 　　　　　住宅日照:执行规范	15～20lx GB50180—93
		(2)小区室内光环境: 　自然采光房间数的比例 　无光污染房间数的比例 　节能灯具使用率	80% 100% 100%
6	热环境系统	(1)绿色能源作为冷热源比例	10%
		(2)推广使用采暖、空调、生活热水三联供热的环境技术	√
7	绿化系统	(1)小区的绿化应与居住区的规划同步进行,有良好的生态及环境功能	√
		(2)小区绿地率 　绿地本身的绿化率	≥35% ≥70%
		(3)硬质景观中自然材料占工程量的比例	20%
		(4)种植保存率(存活率) 　优良率	≥98% ≥90%
		(5)雨水应储蓄并加以利用,雨水储蓄率	√
		(6)垂直绿化面积达到绿化总面积的比例	20%
		(7)植物配置的丰实度: 　乔木量:株/(100m²)绿地 　立体或复层种植群落占绿地面积的比例 　植物种类: 　　三北地区木本植物种类 　　华中、华东地区木本植物种类 　　华南、西南地区木本植物种类	3 ≥20% ≥40种 ≥50种 ≥60种
8	废弃物管理与处置系统	(1)生活垃圾收集率 　分类率	100% 70%
		(2)生活垃圾收运密闭率	100%
		(3)生活垃圾处理与处置率	100%
		(4)生活垃圾回收利用率	50%
9	绿色建筑材料系统	(1)墙体材料中3R材料的使用量应占所有材料的比例	30%
		(2)小区建设中不得使用对人体健康有害的建筑材料或产品	√
		(3)建筑物拆除时,所有材料的总回收率达到的比例	50%

注:带"√"表示生态住宅小区建设中应满足该项的要求。

思考题

1. 什么是区域生态系统?
2. 什么是区域生态建设?区域生态建设的指导思想和基本原则是什么?
3. 区域生态建设的主要内容有哪些?

4. 什么是生态省？生态省的基本条件有哪些？生态省建设的指标包括哪些？
5. 生态省建设的主要任务有哪些？生态省建设的具体内涵是什么？
6. 什么是生态市？生态市的基本条件有哪些？生态市建设的指标包括哪些？
7. 生态市建设的主要任务有哪些？
8. 什么是生态县？生态县的基本条件有哪些？生态县建设的指标包括哪些？
9. 环境优美乡镇的基本条件有哪些？环境优美乡镇建设的指标包括哪些？
10. 什么是生态基区？什么是生态社区？
11. 生态社区建设的内涵是什么？如何创建生态社区？
12. 生态社区的基本条件有哪些？
13. 什么是生态住宅？生态住宅的设计指标包括那几个方面？

第十二章　循环经济的实践模式

第一节　生态工业共生模式

工业共生是指不同企业之间的合作,通过这种合作,共同提高企业的生存及获利能力,作为生态工业共生,通过这种共生实现对资源的节约和对环境的保护。利用工业共生可以说明企业间相互利用副产品或废物的工业合作关系。对工业共生而言,共生双方一般是正相互作用。

根据共生参与企业的所有权关系划分,工业共生可分为自主实体共生和复合实体共生。所谓自主实体共生,是指参与企业都具有独立的法人资格,企业间不具有所有权上的隶属关系,均是独立的。他们的合作关系不是依靠上级公司的行政命令来约束,完全是受利益机制驱动。在利益得不到满足时,他们可以结束这种合作关系。当然,随着企业业务的扩展,为满足其发展的要求,他们也可以寻找更多的伙伴加入到这一"共生系统"中来。复合实体共生是指所有参与共生的企业同属于一家大型公司,他们是该大型公司的分公司或某一生产部门。这种共生模式的合或散完全取决于总公司的战略意图,或者是出于总公司优化资源、整合业务的需要,或者是迫于对环保要求的压力而进行的,参与实体往往没有自主权。

自主实体共生模式的代表性案例为丹麦卡伦堡生态工业园区;复合实体共生模式的代表性案例为我国广西贵港生态工业园区。自主实体共生和复合实体共生是目前生态工业园区共生联合体中两种最为普遍的形式。

一、自主实体共生模式

丹麦卡伦堡工业共生系统的核心参与者为:阿斯内斯(Asnaes)火力发电厂,丹麦最大的燃煤火力发电厂,具有年发电 1 500 kW 的能力;诺沃诺迪斯克(Novo Nordisk),一家国际性制药公司,年销售收入 20 亿美元,公司生产医药和工业用酶,是丹麦最大的制药公司;A/S Bioteknisk Jordrens,一个土壤修复公司(20 世纪 90 年代末期成立的一个新公司);以及一家炼油厂、一家石膏板厂。卡伦堡市区,有 2 万居民需要供热、蒸汽和水。

在过去的 25 年中,卡伦堡工业共生系统是由这些企业在自发的废物交换过程中发展起来的,并不存在总体网络的初始规划,对每个参与者来说只是经济意义上的一对一交易,是对利益的追求驱使他们走在了一起,因此该园区的成长过程恰恰体现了自主实体共生模式的特点。

卡伦堡工业共生系统内的企业之间的合作是以能源、水和物资的流动为纽带联系在一起的,它们的共生关系体现在以下方面:

(一)能源和水的流动方面

阿斯内斯火力发电厂工作的热效率约为40%,像所有其他烧煤的电厂一样,产生的大部分能量进入烟囱。同时,另一家耗能大户斯塔托伊尔(Statoil)炼油厂的大部分气体也都燃烧掉了,于是从20世纪70年代早期开始,采取了一系列举措。

济普洛克(Gyproc)石膏墙板厂看到斯塔托伊尔的燃烧火焰,认识到这些燃烧的气体是潜在的低成本燃料源,通过谈判,斯塔托伊尔炼油厂同意供应多余的气体给济普洛克石膏墙板厂。

斯塔托伊尔炼油厂是丹麦最大的炼油厂,具有年加工320万t原油的能力。

济普洛克石膏墙板厂,具有年加工1 400万m^2石膏板墙壁的能力。

阿斯内斯发电厂在1981年开始用其新型供热系统为卡伦堡市供应蒸汽,其后又供应给诺沃诺迪斯克制药厂和斯塔托伊尔炼油厂,同时也向市里的某些地区供热,这一举措替代了约3 500个燃油炉,大大减少了空气污染源。

阿斯内斯电厂使用附近海湾内的盐水,以满足其冷却需要,这样做减少了对蒂索湖(Tisso)淡水的需求,其副产品为热的盐水,其中一小部分又可供给渔场的57个池塘。

(二)物流方面

诺沃诺迪斯克制药厂的工艺废料和鱼塘水处理装置中的淤泥用作附近农场的化肥,这是整个卡伦堡交换网的一大部分,总计每年产量为100万t。

一个水泥厂使用电厂的脱硫飞尘,阿斯内斯电厂将其烟道气中的SO_2与磷酸钙反应制得硫酸钙(石膏),再卖给济普洛克石膏板墙厂,能达到其需求量的2/3。

精炼厂的脱硫装置生产纯液态硫,再用卡车运到硫酸制造商Kemira处。

诺沃诺迪斯克的胰岛素生产中的剩余酶被送到农场作猪饲料。

1999年加入合作的A/S Bioteknisk Jordrens使用民用下水道淤泥生物修复营养剂来分解受污土壤的污染物,这是城市废水的另一条物流的有效再利用。

这个循环网络为相关公司节约了成本,减少了对该地区空气、水和陆地的污染。应该说,卡伦堡园区在实际上已基本形成了一种工业共生体系,这一体系体现了其环境优势和经济优势;减少资源消耗,减少造成温室效应的气体排放和污染,使废料得到了重新利用。正是因为有了卡伦堡的启示,生态工业园区的概念才慢慢清晰起来,见图9-1。

二、复合实体共生模式

我国贵港国家生态工业(制糖)示范园区是以贵糖(集团)股份有限公司为龙头,建立以甘蔗制糖为核心的甘蔗产业生态园区,将工业与农业生产有机结合起来,提高原料甘蔗的单产和含糖量。利用甘蔗制糖、蔗渣造纸、制糖滤泥制水泥、糖蜜制酒精、酒精废液制复合肥还蔗田等一系列系统,使此产品产生的污染物成为彼产品生产的原料利用,形成产品可彼此相互依靠、互为上下游的生态链,实现资源利用最大化,污染排放最小化,经济发展与环境保护双赢。

(一)蔗田系统

生态甘蔗园是全部生态系统的发端,它输入肥料、水分、空气和阳光,输出高产、高糖、安全、稳定的甘蔗,保障园区制造系统有充足的原料供应。2005年生态甘蔗园建成,实现原料甘蔗总产量360万t,其中有机甘蔗80万t以上,年农业增收1.76亿元,企业增收5.76亿元,经济效益显著,并能保障生态园区的系统安全性和稳定性。

(二)制糖系统

制糖系统是整个生态工业园的支持主体。通过技改,实行废物的综合利用。在生产出普通精炼糖的同时,生产出高附加值的有机糖、低聚果糖等产品。有机糖是环保产品,其生产对原料生产和产品加工、贸易过程有严格的环境要求,并能达到资源利用的最大化,污染排放最小化,所产生的废物均作互为利用的资源,对环境不会造成污染。目前,贵港国家生态工业园区已经初步形成以制糖为中心,制酒、蔗渣造纸及"三废"资源化利用的甘蔗糖业生态链。2005年完成了制糖新工艺、新技术综合改造工程,使现有碳酸法制糖工艺的滤泥排放量减少1/2,并大幅减少滤泥中的有机物,增加碳酸钙含量,滤泥排出后可直接用于烧制水泥熟料,彻底消除滤泥对江河的污染。

(三)酒精系统

通过能源酒精工程和酵母精工程,有效利用甘蔗制糖副产品——废糖蜜,生产出能源酒精和高附加值的酵母精等产品。糖蜜发酵过程中,产生的大量CO_2气体可以用于生产轻质碳酸钙,实现资源利用,避免温室气体大量排放。

(四)造纸系统

通过造纸工艺改造和扩建工程,充分利用甘蔗制糖的副产品——蔗渣,生产出高质量的生活用纸及文化用纸和高附加值的CMC(羧甲基纤维素钠)等产品。并且采用国际上先进的造纸新工艺,实现清洁生产,达到区域环境综合整治。

(五)热电联产系统

通过使用甘蔗制糖的副产品——蔗髓,替代部分燃料煤,热电联产,供应生所必需的电力和蒸汽，保障园区生产系统的动力供应。在运行过程中经济效益和环境效益较好，因利用蔗髓进行热电联产，实现了固体废物资源化利用，并且蔗髓燃烧过程不存在 SO_2 污染。

（六）环境综合处理系统

为园区制造系统提供环境服务，包括废气脱硫除尘，废水处理回收烧碱及纸纤维，废物再利用生产水泥、轻钙、复合肥等副产品，并提供回用水以节约水资源。根据生态园区建设的要求，水资源在园区内应做到清污分流，循环使用或重复多层次使用，从而提高水利用率，减少从河流里抽取的一次水量和排出园区的水量。利用酒精废液生产甘蔗专用复合肥工程的实施，实现了酒精废液的全部资源利用，既解决了酒精废液污染问题，又为种植甘蔗提供了必要的肥料。中国贵糖集团生态工业园示意图如图 12-1 所示。

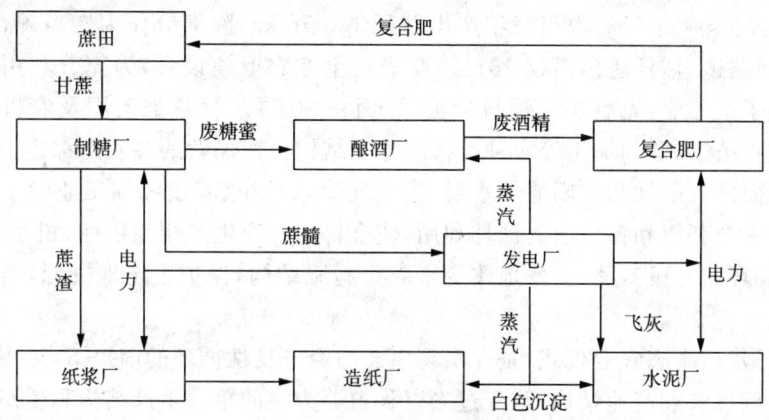

图 12-1　中国贵糖集团生态工业园示意图

上述各个系统关系紧密，通过副产物、废弃物和能量的相互交换及衔接，形成了比较完整的闭合工业生态网络。"甘蔗—制糖—酒精—造纸—碱回收—水泥—碳酸钙—复合肥"这样一个多行业综合性的链网结构，使得行业之间优势互补，达到资源的最佳配置、物质的循环流动和废弃物的有效利用，将环境污染减少到最低水平，大大加强了园区整体抵御市场风险的能力。

为了使该工业共生体更为完善，真正成为能源、水和材料流动的闭环系统，园区准备今后还要引入以下产业，以弥补其生态工业链条上的缺口：以干甘蔗叶作为饲料建设一个新的肉牛场和奶牛场；创建一家奶处理场生产鲜奶、奶粉和奶酪供给当地市场；建牛制品生产车间，生产牛肉、牛革和骨胶；使用牛制品生产车间的副产品建一个生化厂，生产氨基酸营养产品及其他生物制品；利用乳牛场的肥料发展蘑菇种植厂；利用蘑菇基地的剩余物作为甘蔗场的天然肥料。通过以上介绍，可以发现贵港工业园区的运作模式恰恰体现了复合实体共生的特点,那就是在集团公司的统一决策下,将各分公司以副产品为纽带连接起来,以实现集团公司整合资源的战略。

第二节　生态农业的模式

一、生态农业村

(一)北京大兴县留民营村

北京大兴县留民营村是1982年建立的生态农业试点,是我国第一次对生态农业进行全面、系统、定量的研究与实践。

留民营村在生态农业建设之前,产业结构单一,全村工农业总产值中,种植业占78%,饲养业占6%,农田每年产出秸秆100万kg,除部分作为燃料外,大部分丢弃田间路边,秸秆还田率仅10%。在进行生态农业建设后,为充分利用作物秸秆,发展了饲养业,先后建了饲料加工厂、面粉加工厂、食品加工厂及农机修配厂等,形成种植、养殖和加工等多种经营的生产结构。留民营的各农户都建了地下沼气池、地面的太阳灶和太阳能热水器,把沼气渗入种植、养殖和加工业的生产结构中,通过综合利用和各层次的循环利用,使全村的各项生产相互依存、相互促进,形成良性循环的有机整体,有效地改变了农田施肥结构,保护了土地资源,增加了农业后劲。

留民营村生态农业模式,是在实现生态与经济良性循环的前提下,运用大系统的观点,调整农业产业结构,改变过去以种植业为主的单一生产结构和生态循环关系,建立并优化农、林、牧复合生态系统,因地制宜地通过食物链环和产品加工环,提高物质循环、能量转化效率,实现增值,逐步形成物质和能量多层次循环利用的主体网络结构,留民营村生态农业模式如图12-2所示。

首先,粮食加工的麸皮及农作物秸秆等农业废弃物作为饲料送至畜牧场。牲畜粪便和部分作物秸秆进入沼气池,产生的沼气供农民作为生活燃料。沼渣和沼液,一部分送至鱼塘养鱼,一部分送至大棚温室作为肥料,一部分沼渣经过加工后成为饲料。鱼塘的底泥又是农田、果园的肥料。这样多层次循环利用,使废物不废,变废为宝,使整个农业生态系统成为一个相互依存、相互促进的良性循环的有机整体。通过生态农业建设,留民营村已经步入区域化种植、规模化经营、清洁化生产的良性发展轨道,蔬菜已全部实行标准化日光温室、大棚栽培,养殖业已经实现了工厂化生产。1996年农业人均产值8万元,利润1.21万元,每亩耕地化肥平均施用量由125 kg下降到不足30 kg,蔬菜生产已做到基本不使用化肥。

到20世纪90年代初,经过十来年生态村建设,留民营村已经跨入吨粮村、亿

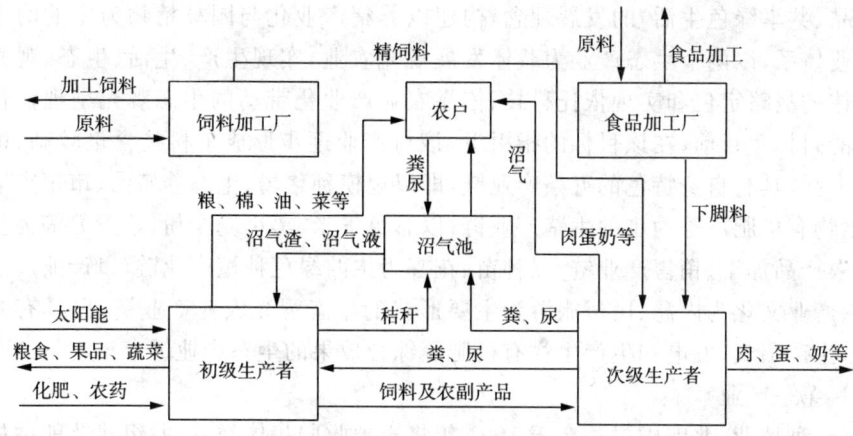

图 12-2　留民营村生态农业模式

元村的行列。不但形成了以沼气为中心,串联农、林、牧、副、渔的生态系统,而且还建起了一种、二养、三加工,产、供、销一体化的生产系统。每年可向首都市场提供无污染蔬菜 600 万 kg,鲜蛋 260 万 kg,牛奶 25 万 kg,肉类 90 万 kg。各种鲜活家禽 20 万只。建起了完善的居住区、养殖小区、工业小区、种植小区、生态旅游区和完备的供水、供电、供气网络。

他们还大力调整区域内的种植结构,投资 800 万元建立蔬菜生产观光园,新建日光温室 56 个,用于育苗的连栋温室一座。在生产过程中严禁使用化肥、农药,全部使用有机肥,生产蔬菜品种达到 25 个,成为国家环保局有机食品研究所认定的有机食品生产基地。

留民营村凭借得天独厚的优势发展生态旅游观光项目,每年吸引约 3 万人来村参观、旅游。村里不但成立了旅游接待办公室,而且还投资 300 万元建起了观光园、农业公园、传统农具展室、青少年教育基地、露天游泳池等场所,不但使观光旅游收入明显提高,还带来了一定的社会效益。

(二)北京市顺义区北郎中村

北郎中村位于北京市顺义区赵全营镇中心,地处北京市绿色农业产业带,是赵全营镇的中心村。北郎中村村落形成已有 500 年的历史,现有村民 450 户,1 520 余人,村域总面积 6 600 亩,其中耕地面积 4 100 亩。全村劳动力人口 779 人,劳动力就业率 91.8%。其中从事种植、养殖业的 208 人,从事第二和第三产业的 507 人,未就业人口 64 人,分别约占劳动力人数的 27%、65% 和 8%。2003 年,全村实现经济总收入 2 亿元,人均纯收入 1.3 万元。以养猪为主的养殖业是该村的支柱性产业,年总收入达 2 700 余万元,占全村经济总收入的 44.96%。

该村依据自身优势,确立了以绿色为主(发展绿色经济、营造绿色环境、奉献绿色产品、共享绿色生活)的发展理念,构建以养猪产业化与园林植物为主的两个生态产业体系,以两个生态产业为载体发展观光农业,实现生产、生活、生态、观光四位一体的战略定位和实现依托科技、依靠农业产业化带动的生态观光型现代化新农村的目标。目前,在该目标的指引下,该村产业逐步形成了科技含量较高、市场竞争力强、具有自身特色的五条产业链,即以规模种猪场、生态养殖园、市定点屠宰厂、生物有机肥厂等为主的生猪产业链;以彩色玉米、黑小麦全粉、紫芦笋等为主的食用农产品加工、销售产业链;以种苗、花卉为主的绿色种植产业链;以产业产品为载体、产业文化为内涵、民俗旅游为主要形式的生态观光农业产业链;以具有粪水治理、生产沼气、发电和生产生物有机肥等综合效果的生态产业链。

1. 第一产业

(1)种植业:北郎中村委会于1991年将土地收归集体经营,并组建北郎中村农场,推行股份合作制经营。农场种植的作物主要有小麦、玉米、蔬菜等。1998年,北郎中村顺应这一形势成立了苗圃花木中心,并于2002年扩建1倍。其中,与北京林业科学研究院、北京农学院等科研院所合作培育的"北抗杨一号"和"创新杨一号"等新品种杨树被国家林业部批准为注册新品种,培育的"双叶爬藤月季"、"北方冬季常绿阔叶木"等新品种花卉、苗木极具市场效益。目前,种苗和园林植物逐渐成为该村除养猪业之外的又一个绿色生态高效产业体系,成为一个新的主导产业。

(2)养殖业:北郎中村的养殖业以养猪为主,农民人均纯收入中大约有65%来自于养猪业。另据调查表明,40%以上农户的收入完全依赖于养殖业,养殖业是北郎中村农民收入的最主要来源,是北郎中村的支柱产业。

2. 第二产业

北郎中村第二产业的发展是依托第一产业,尤其是主导产业——养猪业发展起来的。与一般村庄相比,北郎中村第二产业发展较好。目前,与养猪相关的第二产业有肉食制品公司、屠宰场和生物有机肥厂。肉食制品公司主要以生产、加工各类熟肉制品为主,包括猪、牛、羊、鸡、鸭肉制品,共150余个品种。该公司的成立促进了北郎中村养殖加工一体化发展。屠宰场年屠宰、加工商品猪50万头。有机肥厂建设的初衷主要是消纳本村养殖业的粪污,实现能源可持续利用,同时又有一定的经济收入。除此之外,该村还有面粉厂和食品厂。其中食品厂主要是以加工黑玉米为主的股份合作企业。但工艺仅是冷冻保鲜,未实现真正意义上的加工。

3. 第三产业

该村第三产业发展较为缓慢,最近两年发展速度有了一定程度的提高。北郎中村的下一步发展思路是以原有养猪和苗木这两个生态产业为载体发展观光农业,并设计出"北郎中村东－生态种养园－苗圃－果园(黄金梨)－种猪场－沼气工程"的示范观光路线,这一思路将带动该村第三产业的发展,也是未来发展的重点。

从对产业结构的分析可以看出,第一产业占绝对优势,处于主导地位,2000年,第一产业占GDP的57%,第二产业占34.2%,第三产业占8.8%。因此,北郎中村目前正处于农业经济高度发达、第二和第三产业稍有发展但仍旧滞后的阶段,因此继续调整产业结构,在大力发展第一产业的同时,加强第二和第三产业的发展是北郎中村今后的发展目标。

二、生态农业县

辽宁省昌图县地处松辽平原中段,是沃土万顷的典型旱作农业生态环境,土地总面积4 324.06 km^2,其中低山丘陵占6.8%,波状及沿河平原占71.29%,沙地占21.88%,平均海拔100~200 m,属典型漫岗波状坳沟平原地貌。耕地总面积27.07万 hm^2,占土地总面积的62.6%;园地、林草地、水域及其他用地分别占0.2%、21.9%、5.1%和10.2%,盛产粮食和畜禽,素有"辽北粮仓"之称。由于昌图县无较大的工业和矿区,污染源较少,其农业生态环境总体状况较好,存在的主要问题:①全县易垦土地均已开辟为耕地,后备资源贫乏,人增地减矛盾日趋增强,1984—1993年该县农民人均占有耕地减少了53 m^2;②有机肥施用量逐年减少,化肥、农药施用量逐年增加,致使农田环境和土地缓冲作用日趋脆弱,造成水土流失和地力减退;③受内蒙古干燥气候和狭管地形作用,春夏少雨多风,春旱最为严重。据统计,22年平均,3、4和5月降水量分别占年降水量的1.5%、5.7%和7.9%;④西北部地区土壤沙化与西部沿河地区洪涝灾害成为影响昌图县粮食持续增长和土地永续利用的重要环境因素。

自1994年昌图县被国家七部、委、局列为全国50个生态农业建设试点县之一以来,运用生态学原理和系统工程方法,依靠科技进步,发挥资源优势,广泛开展以种植业、畜牧业为基础,种植业、畜牧业互为利用的生态农业建设,初步建立了高产粮田农、林、牧、加复合型生态农业模式,从而加速了以玉米为中心的产业化进程(图12-3)。

(一)玉米—小麦间作高产栽培工程

通过大搞玉米、小麦开发,至20世纪90年代小麦已成为昌图县第二大作物。通过耕作制度改革,推行3∶1玉米—小麦间作,实现了玉米、小麦双丰收,结束了该县进口细粮的历史。1996年推广玉米—小麦间作,栽培13.4万 hm^2,小麦种植面积达2.63万 hm^2,产量达5.72万 t,农民人均占有量69.3 kg。

(二)农机、农艺结合工程

农机、农艺结合技术是将科技成果转化为生产力的媒体,提高了劳动生产效率,将有效的水、土、热、药资源转化为经济优势和商品优势。20世纪90年代以后,该县翻地、播种、施肥农机农艺技术得以配套,农业机械化综合水平达60%左

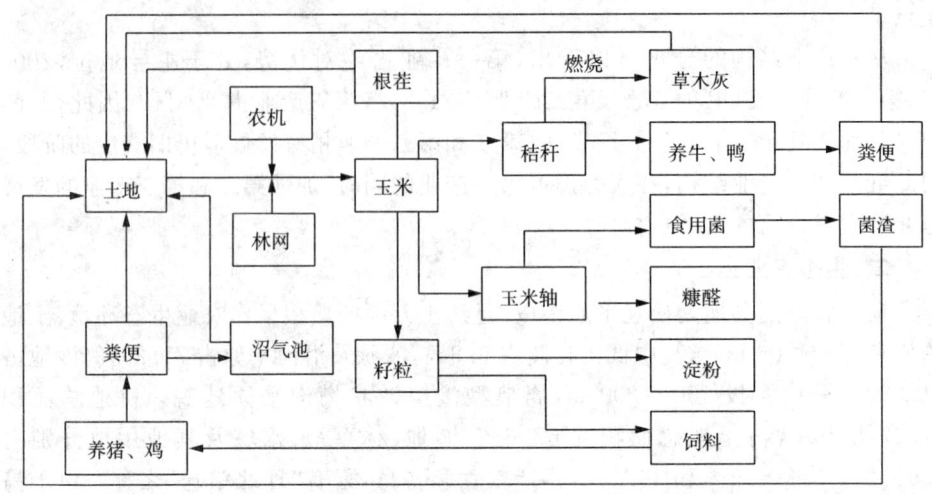

图 12-3 昌图县高产粮田农、林、牧、加复合型生态农业模式

右。由于昌图县十年九春旱,为实现玉米、小麦高产高效所采用的关键配套技术为秋翻整地达"四全"(全翻、全耙压、全起垄、垄上全镇压)作业法,不仅改善了土壤理化性状,且及时有效利用土壤中解冻水,满足种子出苗需水,做到"春墒秋保"、"春旱秋防"。

(三)农林复合生态工程

该县建设多林种、多树种、多层次、高效益的农林复合生态系统已初具规模,有林面积达 7.7 万 hm^2,林木覆盖率 18.9%。西北部建成 100 m×63 km 针阔叶混交防风固沙林体系,控制了科尔沁沙地沙化侵蚀。中部建成以杨、柳、榆、槐为主的农田防护林体系,其中农田林网 1.26 万 hm^2(形成 500 m×500 m 林网格 6 112 个),总长 1.47 万 km,主副林带 2 652 条,堵住风口 141 个,形成以农田林网为主体,以带、网、片相结合的农业环境屏障,改善了农田小气候,减轻了自然灾害,为稳定粮食综合生产能力创造了良好的生态基础。防风与水分生态效应农林复合生态系统能够改变近地面气流运动状况,降低风速。据测定,农田林网与对照风速差异显著,平均降低风速 27.7% 左右,系统内减少蒸发量,增加相对湿度。

(四)农牧复合生态工程

昌图县已初步形成以农业为基础、以畜牧业为突破口,以农养牧,以牧促农,互为利用的复合生态模式,配套技术选用优良畜禽品种,如昌图豁鹅、八面黑猪等,棚养畜禽;注重饲料开发,一方面以平原秸秆养牛示范县为契机,建设 6 m×9 m 永久式半干贮窖,青贮玉米秸秆用于养牛;另一方面,利用庭院宽阔的优势,建造长 10 m、宽 1.5 m、深 0.5 m 的人工水面,放养细绿萍等养鹅。

（五）农菌复合生态工程

通过食用菌栽培把农业废弃物转化为营养丰富、味道鲜美的食用菌，菌渣还田，形成农菌复合生态系统，其循环方式为农田－玉米－籽粒，玉米轴、玉米秆－食用菌－菌渣－农田。食用菌栽培是以庭院日光温室栽培为主，时间为当年10月至翌年5月，主体原料玉米轴。利用0.5 kg玉米轴可培养0.5 kg食用菌，纯收入0.8元；利用0.5 kg玉米秸秆可培养0.5 kg食用菌，纯收入0.7元以上。1996年该县生产食用菌5000 t，纯收入800万元，消耗玉米轴5 000 t。十八家子乡牛庄村利用全村的2 250 kg玉米轴和4 500 kg玉米秸秆生产了6 750 kg鲜菇，纯收入1.05万元，而玉米纯收入仅为3 750元。

（六）庭院生态立体经济开发工程

该工程是以太阳能为动力，以沼气能为纽带，以日光温室立体种养为手段，以提高3个效益为目的的良性循环庭院开发模式，集种植业（90 m² 保护地蔬菜）、养殖业（25 m²，保温猪舍，墙壁挂笼养鸡）、能源利用（10 m² 沼气池）为一体，互为利用，同生共济，目前该县已有1万户庭院生态立体经济开发户（图12-4）。从经济效益看，该工程模式具有高投入、高产出的特点，据测算，建造1个120 m² 的标准生态温室需投资约6 000元，建成后年可获纯收益7 500元，其中出栏快速育肥猪20头，纯收入3 500元；塑料温室种菜纯收入2 500元；利用沼气做饭和照明，节柴5～6 t，节电720 MJ，效益达500元。温室蔬菜施用沼渣作粪肥，可不施化肥与农药，叶色浓绿，植株健壮。叶菜一般增产40%，瓜菜增产30%。庭院生态立体经济开发工程模式促进了农村养殖业和高效种植业的发展，增加了商品有效供给，最大限度地挖掘和发挥农村剩余劳动力及闲散资金的潜力与优势，扩大了社会就业，促进了农业科技和文化素质的提高。

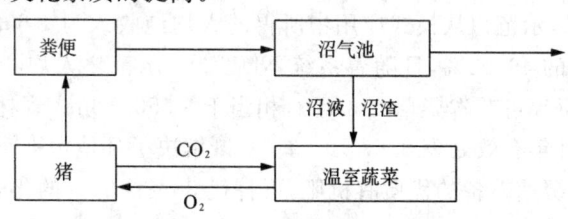

图12-4　庭院生态立体经济开发模式

昌图县生态农业建设取得了显著成效，农产品有效供给稳定增长，农村经济可持续发展明显加强，农业生态环境趋向良性循环。

三、生态家园示范户

生态家园示范户属福建省莆田市，它根据南方农户庭院特点，依照当地的自然地理条件、农业资源特点和农业种植制度，充分利用房前屋后、屋顶宅基资源及院外的鱼塘、果园进行空间生态位开发和生产要素配置的优化耦合,达到基本生产生活单元内部生物间的协调、循环和物质的多层次再生、利用,形成家居温暖清洁化、庭院经济高效化和农业生产无害化的目标(图 12-5)。

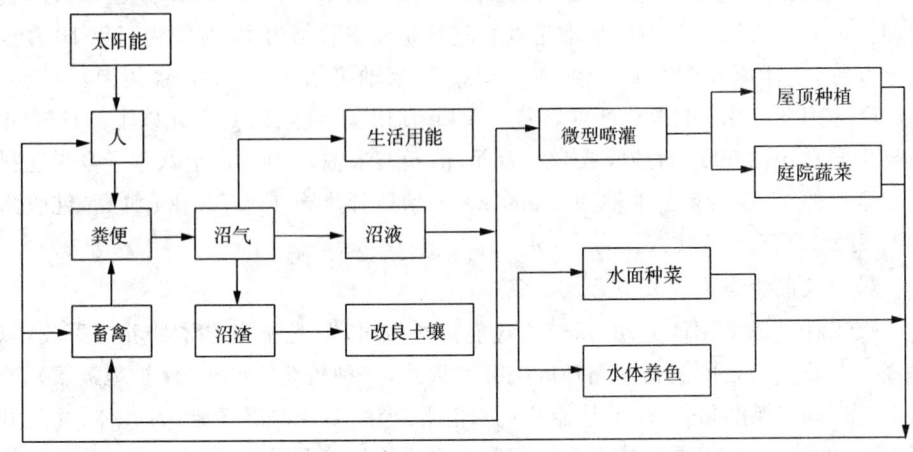

图 12-5　生态家园示范户示意图

该项目 2001 年度获得农业部生态家园富民计划资金支持,得以大力推广,福建省莆田市现有示范户 9 500 户,年增收节支 4 037.50 万元。示范户共建沼气池 7.6 万 m^3,年可产沼气 484.5 万 m^3,若折合标准煤估算,沼气的价值为 0.39 元/m^3,每年可节省 188.96 万元。年排出沼液 91.2 万 t,按水肥价格 4 元/t 计,则每年可节省 346.8 万元,两项合计每年可节省资金 553.76 万元。据 10 个示范户调查数据,用沼肥施果、稻、菜或养鱼,每亩可减少化肥、农药、饲料等生产成本 200 多元,果品增产 10%~18%,水稻增产 5%~8%,菜类增产 6% 左右,以及养猪、鱼增加收入 10%~15%,示范户从模式应用中所得的人均纯收入为 1 602.03 元,占当年该市人均纯收入的 49.92%,且随着系统不断完善,示范户人均收入将逐步提高。用沼气作燃料,每年可节省柴草 2.3 万 t,相当于 3 056.7 hm^2 森林植被恢复,提高了森林覆盖率,且年有效处理 8.67 万 t 粪便,既解决了环境污染问题,又为农牧业生产提供了肥效缓速兼备的优质有机肥,可替代 30%~50% 的化肥。施用沼肥后土壤疏松,壤色加深,土壤有机质含量比对照提高了约 0.70 g/kg,N、P、K 养分也呈相应增加的趋势,有利于可持续农业的发展。该模式的应用,由于充分利用了房前屋后,尤其是屋顶,提高了土地利用率,减轻了该市人多地少的压力。数据统计显示,土地利用率一般可达 70% 以上,有的高达 128%;其次,以成本低、收效快、效益高等特点,很容易在农村得到推广,在一定程度上提高了农民科技意识和劳动技能素质。

四、生态养殖场

(一)企业概述

近年来,农业面源污染问题开始突出,并有超过工业和城市污染的趋势,尤其是畜禽养殖所带来的环境问题日益严重。畜禽养殖业在治理过程中,大多沿用传统的末端治理模式,投入多,运行成本高,治理难度大,经济效益不显著,导致企业没有积极性,治理效益也不明显。为了改进这种治理状况,辽宁省大洼县西安生态养殖农场,从改革畜产品品质、解决猪的青饲料入手,采用独特的处理工艺,从根本上解决了畜禽养殖行业污染防治问题,实现了清洁生产。并且获得了可观的经济效益,1992年该养殖场还被联合国环境规划署授予全球500佳荣誉称号。

大洼县西安生态养殖场位于辽宁省盘锦地区辽河右岸,距大洼县城20 km处,是退海冲积平原。土壤含盐碱量高,属盐碱土类。水稻是这一地区主栽作物,是辽宁省水稻主产区之一。年均气温8.4 ℃,极端最低气温-29.3 ℃,年均最高气温为25.3 ℃。无霜期188 d,水利资源丰富,条件优越、交通方便。西安生态养殖场,是在七八块高洼不平的废弃地上建立起来的,面积约为267 hm^2,猪舍16栋,貂舍1处。水源丰富,来自辽河,由上水口升渠,将水引入生态养殖场。同时,还建起了3个小型抽水站,修条田7个,条田宽度为20~30 m,长度为155~225 m。在畜舍的四周有防疫沟。场内修建了5条道路,还设有配电站一座。

大洼县西安生态养殖农场在清洁生产的过程中,把污染物尽可能地消除在它产生之前,其核心是从源头抓起,预防为主,生产全过程控制,达到经济效益和环境效益的统一。用实际成效验证了在畜禽养殖行业实施清洁生产的可行性,畜禽养殖排出的粪便等污染物含大量N、P、K及有机质,如不经处理会污染环境,而农作物又需要N、P、K肥料。利用或处理不当,上述二者均在污染环境的同时造成大量物质、资金的流失。西安生态养殖场在这方面做出了有益的尝试,把畜禽养殖排出的粪便等污染物作为植物的有机肥,通过各种植物逐级吸收、分解,达到净化目的。同时,也为植物生长提供了大量肥料,实现农业、养殖业的有机结合,净化环境,节省资金,并提高了整体效益,为畜禽养殖业的清洁生产做出了示范。

(二)实施清洁生产的技术措施和方法

西安生态养殖场是一个比较典型的既有种植业、养殖业,又有农副产品加工业以及其他副业的立体综合性生产体系。

所谓"立体综合性生产"就是充分利用空闲土地、水面以及可利用的房舍、屋顶、空间等,从水平空间和垂直空间进行的多物种、多品种的多层次生产经营活动。例如:从水平空间,可以合理安排各种作物、果树、药材、蔬菜等,也可以养殖各种畜禽和鱼类;从垂直空间,可以把各种作物、果树、蔬菜、药材等按高秆、矮秆进行合理搭配种植,深根植物和浅根植物搭配种植,直立茎和匍匐茎植物合理搭配种植,喜光和耐荫作物搭配种植,可以进行间、混、套作,也可以利用屋顶、阳台、地下室、墙体等不同层次进行种植。对于养殖业的发展也是如此,可以单一种类的养殖,可以不同品种混合养殖,还可以不同种类动物进行合理的分层养殖。此外,在同一生产场地上还可以把种植、养殖结合起来共同发展。例如:在果园内可以同时养鸡、养蜂等。

西安生态养殖场采用生态工程的结构,形成了一套利用水葫芦、细绿萍、鱼池和稻田处理粪便污染的净化体系,解决了农村中大型猪场造成的环境污染问题,并提高了经济效益。清洁生产过程可概括为"四级净化、五步利用"的平面生态养殖技术,如图12-6所示。

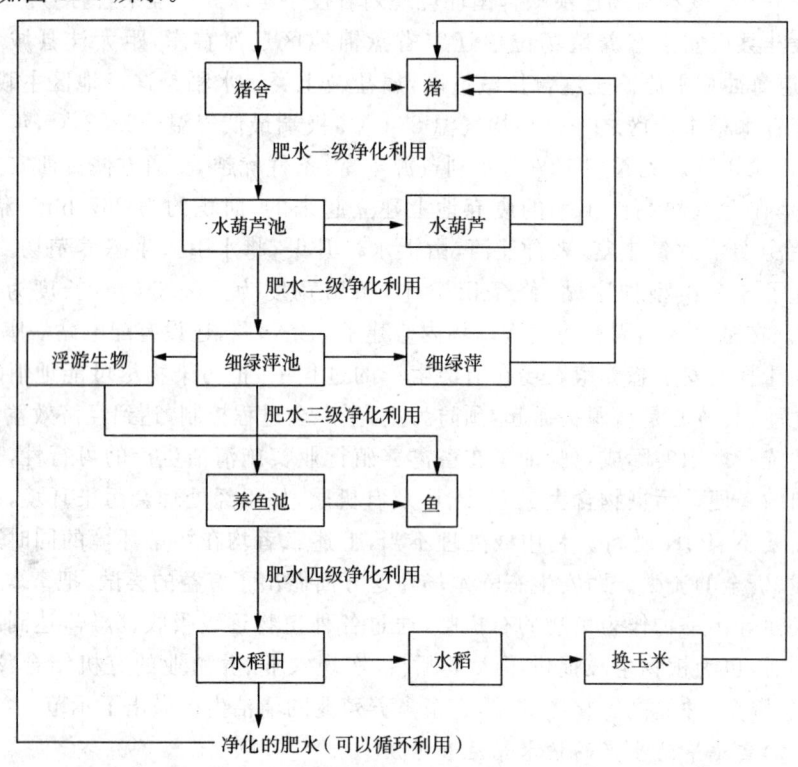

图12-6 "四级净化,五步利用"工作框图

一级净化:将冲洗猪舍的高浓度的粪尿水直接引入水葫芦池中,一方面水葫芦利用肥水中的养分生产出大量的水生饲料,用来养猪;另一方面,肥水依靠水葫芦的吸收功能实现了一级净化。经过为时7 d的吸收和净化,肥水浓度大大降低、净化度明显提高。

二级净化:将肥水引入细绿萍池,此时的肥水正好能够满足细绿萍繁育的养分需要。与一级净化相似,细绿萍利用肥水生产出大量的水生饲料,也作为生猪饲料,肥水借助于绿萍的吸收功能实现了二级净化。同样经过为时 7 d 的吸收和净化。

三级净化:将已基本得到净化的肥水连同在细绿萍池中产生的大量浮游生物一起排放到鱼池中。鱼得到品质极高的饵料获得了高产,肥水则通过鱼的吸收和较长时间的自然降解实现了三级净化。

四级净化:将这些肥水引入水稻田,它能够作为有机肥为水稻提供生长发育所需的养分,减少了水稻化肥施用量,进而降低水稻种植成本;同时,经过水稻吸收和土壤吸附,这部分水又实现了四级净化。

经过四级净化的肥水基本已洁净,可以继续循环使用。各项污染物在各级净化中削减情况见表 12-1。

表 12-1　各项污染物在各级净化中的变化与时间的关系（单位：mg/L）

		放水日	第三天	第五天	第七天	第九天
水葫芦池 一级净化	有机质	500.00	240.70	150.30	89.10	80.00
	氮	16.60	8.20	6.80	6.01	5.60
	磷	3.88	2.87	2.49	1.88	1.68
细绿萍池 二级净化	有机质	89.00	75.50	63.30	58.60	57.00
	氮	6.00	4.60	3.50	4.03	3.91
	磷	1.88	1.34	1.15	0.98	0.90
鱼、蟹、蚌池 三级净化	有机质	58.00	44.40	39.70	35.10	34.50
	氮	4.00	3.50	3.20	3.09	3.00
	磷	1.98	1.60	1.45	1.70	1.68
稻田 四级净化	有机质	35.00	28.40	23.90	20.00	19.70
	氮	3.00	1.56	0.82	0.10	0.09
	磷	1.70	0.81	0.34	0.17	0.16

由表 12-1 可知,有机质净化效率为 96.06%,氮的净化率为 99.46%,磷的净化率为 95.88%。

(三)清洁生产实施中的特点

大洼县西安生态养殖场通过多年探索形成的生态工程系统,体现了从源头抓起、污染过程控制的清洁生产理念,具有如下特点。

(1)在生产过程中使用低污染、无污染的原料,替代有毒、有害原料。该场从解决猪的饲料入手,利用系统自身的养分种植水葫芦、细绿萍作为青饲料,并不断降低外来饲料和饲料添加剂的使用量。

(2)应用清洁高效的生产工艺,即"四级净化,五步利用"方法,使物料能源高效率地转化为产品。对生产过程中排放的废物(如猪粪尿和废水)再回收、再循环和再利用,变废为宝,化害为利。

(3)由于在生产过程中不使用饲料添加剂,向社会提供了大量有机食品,这种食品在使用过程中对人体不产生危害,营养丰富,体现食品安全、无公害原则。该厂产品已经通过国家有机食品发展中心认证,成为我国第一家有机猪肉生产企业。

(4) 有保障清洁生产实施的周密的规章制度和操作规程,在企业内部,各生产环节建立完善的档案,建立起严密的监督管理体系,保证规章的有效实施。

(5) 系统具有开放性。养殖场在解决自身污染问题的同时,把清洁生产的理念向全社会延伸,为保证有机猪肉生产,保证饲料来源,养殖场周围水稻、玉米生产减少使用化肥和农药等人工合成化学物质,从而实现种植业生产的清洁无害化。

(四) 实施清洁生产的效益分析

生态养殖清洁生产的效果可从物流、能流、经济效益和社会效益四个方面进行分析。

1. 物流

(1) 产品替代:①以水生青饲料(水葫芦、细绿萍)取代土生青饲料(青玉米、青大豆、大白菜、向日葵),青饲料的供给问题得到了彻底解决。与土生青饲料相比,水生青饲料有三个明显优势:一是营养成分全面、丰富;二是光能利用率高,进而产量高,而所需的管、护用工极少,节省了大量耕地和劳动力;三是喜肥,能够迅速、大量吸收猪粪尿中的 N、P、K 等营养物质,同时水葫芦对猪粪尿水中的化学需氧量、生化需氧量以及汞、铅、镍、硒等重金属离子均有明显的降解效果。所以,发展水生饲料不仅是对肥水净化同时加以利用,而且可以增加土地产出和提高劳动生产率。②把最初规划中配置的几百亩饲料地用来生产水稻,吸收肥水中有机物及 N、P 等营养物质,节约化肥的同时净化水质,1 kg 水稻可以换回 3 kg 玉米,比单纯饲料种植产量更高。

(2) 产品增加:水生青饲料取代土生青饲料以后,由于它具有喜高肥和净化的双重作用,使猪粪尿得到了多级利用。经水生青饲料吸收利用后的肥水排入防疫沟和鱼池后,只需放入鱼苗而不用增加其他投入。在多级利用水中鱼蚌混养,增加了珍珠产量。此外用鱼塘里的水灌溉稻田,还能够增加水稻产量。

(3) 投入量减少:放养水生饲料以后,减少了土地和劳动力投入量。此外,减少化肥用量,由于多级利用的猪粪水比渠水肥沃,用它灌溉水稻田比渠水灌溉的水稻在增产的同时,平均每亩还节省近 1/2 的化肥。

2. 能流

水生饲料与生猪之间的能量传递构成了闭路循环。从一个流程看,是猪粪尿流入细绿萍池为细绿萍提供养料,繁育起来的细绿萍成为猪饲料的过程,如果将各个流程连接起来可以发现,在这种闭路循环中,猪借助于细绿萍的快速繁育功能将自己的排泄物转化为一部分饲料,而细绿萍又借助于猪的代谢功能为自己的再生产提供一部分养料。根据熵定理,该过程将以一个固定的速率衰竭。这个衰竭速率就是生猪排出的细绿萍能量占其摄入的细绿萍能量的比率和细绿萍摄取猪粪尿能量占排放细绿萍池的猪粪能量的比率的乘积。若这两个比率分别按 0.9 和 0.4 计算,则由等比级数求和公式可知,从猪粪尿进入闭路循环到完全衰竭为止,累计的转换率为 0.562 5。这说明,通过水生饲料和生猪饲养的闭路循环,猪粪尿的能量转化率大大提高了。需要指出的是,太阳能进入这个闭路循环,对减缓衰竭速率具有重要的影响。此外,水葫芦与上述过程相似不再赘述。

稻谷换玉米是能量增加的又一成功经验。虽然单位稻谷中的能量低于玉米,但稻谷因其价格约为玉米的 3 倍,所以 1 kg 稻谷可以换 3 kg 玉米。稻谷换玉米可使该场可利用的能量增加 2.28 倍。又因肥水灌溉,有机质、氨和磷等有机肥料的施用,水稻产量逐年增长,由于稻谷换玉米带来的能量增长效益显著,用稻谷换来的玉米占玉米消耗总量的份额也快速上升,这又为肥水净化提供了更大空间。

3. 经济效益

(1) 清洁生产改善了作业环境,虽然其作用难以完全用价值形态表现出来,但它确实又是很重要的,可用行为科学的知识来加以解释。劳动者在空气新鲜、没有污染的环境中工作,会比在又脏又臭的环境中精力充沛,思想更集中,劳动效率更高,因而会创造出更多的经济效益。

(2) 清洁生产发挥出的替代效应经济产生了影响:第一,猪粪尿的利用。可少施化肥 50%,100 亩耕地可节约近 4 000 元;同时,每亩又可增产 50 kg,100 亩增产 5 000 kg,约合 7 500 元,二者合计近约 11 500 元。第二,减少土地占用量。清洁生产前,处理 80 万 kg 猪粪,如果堆积 1.5 m 高,这些猪粪便约占地一亩,清洁生产后,这一亩地用来生产稻谷,纯收入约 600~700 元,也属增加部分。

(3) 清洁生产的旁侧效应对经济效益也产生影响:在主体生产前后附加一些生产项目,充分利用主体生产中的废弃物进行生产,可以大大提高价值流量。在细绿萍、水葫芦池中放养鱼,就是一个有说服力的例子。池中只需放鱼苗而不必投饵料,仅靠上级净化后产生的浮游生物作饵料,平时又无需专人从事喂养工作,该场细绿萍和水葫芦池鱼收入为 6 000 元,扣除税金、劳务等费用,净收入为 4 620 元。按精养鱼收入计算净收入为 3 600 元,该场利用清洁生产工艺的旁侧效应多收益了 1 020 元。

4. 社会效益

生产实践证明,发展生态养殖模式不仅对农民自身有益,而且也使社会效益得到明显提高。搞生态养殖新模式以后,可以为市场提供较为丰富的肉、蛋、奶、蔬菜、瓜果等多种商品。可以解决淡季商品的供应问题,使市场一年四季都繁荣,这样就能促进社会的商品经济得到更好的发展。搞立体综合生产模式,种植业、养殖业和加工业等多种经营,使劳动力的就业面扩大,剩余劳动力得到很好的安置。

另外,由于进行生态养殖和多种经营,使原来农民的冬闲转化为冬忙。又由于闲人大大减少,人们都忙于搞生产,不但使该生态养殖场获得了高产、优质、高效的好成果,同时也使农民个人得到高收入,人们安居乐业,促进了社会的稳定。

总之,生猪养殖是一个盈利率很低的行业,即便是西安生态养殖场也不例外,让养猪场专门拿出一笔资金来治理环境污染,难度是可想而知的。西安生态养殖清洁生产工艺较好治理污染问题的一个重要原因就在于该场通过发展绿色畜牧产业,提高产品品质,建立起畜牧养殖业低投入、高产出、高品质的无公害畜产品清洁生产技术体系,实现畜牧养殖行业无废物排放和资源再生利用。这种清洁生产技术,对资金极为短缺,又急需加快经济增长速度的发展中国家来说,具有极大的适应性,是解决畜禽养殖业环境问题、保护畜禽养殖业可持续发展的有效途径。

参考文献

白雪华.2004.美国和欧盟的能源政策及其启示.国土资源,(11):53~55
卞有生,何军,张文国.2004.生态县、生态市、生态省建设规划编制导则.中国工程科学,6
　　(11):1~7
曹光杰.1999.中国生态环境问题分析.临沂师专学报,21(3):23~26,33
陈阜.2002.农业生态学[M].北京:人民出版社
陈红喜.2006.环境经济学.北京:化学工业出版社
陈宏金.2004.农业清洁生产与农产品质量建设.农村经济与科技,15(2):11,12
陈强.1999.生态农业的特点及其发展模式.福建水土保持,11(4):15~18
陈清泰.2003.中国的能源战略和政策.国际石油经济,12,18~20
陈学俊,袁旦庆.2002.能源工程.西安交通大学出版社
陈益.2003.自然之韵——生态居住社区设计.上海:同济大学出版社
成文.2005.实施清洁生产 促进环境改善.中国环境管理,(3):19~23
程芳芳.2004.绿色GDP及其测算方法.生态环境与保护,(12):52~53
程世丹.2004.生态社区的理念及其实践.武汉大学学报(工学版),37(3):83~86,97
邓南圣,吴峰.2001.国外生态工业园研究概况.安全与环境学报,1(4):24~29
邓南圣,吴峰主编.2002.工业生态学——理论与应用.北京:化学工业出版社
杜玉兵,周咏馨.2003.生态住宅建设.环境卫生工程,11(4):218~220
方建华.1998.区域生态建设探索与实践.云南环境科学,17(1):51~54
冯裕华等主编.2004.环境污染控制.北京:中国环境科学出版社
付保荣,惠秀娟.2005.生态环境案例与管理.北京:化学工业出版社环境科学与工程出版中心
高敏雪,王彦.2000.环境经济核算再认识.统计研究,(4):50~53
高敏雪.2000.环境统计与环境经济核算.北京:中国统计出版社
耿勇.2003.生态设计的策略研究.中国软科学,(1):82~87
顾秀俊.2002.生态住宅建设初步探讨.山西科技,(6):24~26
关立山.2004.世界风力发电现状及展望.全球科技经济瞭望,7,51~55
郭斌,庄源益.2003.清洁生产工艺.北京:化学工业出版社
郭忠广.2004.绿色食品生产技术手册.山东:山东科学技术出版社
国家环保总局编.2000.中国环境影响评价培训教材.北京:化学工业出版社
国家环境保护总局.关于调整《生态县、生态市建设指标》的通知.http://www.zhb.gov.cn
国家环境保护总局.全国环境优美乡镇考核验收规定(试行).http://www.zhb.gov.cn
国家环境保护总局.生态县、生态市、生态省建设指标(试行).http://www.zhb.gov.cn
国家计委等.1994.中国21世纪议程.北京:中国环境科学出版社
国家经贸委资源节约与综合利用司.2003.清洁生产促进法问答.北京:学苑出版社
海南生态省建设规划纲要.http://www.hainan.gov.cn(海南省政务公众网发展规划栏目)

海热提.涂尔逊.城市生态环境规划——理论、方法与实践.北京:化学工业出版社
韩子荣,连玉明.2005.中国社区发展模式.北京:中国时代经济出版社
何秀娟.2005.生态省建设的标准体系新构架.世界标准化与质量管理,(6):40~41
胡鞍钢.2001.我国真实国民储蓄与自然资产损失(1970-1998).北京大学学报(哲学社会科
　　学版),38(4):49~56
贾爱娟等.2003.国内外清洁生产评价指标综述.陕西环境,10(3):31~35
贾树彪等主编.2004.新编酒精工艺学.北京:化学工业出版社
江伟钰.2003.论清洁生产和良性循环经济立法与WTO规则.广东商学院学报,(2):92~96
江新英,季莹.2006.产品生态设计理论与实践的国际研究综述.绿色经济,(2):77~80
金启明.2004.欧盟能源政策综述.全球科技经济瞭望,8,24~25
金相灿.1995.中国湖泊环境.北京:海洋出版社,299~302
金涌,李有润,冯久田主编.2003.生态工业:原理与应用.北京:清华大学出版社
劳爱乐(美),耿勇编著.2003.工业生态学与生态工业园.北京:化学工业出版社
雷明.2000.1995·中国环境经济综合核算矩阵及绿色GDP估计.系统工程理论与实践,
　　(11):1~9
李春燕.2006.论发展生态农业是农业经济可持续发展的主要途径.大众科技,6:193,194
李东坡,武志杰,陈利军等.2006.现代农业与新型农业类型与模式特点.生态学杂志,25(6):
　　686~691
李久生,谢志仁.2003.略论中国绿色社区建设.环境科学与技术,26(6):33,34,60
李茂.2005.联合国综合环境经济核算体系.国土资源情报,(5):13~16
李文华.2003.生态农业——中国可持续农业的理论与实践.北京:化学工业出版社
李晓波.2001.北方山沙区生态农业建设方法与实践.北京:中国农业出版社
李新平.2000.中国生态农业的理论基础和研究动态.农业现代化研究,21(6):341~344
李有润,沈静珠,胡山鹰等.2001.生态工业及生态工业园区的研究与进展.化工学报,52(3):
　　189~193
廖健,刘剑平,单洪青.2005.我国对清洁生产的鼓励政策.当代石油石化,13(2):27~30
廖园园.2005.我国绿色GDP核算指标相关研究现状述评.西安文理学院学报,(1):81~84
林顺坤.海南生态省:可持续发展的探索与实践.http://www.dloer.gov.cn.生态省论坛
刘汉州,鲍鹏.2004.绿色生态住宅建设探讨.河南大学学报(自然科学版),34(4):92~95
刘康,李团胜.2004.生态规划——理论、方法与应用.北京:化学工业出版社教材出版中心
刘青松,张利民,姜伟立,吴海锁.2003.清洁生产与ISO14000.北京:中国环境科学出版社
刘青松.2003.农村环境保护.北京:中国环境科学出版社,78~142
刘青松.2003.清洁生产与ISO14000.北京:中国环境科学出版社
刘天齐等主编.1998.环境保护概论.北京:高等教育出版社
卢冶飞.2003."绿色GDP"核算模式构架的探索.统计与预测,(6):40~42
罗宏,孟伟,冉圣洪.2004.生态工业园区——理论与实证.北京:化学工业出版社
骆世明.2001.农业生态学.北京:农业出版社

骆世明等. 1987. 农业生态学. 长沙:湖南科技出版社
马碧花. 2005. 推进绿色 GDP 核算的难点及建议. 福建省社会主义学院学报,(3):78~79
马立珊,张水铭等. 1997. 苏南太湖水系农业面源污染及其控制对策研究. 环境科学学报,17(1):39~47
马树才,赵桂芝,孙常清. 2004. 我国发展清洁生产的障碍分析与对策思考. 辽宁大学学报(哲学社会科学版),32(6):109~112
莫测辉,吴启堂,李桂荣. 2000. 关于我国 21 世纪农业清洁生产的思考. 中国人口·资源与环境,10:43~45
聂梅生,勤佑国,江亿等. 2003. 中国生态住宅技术评估手册. 北京:中国建筑工业出版社
牛文元. 2004. 新型国民经济核算体系——绿色 GDP. 环境经济,(3):12~15
欧阳旭. 2002. 关于生态县建设的战略思考. 湖南经济,(8):24~25
潘天敏,严坤元. 2004. 辽宁省"四位一体"日光大棚与农业循环. 经济社会科学辑刊,(1)79~82
潘岳. 2004. 建立中国绿色国民经济核算体系. 北京:中国环境科学出版社
潘岳. 2004. 谈谈绿色 GDP. 环境经济,(4):22~25
Paul L. Bishop 主编. 2003. 污染预防:理论与实践. 王学军等译. 北京:清华大学出版社
彭伟,董高峰. 2005. 关于绿色核算模式架构的探讨. 经济与社会发展,(11):59~61
彭崑生. 2001. 实用生态农业技术. 北京:中国农业出版社
钱易,唐孝炎主编. 2000. 环境保护与可持续发展. 北京:高等教育出版社
曲玮. 2001. 可持续发展与生态农业. 开发研究,4:38~39
孙克俭. 2003. 绿色生态塑料的研发动态. 宁夏科技,(6):46
唐炼. 2005. 世界能源供需现状与发展趋势. 国际石油经济,13(1):30~33
汪劲. 2000. 中国环境法原理. 北京:北京大学出版社
汪尚朋. 2005.《污水农业灌溉安全性评价的研究》. 武汉大学硕士学位论文
汪应络,刘旭. 1998. 清洁生产. 北京:机械工业出版社
汪永超等. 1999. 绿色产品概念与实施策略. 现代机械,(1):5~8
王富玉. 2002. 生态城市发展之路——三亚建设生态城市的战略思考. 北京:中国物资出版社
王金南等. 2000. 基于卫星账户的中国环境资源核算初步方案. 中国环境政策. (3):2~15
王敬国主编. 2000. 资源与环境概论. 北京:中国农业出版社
王静,宾鸿赞. 2001. 清洁生产——现代制造业的主导方向. 机械,28(4):7~8,59
王灵梅,张金屯. 2003. 生态学理论在生态工业发展中的应用. 环境保护,(7):58~60
王玲. 2005. 美国能源政策委员会提出能源政策建议. 全球科技经济瞭望,(6):42~43
王明远. 2004. 清洁生产法论. 北京:清华大学出版社
王庆斌. 2005. 产品生态设计理念与方法. 郑州轻工业学院学报(社会科学版),(6):69~71
王如松,林顺坤,欧阳志云. 2004. 海南生态省建设的理论与实践. 北京:化学工业出版社环境科学与工程出版中心
王瑞贤,罗宏,彭应登. 2003. 国家生态工业示范园区建设的新进展. 环境保护,(3):35~37
王守兰,武少华,万融等. 2002. 清洁生产理论与实务. 北京:机械工业出版社

王涛,吴国蔚. 2005. 绿色 GDP 的核算体系模型. 统计与决策. (7):19~21
王学军,何炳光,赵鹏高等. 2000. 清洁生产概论. 北京:中国检察出版社
韦斯利. 艾肯费尔德[美]主编. 2004. 工业水污染控制. 北京:化学工业出版社
魏立安. 2005. 清洁生产审核与评价. 北京:中国环境科学出版社
翁端译. 2005. 工业生态学——政策框架与实施. 北京:清华大学出版社
吴东雷,陈声明. 2005. 农业生态环境保护. 北京:化学工业出版社
吴峰,徐栋,邓南圣. 2002. 生态工业园规划设计与实施. 环境科学学报,22(1):802~803
吴优. 2005. 绿色国民经济核算的发展及其思考. 统计研究,(9)8~11
奚旦立. 2005. 清洁生产与循环经济. 北京:化学工业出版社
奚振邦. 1994. 化学肥料学. 北京:科学出版社,4~9
席德立. 1995. 清洁生产. 重庆:重庆大学出版社
席运官. 2002. 有机农业生态工程. 北京:化学工业出版社
胥树凡. 2001. 中国清洁生产现状和发展思路. 人民日报海外版,6(10)
徐衡,李红继. 2002. 绿色 GDP 统计中几个问题的再探讨. 现代财经,(22):3~7
徐思佳. 2003. 曲格平提出清洁生产五原则. 中华工商时报,10
徐新华,吴忠标,陈红. 2001. 环境保护与可持续发展. 北京:化学工业出版社
许洪华等. 2005. 世界风电技术发展趋势和我国未来风电发展探讨. 水利水电科技进展,25
    (1):47~47
宣能啸. 2004. 我国能效问题分析. 节能,(10):3~7
杨爱华. 2003. 生态城市建设的实践与探索. 东岳论丛,24(6):131~133
杨朝飞等. 2000. 全国生态示范区建设规划编制培训教材. 北京:中国环境科学出版社
杨建新,徐成,王如松编著. 2002. 产品生命周期评价方法及应用. 北京:气象出版社
杨建新. 1999. 产品生态设计的理论与方法. 环境科学进展,7(1):67~72
杨京平. 2004. 生态农业工程与技术. 北京:化学工业出版社
杨曙辉,宋天庆. 2005. 作物(品种)布局单一化趋向与农业可持续发展. 农业环境与发展,5(网络版)
杨永杰. 2002. 环境保护与清洁生产. 北京:化学工业出版社
叶文虎. 2000. 环境管理学. 北京:高等教育出版社
于千等. 2004. 有机食品的生产加工与认证. 杨凌:西北农林科技大学出版社
于秀娟主编. 2003. 工业与生态. 北京:化学工业出版社
余德辉,魏晓琳. 2001. 我国清洁生产现状和发展思路. 中国环保产业,(6):16~19
虞磊珉. 2003. 我国现行清洁生产法律制度的不足与完善. 能源研究与利用,(3):7~11
云正明. 2002. 农村庭院生态工程. 北京:化学工业出版社
张宝杰等主编. 2003. 环境物理性污染控制. 北京:化学工业出版社
张宝生. 1999. 生态农业技术案例. 北京:农业出版社
张华松. 2002. 无公害产品、绿色食品和有机食品之区别. 乡镇经济,(8):47
张凯,崔兆杰. 2005. 清洁生产理论与方法. 北京:科学出版社
张坤民,温宗国,杜斌等. 2003. 生态城市评估与指标体系. 北京:化学工业出版社环境科学与

工程出版中心,

张录强,范跃进.2006.循环经济原理及其发展要点[J].东北财经大学学报,2

张青山,孙秋月.2006.绿色产品设计方案评价流程研究.产业观察,(4)

张秋根.2001.生态市建设的理论分析.生态经济,(12):10～12

张新房等.2005.风力发电技术的发展及相关控制问题综述.华北电力技术,(5):42～45

张永春.2003.关于生态省建设的理论探讨.农村生态环境,19(4):59

张玉龙主编.2004.农业环境保护.北京:中国农业出版社

张泽勇.2004.从可持续发展战略角度认识清洁生产技术.环境保护科学,123:6

赵妍等.2004.吉林省绿色 GDP 核算体系的构建及其应用.东北师大学报(自然科学版),(4)
  28～133

赵玉明.2005.清洁生产.北京:中国环境科学出版社

赵占明.2003.落实科学发展观要求积极开展绿色 GDP 的研究试算.中国统计信息网,3

郑锴.2004.浅析影响企业推行清洁生产的障碍及对策.油气田环境保护,14(3):51～52

中国技术及示范工程汇编.2003.国家重点环境保护.北京:中国环境科学出版社

中国认证人员与培训机构国家认可委员会.2005.国家有机产品认证检查员培训教材(试用).
  北京:中国计量出版社

中华环境保护基金会.2005.绿色消费知识手册.北京:中国环境科学出版社

中卫.2004.能源与人类.学苑音像出版社

周嘉,孟昭红,梁博.2005.生态社区建设的战略环境评价.北方环境,30(2):80～83

周律.2001.清洁生产.北京:中国环境科学出版社

周小萍,陈百明,卢燕霞等.2004.中国几种生态农业产业化模式及其实施途径探讨.农业工程
  学报,20(3):296～231

周晓钟.2002.生态农业的基本原理.地理教学,1

周益添,崔绍荣.2005.生态技术在设施农业中的应用探析.中国生态农业学报,13(2):170～172

周中平,赵毅红,朱慎林.2002.清洁生产工艺及应用实例.北京:化学工业出版社

周中仁,吴文良.2005.生物质能研究现状及展望.农业工程学报,12(21):12～14

朱鹤健.2006.土壤学与地理学交叉研究.北京:科学出版社

朱俊生.2003.中国新能源和可再生能源发展状况.可再生能源,2:3～8

朱鲁生.2005.环境科学概论.北京:中国环境科学出版社

朱慎林,赵毅红,周中平.2003.清洁生产导论.北京:化学工业出版社

主沉浮,孙良,魏云鹤,林秀丽.2003.清洁生产的理论与实践.济南:山东大学出版社

Chertow Marian R. 1999. The Eco-Industrial Park Model Reconsidered. *Journal of Industrial Ecology*, 2(3):8—10

Mary Ann Curran. 1993. Groad-based Environmental Life Cycle Assessment. *Environ Sci Sechnol*, 27(3):431—436

Raymond P, Cote E, Coben-Rosenthal. 1998. Designing Eco-Industrial Parks: A synshesis of some experiences. *Journal of Clearner Production*, (6):181